高等学校教材

计算机图形学

（第 3 版）

聂　烜　编著

西北工业大学出版社

西　安

【内容简介】 本书的主要内容包括计算机图形学基本理论、图形系统、计算机图形标准、基本图元及常用曲线的生成、图形填充等常用算法、几何变换、投影变换、三维形体及常用曲面的表示方法、三维图形消隐、真实感图形、OpenGL 编程、虚拟现实系统的理论以及应用、计算机可视化技术等。书中既包括传统计算机图形学的内容，也涉及 OpenGL 开发实践，同时，书中使用大量图示与实例使较深奥的理论和概念变得通俗易懂，使读者较全面掌握计算机图形学和虚拟现实技术的基本概念、一般方法和应用实践，并为进一步在该领域学习深造或从事相关行业工作打下基础。

本书既可作为高等学校计算机图形学课程的教材，也可作为相关专业技术人员的参考资料。

图书在版编目(CIP)数据

计算机图形学 / 聂烜编著. --3 版. --西安 ：西北工业大学出版社，2025. 1. -- ISBN 978 - 7 - 5612 - 9732 - 2

Ⅰ. TP391.411

中国国家版本馆 CIP 数据核字第 2025JV6498 号

JISUANJI TUXINGXUE

计 算 机 图 形 学

聂烜　编著

责任编辑：杨　军		策划编辑：杨　军	
责任校对：朱晓娟		装帧设计：高永斌　李　飞	

出版发行：西北工业大学出版社

通信地址：西安市友谊西路 127 号　　　邮编：710072

电　　话：(029)88491757，88493844

网　　址：www.nwpup.com

印　刷　者：兴平市博闻印务有限公司

开　　本：787 mm×1 092 mm　　　1/16

印　　张：15.75

字　　数：413 千字

版　　次：2013 年 1 月第 1 版　 2021 年 12 月第 2 版　 2025 年 1 月第 3 版　 2025 年 1 月第 1 次印刷

书　　号：ISBN 978 - 7 - 5612 - 9732 - 2

定　　价：69.00 元

第 3 版前言

计算机图形在人与计算机之间能建立起直观的形象以及高效率的对话,图形学随着计算机的发展和应用不断渗透到各个领域中。计算机图形学是计算机学科中最活跃的分支之一,已成为信息技术领域不可缺少的重要内容和发展基石,如工业设计、虚拟制造、飞行模拟、医学培训、电脑游戏中的场景与角色对象、电影制作和电视节目中的特技效果与合成技术、多媒体软件制作、工业产品的设计、电子出版,以及现今风靡全球的虚拟现实和增强现实等,都离不开计算机图形学的支持。图形学应用的影响也在互联网上持续激增,为理解信息提供了直观的手段,使互联网世界更加丰富多彩。

党的二十大提出了教育、科技、人才三大战略支撑,教材是知识传播的重要媒介、教育教学和人才培养的重要支撑。本书是在习近平新时代中国特色社会主义思想指导下,在国家重点研发计划、陕西省重点研发计划等国民经济重点项目的支持下,在世界一流大学和一流学科建设所形成的有利条件下完成的。本书的内容是根据笔者多年的教学实践和研究成果撰写而成的,其主要特点是强调理论联系实际,具有鲜明的数字媒体行业特色。内容涵盖了图形学的原理、方法、核心技术和经典应用,并对图形学当前发展的最新技术进行了探讨,旨在为读者提供一个比较全面、深入和系统的计算机图形学知识体系。在讲述图形学理论概念的同时,还配套介绍了基于 OpenGL 的图形程序设计方法,以便于读者直观理解相关概念和掌握开发技术。本书根据图形学发展十分迅速的特点,还介绍了一些新概念、新方法和新技术,希望读者在系统地学习理论知识的同时,还能够了解到该技术的前沿和发展趋势,并从中得到启迪和帮助。本书的读者需具备一些高级语言程序设计知识、基本数据结构与算法基础,以及初步的线性代数基础。读者可以从对理论、原理和方法的理解开始,循序渐进,逐步学习相关的软件开发实践技巧,并反过来促进对理论的深入理解。本书引入了图形学在航空航天等工业领域的应用案例,引导读者追求精益求精的工匠精神和攻坚克难的信念勇气。本书可培养学生对于数学、算法、程序设计的综合解决问题能力,并使学习者感到图形学所具有的深奥有趣探索空间和广阔应用前景。

本书于 2013 年初版发行,并于 2021 年进行了第 2 次修订。经过多年的教学实践和广大兄弟院校的持续使用,教材内容和编写方法得到了广泛认可,《计算机图形学》(第 2 版)2022 年获得了西北工业大学优秀教材奖。

本书在《计算机图形学》(第 2 版)的基础上,根据计算机图形学的发展对部分章节的内容进行了增减,并对全书内容进行了勘误修正,力求更科学和准确,以便读者理解和掌握计算机图形学。

通过学习本书,读者不仅能够掌握计算机图形学的核心知识和技能,更能够深刻理解本领域科技创新在国家发展中的核心地位,为推动我国科技进步和产业发展做出贡献。

在编写过程中,参阅了相关著作、文献资料以及网络资源等资料中的研究成果,在此,谨向原作者深表谢意。

由于水平有限,书中难免存在不足之处,欢迎广大读者批评指正。

编著者

2024 年 9 月

第 2 版前言

计算机图形学是目前计算机学科中最活跃的分支之一,已成为信息技术领域不可缺少的重要内容和发展基石。同时,计算机图形学应用已经渗透到科研、工程、商业、艺术等社会生活和生产实践领域,并与这些领域的发展相互推动和促进。

本书围绕党的二十大提出的教育、科技、人才三大战略支撑,旨在为读者提供一个全面、深入、系统的计算机图形学知识体系。通过本书的学习,读者不仅能够掌握计算机图形学的核心知识和技能,更能够深刻理解本领域科技创新在国家发展中的核心地位,为推动我国科技进步和产业发展做出贡献。

显而易见的是,由于计算机图形在人与计算机之间能建立起直观的形象以及高效率的对话,所以图形学随着计算机的发展和应用不断渗透到各个领域中。比如,飞行模拟、医学培训、电脑游戏中的场景与角色对象、电影制作和电视节目中的特技效果与合成技术、多媒体软件制作、工业产品的设计、电子出版,以及现今风靡全世界的虚拟现实和增强现实等,都离不开计算机图形学的支持。图形学应用的影响也在互联网上持续激增,为理解信息提供了直观手段,使互联网世界更加丰富多彩。

今天,图形学发展非常迅速,作为图形学的教科书也需要周期性地更新与扩充。本书重点介绍了图形学的原理、方法、核心技术和经典应用,并对图形学当前发展的最新技术进行了探讨。本书的读者需具备一些高级语言程序设计知识、基本数据结构与算法基础,以及简单线性代数基础。读者可以从对原理方法的理解开始,循序渐进,逐步学习相关的开发实践技巧,并反过来促进对理论的深入理解。

本书在 2013 年版《计算机图形学》基础上进行了较大的改版,其内容是笔者根据多年的教学实践和研究成果编写而成的,最主要特点是强调理论联系实际。在讲述图形学理论概念的同时,还配套介绍了基于 OpenGL 的图形程序设计方法,以便于读者直观理解相关概念和掌握开发技术。根据图形学发展迅速的特点,还介绍了一些新概念、新方法和新技术,希望读者在系统地学习理论知识的同时,还能够了解到该技术的前沿和发展趋势,并从中得到启迪和帮助。

全书共分为 9 章。第 1 章为绪论,介绍了计算机图形学的基本概念、理论以及研究现状,使读者对于计算机图形学有一个初步的认识。第 2 章为图形系统与图形生成,包括计算机图形系统构成、图形显示原理、基本图元生成算法和三维模型等内容,与第 1 版相比,对三维图形网格化和图形渲染部分进行了更详细的讲解。第 3 章为图形编程基础,包括 GDI(Graphics Device Interface,图形设备接口)编程基础、OpenGL 简介及工具包、OpenGL 编程步骤和 OpenGL 基本几何图形的绘制等内容,主要在实现的层面上作了较详细的讲解,完成了理论向实践的过渡。第 4 章为图形观察与变换,包括数学基础、二维几何坐标变换、二维观察变换、三维几何坐标变换、三维投影变换、三维观察变换和 OpenGL 中的三维图形变换等内容。第 5

章为三维物体的表示,包括曲线和曲面的表示、三次样条、Bézier 曲线和曲面、B 样条曲线和曲面、NURBS(Non-Uniform Rational B-Spline,非均匀有理 B 样条)曲线和曲面等内容,使读者对三维物体的表示有较深层次的认识。第 6 章为真实感图形的生成与处理,包括可见面判别算法、简单光照模型、明暗处理方法、透明的处理、阴影的产生技术、整体光照模型与光线跟踪、纹理处理、颜色模型、材质、OpenGL 光照及材质模型等内容。第 7 章为计算机动画,介绍了动画原理以及计算机动画的特点。第 8 章为虚拟现实技术,在第 1 版基础上进行了整体重新编写,内容包括虚拟现实技术概述、虚拟现实系统的分类、增强现实技术(AR)、虚拟现实的接口设备、Web3D 技术、VRML 开发技术等,使读者了解到当前最前沿的虚拟现实技术及其 Web VR 开发方法。第 9 章为计算机可视化技术,为在第 1 版上增加的章,主要讲解计算机可视化的概念、历史和内涵,科学计算可视化的主要方法,计算机可视化的主流开发工具以及典型案例,使读者了解到最前沿的计算机可视化技术。

在编著的本书过程中,高利鹏参与了第 9 章计算机可视化的编写,韩旭草参与了第 8 章虚拟现实技术的文字整理工作,在此一并表示感谢。

由于水平有限,书中难免存在不足之处,欢迎广大读者批评指正。

编著者

2021 年 8 月

第 1 版前言

计算机图形学是目前计算机学科中最活跃的分支之一,已成为信息技术领域不可缺少的重要内容和发展基石。同时,计算机图形学应用已经渗透到科研、工程、商业、艺术等社会生活和生产实践领域,并与这些领域的发展相互推动和促进。

显而易见的是,由于计算机图形在人与计算机之间能建立起直观的形象以及高效率的对话,所以图形学随着计算机的发展和应用而渗透到各个领域中。比如,游戏软件中出现的场景、电影制作和电视节目中的特技效果、合成技术、多媒体软件制作、工业产品的设计,以及电子出版等,都离不开计算机图形的支持。图形学应用的影响也在互联网上持续激增,为理解信息提供了直观手段,使互联网世界更加丰富多彩。

今天,图形学发展非常迅速,作为图形学的教科书也需要周期性地更新与扩充。本书重点介绍了图形学的基础知识和应用,并对图形学当前发展的最新技术进行了探讨。作为本书的读者,需具备一些高级语言程序设计知识、基本数据结构与算法基础,以及简单线性代数基础。读者可以从对原理方法的理解开始,循序渐进,逐步学习相关的开发实践技巧,并反过来促进对理论的深入理解。

本书是笔者基于多年的教学实践和研究成果编写而成的,最主要的特点是强调理论联系实际。在讲述图形学理论概念的同时,还配套介绍了基于 OpenGL 的实现方法,以便于读者直观理解相关概念和掌握开发技术。根据图形学发展迅速的特点,还介绍了一些新概念、新方法和新技术,读者在系统地学习理论知识的同时,还能够了解到这一技术的前沿和发展趋势,并从中得到启迪和帮助。

全书共分为 8 章。第 1 章为绪论,介绍了计算机图形学的基本概念、理论以及研究现状,使读者对于计算机图形学有一个初步的认识。第 2 章为图形系统与图形生成,包括计算机图形系统构成、图形显示原理、基本图元生成算法和三维模型等内容,主要介绍了与图形生成和显示相关的方法和算法。第 3 章为图形编程基础,包括 GDI 编程基础、OpenGL 简介及工具包、OpenGL 编程步骤和 OpenGL 基本几何图形的绘制等内容,主要在实现的层面上做了较详细的讲解,完成了理论向实践的过渡。第 4 章为图形观察与变换,包括数学基础、二维几何坐标变换、二维观察变换、三维几何坐标变换、三维投影变换、三维观察变换和 OpenGL 中的三维图形变换等内容。第 5 章为三维物体的表示,包括曲线和曲面的表示、三次样条、Bézier曲线和曲面、B 样条曲线和曲面、NURBS 曲线和曲面等内容,使读者对三维物体的表示有较深层次的认识。第 6 章为真实感图形的生成与处理,包括可见面判别算法、简单光照模型、明暗处理方法、透明的处理、阴影的产生技术、整体光照模型与光线跟踪、纹理处理、颜色模型、材质、OpenGL 光照及材质模型等内容。第 7 章为计算机动画,介绍动画原理和计算机动画的特点。第 8 章为虚拟现实技术,包括虚拟现实技术概述、虚拟现实接口设备和分布式虚拟现实系统等内容,使读者了解到当前最前沿的虚拟现实技术。

由于水平有限,书中难免存在不足之处,欢迎广大读者批评指正。

编著者

2012 年 4 月

目　　录

第1章 绪 论

本章介绍计算机图形学的概念、研究内容、发展历史、应用和当前热点研究课题,使读者对计算机图形学的内容有个大致的了解。

1.1 计算机图形学的研究内容

1.1.1 计算机图形学的定义

1982 年,国际标准化组织(ISO)给出了计算机图形学(Computer Graphics,CG)的定义:研究用计算机进行数据与图形之间相互转换的方法和技术。同年,美国的 James Foley 在他的著作中给出如下定义:计算机图形学是计算机产生、存储、处理物体和物理模型及它们的图画的一门学科。而电气与电子工程师协会(IEEE)对计算机图形学的定义是在计算机的帮助下生成图形图像的一门学科或艺术。

尽管各个定义有不同的侧重点,但是,从这些定义里可以看出,计算机图形学这门学科所要涉及和探讨的主要问题是利用计算机进行图形信息的表达、输入、存储、显示、输出、检索、变换及图形运算等工作。经过 40 多年的发展,计算机图形学已成为计算机科学中最为活跃的分支之一,并得到广泛的应用。

从研究范围讲,计算机图形学是研究怎样用计算机生成、处理和显示图形的一门学科。生成是指在计算机内表示客观世界物体的模型,即图形建模;处理是指利用计算机实现客观世界、对象模型和输出图形这三者之间映射的一系列操作和处理过程;显示是指模型对象在计算机显示设备或其他输出设备上的显示。

计算机图形学一个主要的研究目的就是要利用计算机产生令人赏心悦目的真实感图形。为此,必须建立图形所描述的场景的几何表示,再用某种光照模型,计算在假想的光源、纹理、材质属性下的光照明效果。因此,计算机图形学与另一门学科——计算机辅助几何设计有着密切的关系。事实上,计算机图形学也把可以表示几何场景的曲线、曲面造型技术和实体造型技术作为其主要的研究内容。同时,真实感图形计算的结果是以数字图像的方式提供的,因此计算机图形学也就和图像处理有着密切的关系。

1.1.2 计算机图形学的研究内容

如何在计算机中表示图形,以及利用计算机进行图形的计算、处理和显示的相关原理与算法,构成了计算机图形学的主要研究内容。其研究范围通常包括图形软/硬件、图形标准、图形交互技术、光栅图形生成算法、曲线曲面造型、实体造型、真实感图形计算与显示算法、非真实感绘制,以及科学计算可视化、计算机动画、自然景物仿真和虚拟现实等。具体地说,可大致分为以下内容:

(1)图形的输入:研究如何把要处理的图形输入计算机内,以便让计算机进行各种处理。

(2)产生图形的算法:研究在显示器或其他输出设备上产生图形的各种算法。

(3)图形的数据结构:研究图形在计算机内的表示方法。

(4)图形的变换:研究图形的各种几何变换。

(5)图形运算:包括图形的分解、组合等。

(6)图形语言:研究具有各种图形处理功能的语言。

(7)图形软件的标准化:研究如何使图形软件像高级语言那样,与具体设备无关。

总体来说,计算机图形学应该解决和研究下列一些问题:

(1)图形表示和处理的数学方法及其实现的计算机算法。

(2)设计一个好的图形软/硬件系统。

(3)设计与实际应用相结合的图形应用系统。

1.1.3 计算机图形学的相关学科

计算机图形学不仅涉及计算机的各个学科,同时也涉及诸如计算几何、光学、图像处理和计算机视觉等多门专业学科,如图 1-1 所示。

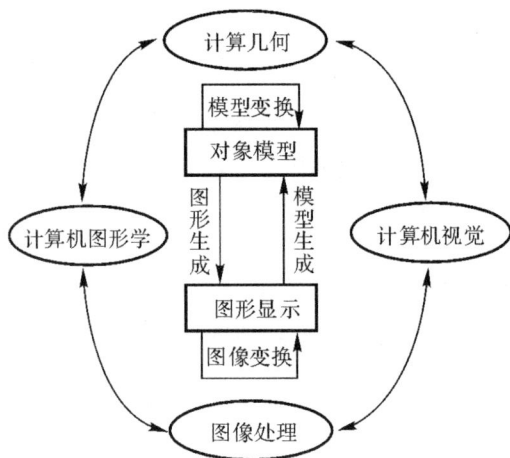

图 1-1 计算机图形学的相关学科

计算机图形学既是理论性的学科,同时也是实践性的学科。计算机图形学是研究由非图像的信息而产生"逼真"的图像,是研究自然事物的建模、表示和显示的方法。例如,计算机游戏图形显示和操纵,自然景物的模拟。

与图形学相关的另一门学科——图像处理所讨论的问题中,输入和输出两者均为图像,它研究如何对一幅连续的图像采样、量化以产生数字图像,如何对数字图像作各种变换以方便处理,如何压缩图像数据以便于存储和传输,如何提取图像中的无用噪声或增强图像中的某些特征。

计算机视觉和模式识别讨论对输入图像进行描述或者对图像进行归类的方法。它从图像开始,分析和识别输入图像并从中提取二维或三维的数据模型或特征,再将其变换到抽象的描述:一组数、一串符号或一个图(Graph)。

计算几何着重讨论几何形体在计算机内的表示、分析和综合。它研究如何方便、灵活地建立几何形体的数学模型,提高算法的效率;在计算机内如何更好地存储和管理这些模型;等等。因此计算几何是对计算机图形学中的图形表示和建模的专业化研究和处理,计算几何是计算机图形中的许多技术和方法的理论基础。

1.1.4　图形与图像

什么是图形?从直观上来说,我们看见的一切从视觉性质上讲都是图形。例如,下面列出的都是图形。

(1)人肉眼所见的一切景象;

(2)各种人工美术绘画、雕塑品;

(3)用摄像机、照相机等获得的照片;

(4)用各种绘图工具所绘制的工程图、设计图、方框图;

(5)用数学方法描述的图形等。

我们看到的客观世界画面,通常由点、线、面、体等几何元素和灰度、色彩、线型、线宽等非几何元素组成。在计算机中有两种表示景物的视觉感应的方法:点阵法和参数法。

所谓点阵法是指列举出图形中所有点的亮度或者颜色来表示视觉画面,强调视觉画面是由点及其点的属性构成的,这样表示的图也称为点阵图、位图或图像,如图 1-2 所示。

图 1-2　点阵图像

一般地,一个图像就是一个矩阵,该矩阵的每一个元素为一个(或多个)非负整数,表示图像同行同列一个点的颜色值,称为像素,矩阵的维数代表图像的宽度和高度,如图 1-3 所示。

由扫描仪、摄像机等输入设备捕捉实际的画面产生的图就是用点阵法表示的。在学术上,研究图像的学科称为图像处理。图像的特点:①需要大量的存储空间;②由于点阵图的基本单位是像素,所以其编辑、修改比较困难;③点阵图的放大操作会使图形失真(见图 1-4)。

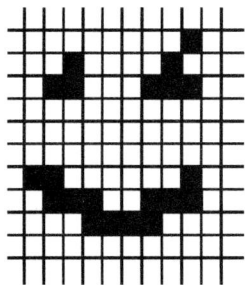

图 1-3　图像的点阵法表示

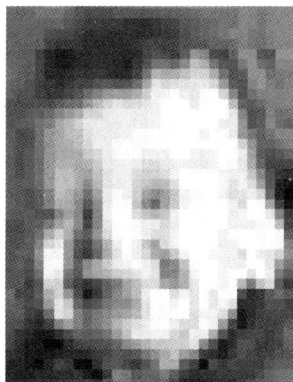

图 1-4　点阵图的失真问题

参数法是指图由形状参数和属性参数表示,也称为图形或者矢量图。形状参数是指描述图形的方程或分析表达式,线段的端点坐标,构成图形的点、线、面、体以及它们的空间关系等相关参数;属性参数指颜色、明暗、透明度、光照、材质、纹理、线型等相关参数。图1-5为用参数法表示的真实感图形。

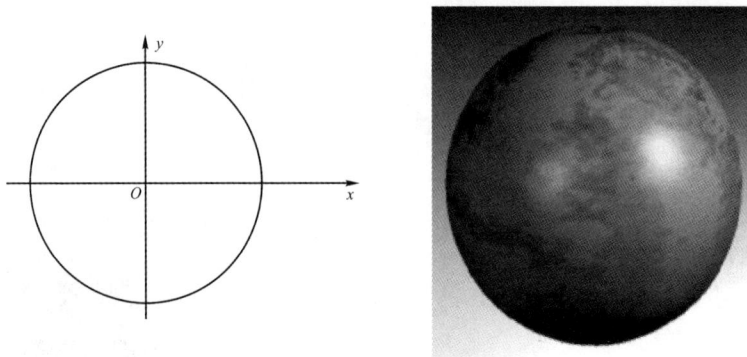

图1-5　参数法图形

在参数法中,图形通常由点、线、面、体、线型、线宽等几何元素和灰度、色彩、纹理、材质、反光性质、光折射性质等非几何属性组成,也即所谓"用数学方法描述的图形"。

真实感图形计算的结果是以数字图像的方式提供的,计算机图形学也就和图像处理有着密切的关系。

但是图形与图像两个概念是有本质区别的:图像指计算机内以位图形式存在的灰度或者颜色信息,是平面概念;而图形含有几何属性,或者说更强调场景的几何表示,是由场景的几何模型和景物的物理属性共同组成的。

图形可以是二维的,也可以是三维的;图形的基本信息包括基本几何要素(必须的)、拓扑关系以及颜色、材质、纹理等可选要素。

图像一定是二维的;图像的最小单位是像素;图像的基本参数包括图幅参数、灰度级分辨率和颜色分辨率等;图像分为黑白图、灰度图、256色彩色图和真彩色图(见图1-6)。

在计算机图形学中,图形是指由外部轮廓线条构成的矢量图,即由计算机绘制的直线、圆、矩形、曲线、图表等,即研究"用数学方法描述的图形"这一类。但从构成图形的要素来看,计算机图形学的图形不仅仅是"用数学方法描述的图形",除了考虑它的点、线、面等几何要素,同时也要考虑它的明暗、灰度、材质、透明度、纹理、色彩等这样一些与视觉有关的非几何要素。

从处理技术上来看,图形主要分为以下两类:

一类是基于线条信息表示的,如工程图、等高线地图、曲面的线框图等。图形学把表示几何场景的曲线曲面造型技术和实体造型技术作为其主要的研究内容。图1-7(a)(b)所示为汽车外形设计的线框图,图1-7(c)所示为渲染图。

另一类是明暗图(Shading),也就是通常所说的真实感图形。计算机图形学一个主要的研究目的就是要利用计算机产生令人赏心悦目的真实感图形。为此,必须建立图形所描述的场景的几何表示,再用某种光照模型,计算在假想的光源、纹理、材质属性下的光照明效果。图1-8所示为真实感图形生成过程的原理。

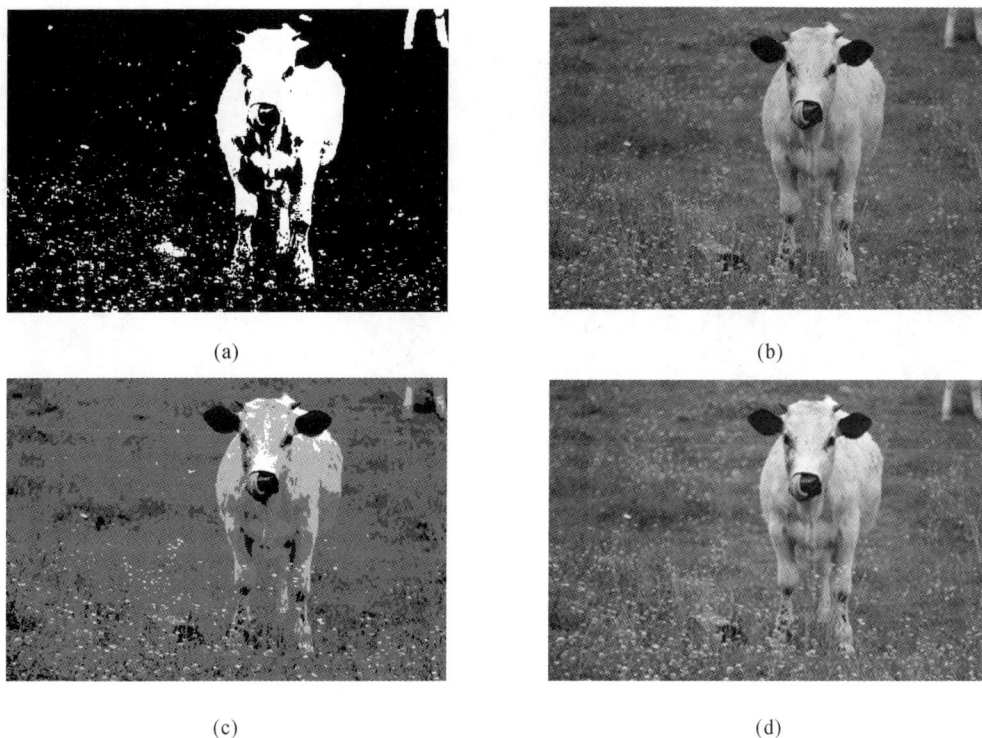

图 1-6 图像分类

(a)黑白图;(b)灰度图;(c) 256 色彩色图;(d)24 位真彩色图

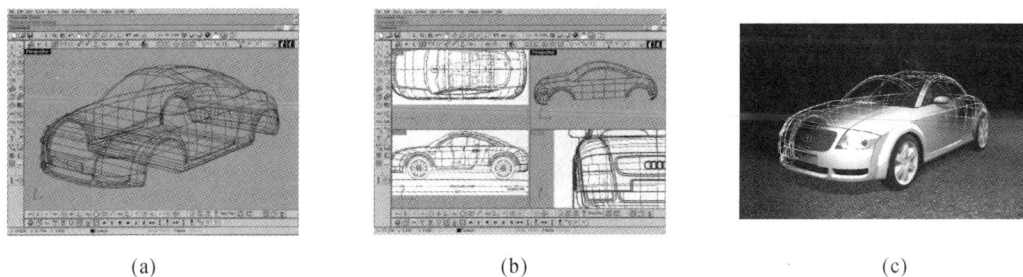

图 1-7 真实感图形

(a)线框图;(b)局部线框图;(c)渲染图

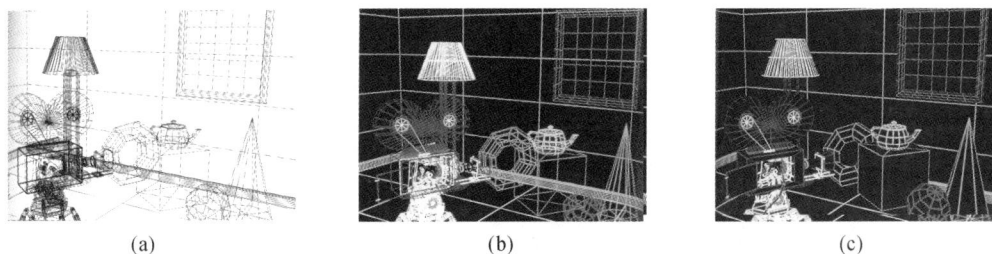

图 1-8 真实感图形生成过程

(a)制作集合元素组合成的线框图;(b)线框图区别着色,产生层次感;(c)擦掉无用的辅助线条

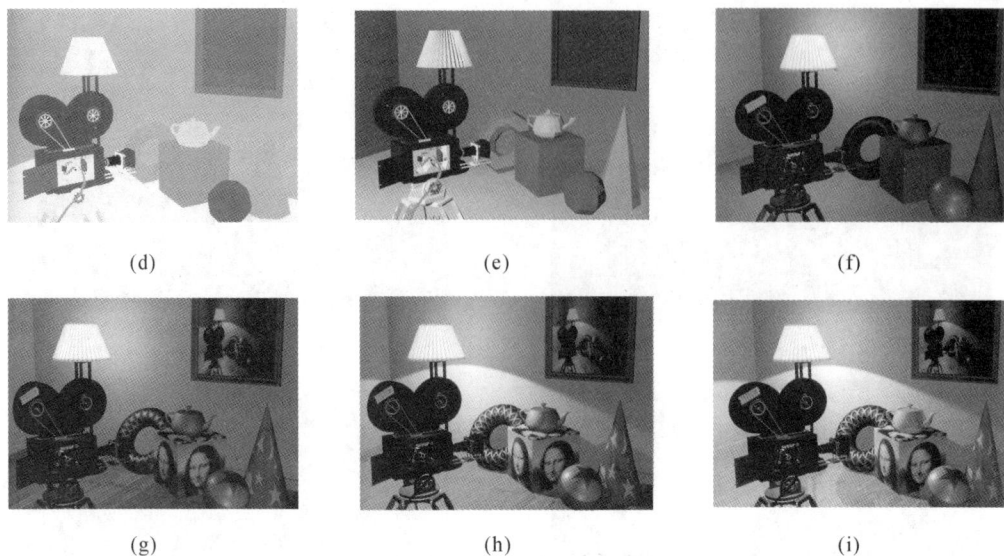

(d)　　　　　　　　　(e)　　　　　　　　　(f)

(g)　　　　　　　　　(h)　　　　　　　　　(i)

续图 1-8　真实感图形生成过程

(d)对不同的表面着色；(e)颜色细化；(f)添加材质效果；(g)添加纹理；(h)打光；(i)光线的柔化处理

1.2　计算机图形学的发展

　　1950 年,第一台图形显示器作为美国麻省理工学院(MIT)"旋风Ⅰ号"(WhirlwindⅠ)计算机的附件诞生了,如图 1-9 所示。该显示器用一个类似于示波器的阴极射线管（CRT）来显示一些简单的图形。1958 年,美国 Calcomp 公司将联机的数字记录仪发展成滚筒式绘图仪,GerBer 公司把数控机床发展成平板式绘图仪。20 世纪 50 年代,只有电子管计算机,用机器语言编程,主要应用于科学计算,为这些计算机配置的图形设备仅具有输出功能。计算机图形学处于准备和酝酿时期,并称之为"被动式"图形学。到 50 年代末期,MIT 的林肯实验室在"旋风"计算机上开发半自动地面防空系统(SAGE)空中防御体系,第一次使用了具有指挥和控制功能的 CRT 显示器,操作者可以用笔在屏幕上指出被确定的目标。与此同时,类似的技术在设计和生产过程中也陆续得到了应用,它预示着交互式计算机图形学的诞生。

图 1-9　旋风Ⅰ号

　　1962 年,MIT 林肯实验室的 Ivan E. Sutherland 发表了一篇题为《Sketchpad:一个人机交互通信的图形系统》的博士论文。他在论文中首次使用了计算机图形学(Computer Graphics)这个术语,证明了交互计算机图形学是一个可行的、有用的研究领域,从而确定了计算机图形学作为一个崭新的科学分支的独立地位。他在论文中所提出的一些基本概念和技术,如交互技术、分层存储符号的数据结构等至今还在广为应用。1963 年,MIT 开发出了第一个交互式图形系统,该系统使用阴极射线管监视器、光笔和功能键面板,如图 1 - 10 所示。1964 年,MIT 的 Steven A. Coons 教授提出了被后人称为超限插值的新思想,通过插值四条任意的边界曲线来构造曲面。同在 20 世纪 60 年代早期,法国雷诺汽车公司的工程师 Pierre Bézier 发展了一套被后人称为 Bézier 曲线、曲面的理论,成功地用于几何外形设计,并开发了用于汽车外形设计的 UNISURF 系统。Coons 方法和 Bézier 方法是计算机辅助几何设计(CAGD)最早的开创性工作。值得一提的是,计算机图形学的最高奖是以 Coons 的名字命名的,而获得第一届(1983 年)和第二届(1985 年) Steven A. Coons 奖的,恰好是 Ivan E. Sutherland 和 Pierre Bézier,这也算是计算机图形学历史上的一段佳话。

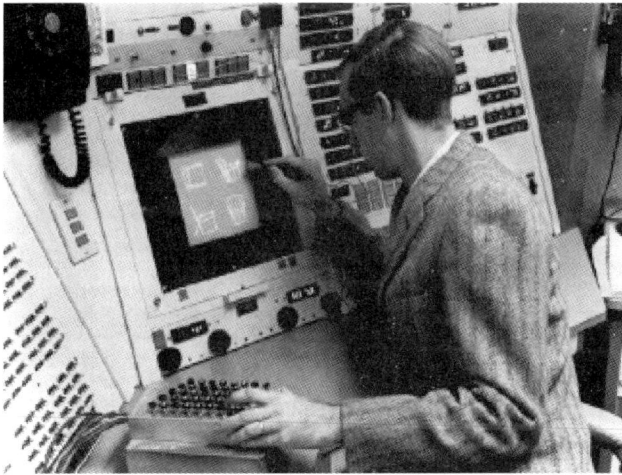

图 1 - 10　第一个交互式图形系统

　　20 世纪 70 年代是计算机图形学发展过程中一个重要的历史时期。由于光栅显示器的产生,在 60 年代就已萌芽的光栅图形学算法迅速发展起来,区域填充、裁剪、消隐等基本图形概念及其相应算法纷纷诞生,图形学进入了第一个兴盛的时期,并开始出现实用的计算机辅助设计(CAD)图形系统。又由于通用、与设备无关的图形软件的发展,图形软件功能的标准化问题被提了出来。1974 年,美国国家标准化局(ANSI)在美国计算机协会图形图像学会(ACM SIGGRAPH)的一个与"与机器无关的图形技术"的工作会议上,提出了制定有关标准的基本规则。此后,ACM 专门成立了一个图形标准化委员会,开始制定有关标准。该委员会于 1977 年、1979 年先后制定和修改了"核心图形系统"(Core Graphics System)。ISO 随后又发布了计算机图形接口(Computer Graphics Interface,CGI)、计算机图形元文件标准(Computer Graphics Metafile,CGM)、计算机图形核心系统(Graphics Kernel System,GKS)、面向程序员的层次交互图形标准(Programmer's Hierarchical Interactive Graphics Standard,PHIGS)等。这些标准的制定,为计算机图形学的推广、应用、资源信息共享起了重要作用。

20 世纪 70 年代,计算机图形学另外两个重要进展是真实感图形学和实体造型技术的产生。1970 年,Bouknight 提出了第一个光反射模型。1971 年,Gourand 提出"漫反射模型＋插值"的方法,被称为 Gourand 明暗处理。1975 年,Phong 提出了著名的简单光照模型——Phong 模型。这些可以算是真实感图形学最早的开创性工作。另外,从 1973 年开始,相继出现了英国剑桥大学 CAD 小组的 Build 系统、美国罗彻斯特大学的 PADL－1 系统等实体造型系统。

1980 年,Whitted 提出了一个光透视模型——Whitted 模型,并第一次给出光线跟踪算法的范例,实现 Whitted 模型;1984 年,美国 Cornell 大学和日本广岛大学的学者分别将热辐射工程中的辐射度方法引入计算机图形学中,用辐射度方法成功地模拟了理想漫反射表面间的多重漫反射效果。光线跟踪算法和辐射度算法的提出,标志着真实感图形的显示算法已逐渐成熟。从 20 世纪 80 年代中期以来,超大规模集成电路的发展,为图形学的飞速发展奠定了物质基础。计算机运算能力的提高,图形处理速度的加快,使得图形学的各个研究方向得到充分发展,图形学已广泛应用于动画、科学计算可视化、CAD/CAM、影视娱乐等各个领域。

自 20 世纪 80 年代,随着计算机硬件和软件技术的不断提升与普及,我国逐步迎来了计算机图形学研究与应用的黄金时代。我国的学术机构和高校积极参与计算机图形学的研究和教育,在三维建模、动画制作、物理模拟和虚拟现实等领域取得了显著突破和重要成果。如图 1－11 与图 1－12 所示的成就不仅展现了我国科研力量的强大,也激发了广大学子为国争光、勇攀科技高峰的爱国情怀,同时也激励着新一代科技工作者的报国热情和创新精神。

图 1－11　中国科学技术大学设计的可节约 70％材料的 3D 打印新方法

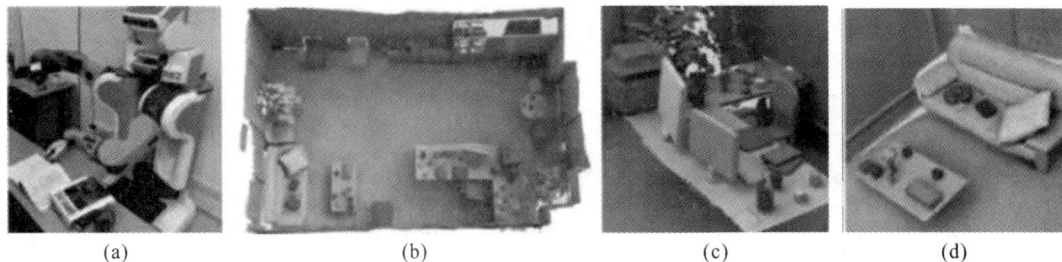

(a)　　　　　　　　(b)　　　　　　　　(c)　　　　　　　　(d)

图 1－12　国防科技大学和山东大学等单位合作的复杂场景自动扫描重建及主动式物体分析

作为全球制造业的领军者,我国对计算机图形学技术在工业设计、数字娱乐和虚拟现实等领域的应用需求不断增长,进一步推动了相关产业的繁荣。我国计算机图形学的发展不仅仅是科技进步的象征,更是国家综合实力提升的重要体现。

随着深度学习技术的飞速发展,我国的研究人员将其应用于计算机图形学领域,推动了图像生成、人物动画和虚拟场景构建等方面的进步。这些技术的进步不仅提升了产业的竞争力,也彰显了我国在全球科技舞台上的重要地位。我国的计算机图形学研究者还致力于将人工智能与可视化技术相融合,通过大数据分析和可视化展示来辅助决策和解决现实问题,进一步拓宽了计算机图形学的应用领域。

近年来,跨学科合作推动了计算机图形学与人工智能、数据科学、材料科学等领域的交叉融合、创新,加速了技术突破和应用推广。我国的高校和研究机构积极推动相关专业的课程设置和实践基地建设,培养更多具有创新能力和实践经验的计算机图形学人才。这不仅为国家科技进步和经济发展贡献了力量,也体现了精益求精与勇于创新的科研精神。

最后以 SIGGRAPH 会议的情况来结束计算机图形学的历史回顾。SIGGRAPH 会议是计算机图形学最权威的国际会议,每年在美国召开,参加会议的人在 50 000 人左右。SIGGRAPH 会议很大程度上促进了计算机图形学的发展,世界上没有第二个领域会每年召开如此规模巨大的专业会议。SIGGRAPH 是大约 20 世纪 60 年代中期,由布朗大学的教授 Andries van Dam(Andy)和 IBM 公司的 Sam Matsa 发起的,全称是"the Special Interest Group on Computer Graphics and Interactive Techniques"。1974 年,在科罗拉多州立大学召开了第一届 SIGGRAPH 年会,并取得了巨大的成功,当时有大约 600 位来自世界各地的专家参加了会议。仅在 1997 年,参加会议的人数就增加到 48 700 人。会议每年只录取大约 50 篇学术水平较高的论文在 *Computer Graphics* 杂志上发表,这些论文基本上代表了计算机图形学的主流方向。

1.3 计算机图形学的应用

随着计算机图形学的不断发展,它的应用范围也日趋广泛。目前,计算机图形学主要应用于以下几个方面。

1. 用户接口

用户接口是人们使用计算机的第一观感。一个友好的图形化的用户界面能够大大提高软件的易用性。在磁盘操作系统(DOS)时代,计算机的易用性很差,编写一个图形化的界面要费去大量的劳动,过去传统的软件中有 60%的程序是用来处理与用户接口有关的问题和功能的。进入 20 世纪 80 年代后,随着 XWindow 标准的提出,苹果公司图形化操作系统的推出(见图 1-13),特别是微软公司 Windows 操作系统的普及,标志着图形学已经全面融入计算机的方方面面。如今在任何一台普通计算机上都可以看到图形学在用户接口方面的应用。操作系统和应用软件中的图形、动画比比皆是,程序直观易用。很多软件几乎可以不看任何说明书,而根据它的图形或动画界面的指示进行操作。

目前,几个大的软件公司都在研究下一代用户界面,开发面向主流应用的自然、高效多通道的用户界面。研究多通道语义模型、多通道整合算法及其软件结构和界面范式是当前用户界面和接口方面研究的主流方向,而图形学在其中起主导作用。

图 1-13　苹果公司浏览器

2.计算机辅助设计与制造(CAD/CAM)

CAD/CAM是计算机图形学在工业界最广泛、最活跃的应用领域。计算机图形学被用来进行土建工程、机械结构和产品的设计,包括设计飞机、汽车、船舶的外形和发电厂、化工厂等的布局以及电子线路、电子器件等。图1-14和图1-15所示为浙江大学开发的Gscad三维机械CAD系统,分别用于零件设计和装配设计。有时,人们着眼于利用计算机图形学产生工程和产品相应结构的精确图形,然而更常用的是利用它对所设计的系统、产品和工程的相关图形进行人机交互设计和修改,经过反复的迭代设计,便可利用结果数据输出零件表、材料单、加工流程和工艺卡,或者数据加工代码的指令。在电子工业中,计算机图形学应用到集成电路、印刷电路板、电子线路和网络分析等方面的优势是十分明显的。一个复杂的大规模或超大规模集成电路板图根本不可能用手工设计和绘制,用计算机图形系统不仅能进行设计和画图,而且可以在较短的时间内完成,把其结果直接送至后续工艺进行加工处理。在飞机工业中,美国波音飞机公司已用有关的CAD系统实现波音777飞机的整体设计和模拟,其中包括飞机外形设计、内部零部件的安装和检验等,如图1-16所示。

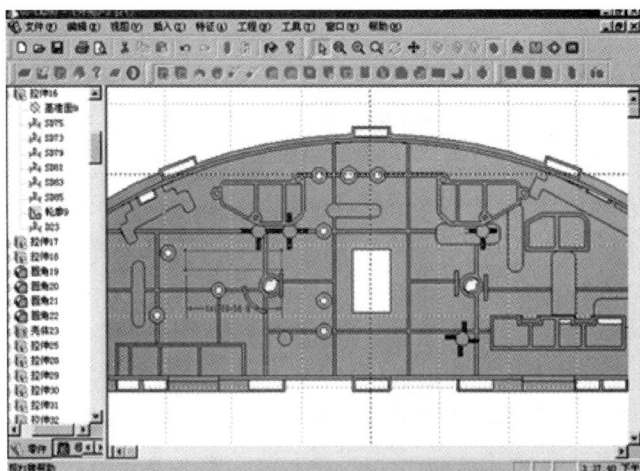

图 1-14　CAD 零件设计

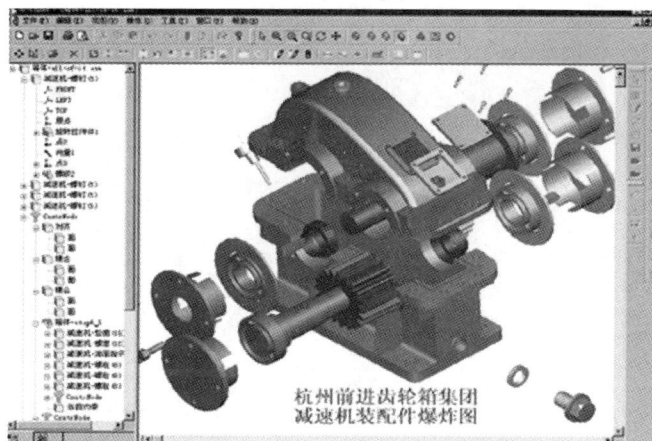

图 1-15 CAD 装配设计

图 1-16 利用 CAD 系统辅助制造的波音 777 飞机

随着计算机网络的发展,在网络环境下进行异地异构系统的协同设计,已经成为 CAD 领域最热门的课题之一。现代产品设计已不再是一个设计领域内孤立的技术问题,而是综合了产品各个相关领域、相关过程、相关技术资源和相关组织形式的系统化工程。它要求设计团队在合理的组织结构下,采用群体工作方式来协调和综合设计者的专长,并且从设计一开始就考虑产品生命周期的全部因素,从而达到快速响应市场需求的目的。协同设计的出现使企业生产的时空观发生了根本的变化,异地设计、异地制造、异地装配成为可能,从而为企业在市场竞争中赢得了宝贵的时间。

3. 地形地貌与自然资源图

例如,国家的国土信息系统,它记录全国的大地及重力测量数据、高山平原等地形、河流湖泊水系、道路桥梁、城镇乡村、农田林地植被、国界区界等信息。利用这些存储的数据不仅可绘制平面地图,还可生成三维的地形地貌图,为国土环境综合治理与资源开发等提供科学依据。图 1-17 所示为三维地形地貌图。

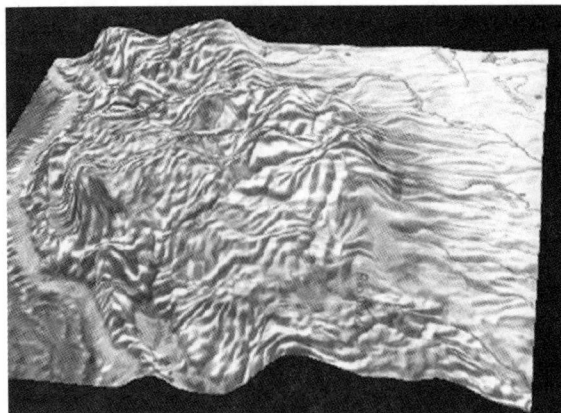

图 1-17　三维地形地貌图

4. 计算机动画和广告制作

计算机动画是计算机图形学的一个很重要领域。用计算机构造人体模型，将该人体模型用于服装设计、人机工程、运动员或舞蹈工作者的动作设计等。例如，为了设计战斗机的驾驶舱，可设计一个人体的几何模型，并将该人体几何模型置于飞机机舱环境的几何模型中，用动态图形技术模拟真人的各种操作，以检验各种仪器仪表的设计是否合理。图 1-18 所示为计算机模拟飞机动画。

图 1-18　计算机模拟飞机动画

目前，最常用的计算机动画制作系统包括 Softimage 公司的 Softimage 3D，Alias/Wavefront 公司的 Maya，Autodesk 公司的 3DS MAX 等。应用这些动画制作系统制作了如《侏罗纪公园》《泰坦尼克号》等电影中许多精彩的、以假乱真的动画场景。图 1-19 所示为动画《怪物史莱克》场景，图 1-20 所示为下棋动画场景。

在 Internet 上的网页动画制作系统包括 Macromedia 公司的 Flash，BMT Micro 公司的 3D Flash Animator，SWiSHzone.com 公司的 Swish 等。在 Internet 网页实现 GIF 动画格式制作的系统包括 Ulead 公司的 Gif Animator，Adobe 公司的 ImageReady，Micromedia 公司的 Fireworks 等。

图 1-19 动画《怪物史莱克》场景

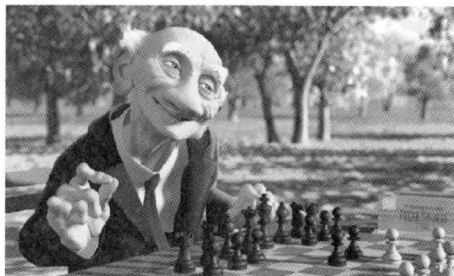

图 1-20 下棋动画场景

5. 游戏制作

随着社会的发展与进步,以及生活节奏的加快,人们需要更多的娱乐方式来放松自己。游戏就是一种很重要的娱乐方式。特别是现在的网络互动游戏更是吸引人。游戏的制作就应用了计算机图形、图像方面的技术。

游戏包括手机游戏、电脑游戏、Internet 网络游戏等。游戏对图形的显示质量与显示速度有比较高的要求。游戏的开发与运行和操作系统环境、游戏开发系统、计算机显示卡的功能、显存的大小等因素有关。

手机游戏运行的虚拟机包括 J2ME,BREW,Mophun,ExEn 等。手机游戏运行的操作系统包括 Windows Mobile,Symbian OS,PALm OS,Linux 等。J2ME 是 Java 2 平台的袖珍版,主要应用于手机这样内存容量小、体积小的电子设备。

计算机与 Internet 网络游戏的图形开发系统包括 OpenGL,Directex 10 等。OpenGL 是一种最常用的游戏开发图形系统。Directex 10 是微软的操作系统 Windows Vista 所支持的三维图形系统,采用全局渲染的模式,随着相应显卡功能的提高,其在图形的显示质量与处理速度方面都有比较大的提高。

用计算机图形学的方法产生动画形象逼真、生动,尤其在使用高分辨率显示器的情况下,画面具有很好的欣赏效果(见图 1-21)。更为重要的是,用这种方法制作动画片的成本低。

图 1-21 某游戏画面

6. 文物复原

受自然灾害、经济建设、旅游发展等因素的影响,许多珍贵、稀有的文物面临着腐蚀、毁坏的困境。对这些有价值的文化古迹的保护和修复非常紧迫且重要。幸运的是,计算机图形学技术的逐渐成熟为古代文物的保护、修复和研究提供了新的手段和方法。

以巴黎圣母院为例,这座举世闻名的建筑在遭受火灾重创后,计算机图形学成为重现其辉煌的神奇工具。通过先进的 3D 扫描技术,海量的数据点被精准采集,为构建逼真的 3D 模型奠定了基础。在计算机图形学的魔法下,复杂的 3D 建模技术将这些数据点转化为精细的建筑结构,每一处拱门、尖顶和浮雕都得以完美呈现。纹理映射技术赋予模型真实的材质和色彩,仿佛能让人触摸到古老的砖石。精心设计的光照和渲染算法模拟出阳光洒在圣母院表面的光影变化,阴影的交错和光线的反射都栩栩如生。不仅如此,计算机图形学还助力实现了动态的展示效果,让人们能够在虚拟世界中自由穿梭,全方位领略这座建筑的魅力。巴黎圣母院 3D 模型如图 1-22 所示。这一应用不仅是对巴黎圣母院的数字重生,更是计算机图形学在文化遗产保护领域的伟大胜利,为未来的历史传承和研究开辟了新的道路。

图 1-22　巴黎圣母院 3D 模型

　　巴黎圣母院 3D 还原过程彰显了科技服务人类文明传承的伟大力量。计算机图形学这一先进技术的应用,让巴黎圣母院在遭受重创后有了重生的希望,体现了科技应当为保护和传承人类的文化遗产贡献力量,激发学生对科技应用于文化保护的责任感和使命感。巴黎圣母院是人类建筑文明的瑰宝,对其进行 3D 还原是对历史、对文化的尊重和守护。

　　正如在巴黎圣母院的重建过程中所见,计算机图形学技术的突破不仅限于单一领域,虚拟可视化技术在文化遗产保护中的作用同样不可忽视。秦始皇帝陵博物院每天有上万名游客来参观兵马俑,大家惊叹之余却少有人知晓,一号坑的 1 000 多具陶俑中有许多是拼接复原而成的。这项工作在秦俑出土后的几十年里一直进展缓慢,直到一项新技术的出现。周明全用虚拟现实技术突破传统行业瓶颈,让兵马俑复原工作效率大幅提升。

　　兵马俑坑内有大量的碎片,经常有文物修复人员在紧张地忙碌,这样的场景从 20 世纪 70 年代兵马俑开始发掘之日起就没有中断过。据当时的秦始皇帝陵博物院考古队队长张卫星说,兵马俑坑被发掘以来,陶俑破碎非常严重。一方面由于俑坑的破坏,另一方面由于自然环境的变迁,出土的时候陶俑破坏情况非常严重,完全修复的任务非常艰巨。据专家估计,这些碎片的体量要复原出陶俑可以复原出 8 000 多具,但按照传统比照寻找的方法,在 1974 年到 2002 年之间,文物修复师仅仅复原了 1 000 多具陶俑。据此推算,全部修复完兵马俑至少需要 100 年。虚拟可视化技术能否帮助完成这个复杂的拼图工作呢?

　　我国的研究团队对此进行探索研究,他们认为千万个兵马俑打碎,碎片混在了一块,需要干的第一件事情是分类,哪些碎片是哪一具兵马俑,怎样从数以万计的碎片中找到一个物体上的碎片是一个难题。团队利用文物碎片的两个特征,即纹理特征和边缘特征,为后续的扫描和拼接的顺利完成打下基础。拼接兵马俑碎片像是极为复杂的拼图游戏,周明全使用 3D 虚拟可视化技术把这个过程变得精确、简单、直观,效率提升的同时还不会对人物本体造成任何影响。首先通过 3D 扫描仪把每一个碎片数字化,然后在计算机里面对所有的数字化了的碎片进行计算,找出它们相邻的碎片,最后进行完整拼接,形成完整的兵马俑。

　　传统修复兵马俑的方式是纯手工作业,碎片匹配速度慢,修复周期长,五个人的小组复原一件陶俑平均要一个月时间,而且依然难以保证碎片拼接的准确性。而用周明全的方法,让陶俑在电脑中先复活一次,再交由专业修复人员进行现实中的碎片拼接,大概只需要两天或者三天的时间。兵马俑碎片虚拟修复拼合结果如图 1-23 所示。

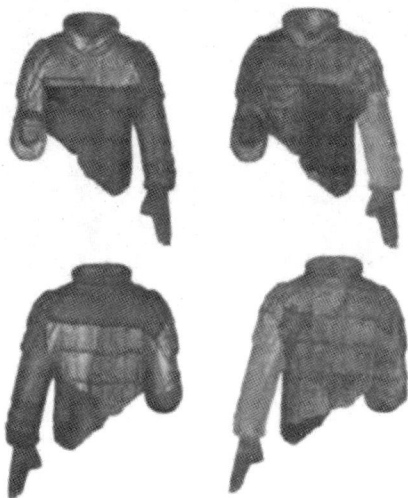

图 1-23　兵马俑碎片虚拟修复拼合结果

　　该项目研究团队共完成 3 544 片陶片的数字化采集,一、三号坑大场景数字化建模。他的这项文物虚拟修复技术在 2009 年获得了国家科学技术进步二等奖,并为北京、陕西、河南、西藏等地方文物保护单位修复重要文物 300 余件,加快了文物复原速度,用计算机图形学技术助力文物的保护与文化的传承。

　　在文化遗产保护领域,计算机图形学技术发挥作用的另一个令人瞩目的例子就是"数字敦煌"项目,它不仅展示了现代科技如何助力历史遗产的保存和利用,也体现了科技在文化传承中的社会责任感。

　　"数字敦煌"项目是一个宏大的虚拟保护工程,旨在利用计算机技术和数字图像技术对敦煌石窟文物进行永久保存和永续利用。敦煌石窟作为中国古代艺术和文化的瑰宝,包含了大量珍贵的壁画和雕塑,这些文物经历了千年的风雨侵蚀,保护和修复工作面临着巨大的挑战。幸运的是,计算机图形学技术的进步为这一挑战提供了强有力的技术支持。

　　截至 2023 年年底,敦煌研究院的文物数字化保护团队完成了对 295 个敦煌石窟的壁画数字化采集的工作,累计采集了 5 万张历史档案底片的数字化扫描。这些庞大的数据量和精细的图像处理,不仅保存了敦煌石窟的细节和色彩,也为未来的研究和教育提供了丰富的资源。

　　在这一过程中,高分辨率的三维扫描技术能够精准地捕捉到每一处壁画的细节,包括细微的裂纹和褪色部分。这些扫描数据被用来创建精确的三维数字模型,使研究人员能够在虚拟环境中详细观察和分析这些壁画的结构和内容。此外,图像处理技术被用来修复和增强壁画的色彩,使其恢复到接近原始状态。纹理映射技术则将这些图像数据应用到三维模型上,创建出逼真的视觉效果,使虚拟展示不仅忠实于实际文物,也更具视觉冲击力。

计算可视化技术也在"数字敦煌"项目中发挥了作用。这些技术使得历史学家和考古学家能够通过数字化手段模拟壁画的演变过程,从而更好地理解文物的历史背景和艺术价值。虚拟现实(VR)技术进一步提升了这一项目的教育和展示效果,使观众可以通过虚拟漫游体验敦煌石窟的独特魅力,感受古代艺术的壮丽与深邃。"寻境敦煌"虚拟漫游如图 1-24 所示。

图 1-24 "寻境敦煌"虚拟漫游

"数字敦煌"项目不仅是对文化遗产保护的技术突破,更是对人类智慧和精神财富的深刻尊重和传承。它展示了计算机图形学如何在保护和研究古代文物中发挥作用,同时也激励我们思考科技与人文的结合如何更好地服务于社会和文化。通过这些技术,我们不仅保存了历史,还为未来的学术研究和文化教育开辟了新的道路。这一项目的成功,彰显了计算机图形学技术在文化遗产保护中的巨大潜力,同时也提醒我们在科技快速发展的时代,应当以更高的责任感和使命感来保护和传承人类文明的瑰宝。

重视和保护历史文化,传承人类的智慧和精神财富。历史文物的还原并不是一个人、一个学科技术能完成的,是靠历史学家、艺术家到计算机图形学专家等众多领域的专业人员共同努力,才使得巴黎圣母院的 3D 还原成为可能,让秦俑在虚拟现实中再现辉煌,让千年敦煌重焕生机。

1.4　计算机图形系统的软件结构

图形软件可分为图形数据模型、图形应用软件和图形支撑软件三类。这是处于计算机系统之内而与外部的图形设备进行接口的三个主要部分,三者之间彼此相互联系、相互调用,形成图形系统的整个软件部分。

1. 图形数据模型

图形数据软件也称为图形对象描述模型,对应于一组图形数据文件,其中存放着欲生成的图形对象的全部描述信息。这些信息包括用于定义该物体的所有组成部分的形状和大小的几何信息,与图形有关的拓扑信息,用于说明与这个物体图形显示相关的所有属性信息,如颜色、亮度、纹理等。

2. 图形应用软件

图形应用软件是为非程序员设计的,通常建立在通用图形支撑软件之上。它包括各种图形生成和处理技术,是图形技术在各种不同应用中的抽象,也是与用户直接打交道的部分,用户可以通过应用软件创建、修改、编辑应用模型。图形应用软件包括 3D MAX,Maya,AutoCAD,Creator,Soft Image 等。

3. 图形支撑软件

图形支撑软件是由一组公用的图形子程序所组成的,它扩展了系统中原有高级语言和操作系统的图形处理功能。通常,标准图形支撑软件提供一系列的图形原语或函数供开发者使用。通用标准的图形支撑软件在操作系统上建立了面向图形输入、输出、生成、修改等功能的命令,对用户透明,与采用的图形设备无关,同时支持高级语言程序设计,具有与高级语言的接口。

计算机图形支撑软件多种多样,它们大致可分三类:一类是扩充某种高级语言,使其具有图形生成和处理功能的软件,如 Turbo Pascal, Turbo C, Basic, Autolisp 都是具有图形生成、处理功能的子程序库;第二类是按国际标准或公司标准,用某种语言开发的图形子程序库,如 GKS,CGI,PHIGS,PostScript 和 MS-Windows SDK,这些图形子程序库功能丰富、通用性强,不依赖于具体设备与系统,与多种语言均有接口,在此基础上开发的图形应用软件不仅性能好,而且易于移植;第三类是专用的图形系统,对某一类型的设备,配置专用的图形生成语言,专用系统功能可做得更强,且执行速度快、效率高,但系统的开发工作量大,移植性差。

20 世纪 70 年代后期,计算机图形在工程、控制、科学管理等方面应用逐渐广泛。人们要求图形软件向着通用、与设备无关的方向发展,因此提出了图形软件标准化的问题。1974 年,美国国家标准学会(ANSI)举行的美国计算机协会计算机图形专业组(ACM SIGGRAPH)“与机器无关的图形技术”工作会议,提出了制定有关计算机图形标准的基本规则。美国计算机协会(ACM)成立了图形标准化委员会,开始了图形标准的制定和审批工作。1977 年,美国计算机协会图形标准化委员会(ACM GSPC)提出“核心图形系统”(Core Graphics System),1979 年又提出修改后的第二版,同年德国工业标准提出了“图形核心系统”(Graphical Kernel System,GKS)。1985 年,GKS 成为第一个计算机图形国际标准。1987 年,国际标准化组织宣布计算机图形元文件(Computer Graphics Metafile,CGM)为国际标准,CGM 成为第二个国际图形标准。

随后由 ISO 发布了“计算机图形接口”(Computer Graphics Interface,CGI)、程序员层次交互式图形系统(Programmer's Hierarchical Interactive Graphics System,PHIGS)和三维图形标准 GKS-3D,它们先后成为国际图形标准。

1.5 计算机图形学的当前研究课题

1. 科学计算可视化

1987 年 2 月,美国国家科学基金会首次召开了科学计算可视化学术研讨会,会议认为将图形与图像技术应用于科学计算是一个全新的领域,从而使得这一技术得到迅速发展,成为一种从海量的计算和测量数据中发掘其蕴含的自然、物理现象和规律的新手段。目前,科学计算可视化广泛应用于医学、流体力学、有限元分析、气象分析当中。尤其在医学领域,可视化有着广阔的发展前途。

依靠精密机械做脑部手术以及由机械人和医学专家配合做远程手术是目前医学上很热门的课题,而这些技术实现的基础是可视化。可视化技术将医用计算机断层扫描(CT)的数据转化为三维图像,并通过一定的技术生成在人体内漫游的图像,使得医生能够看到并准确地判别病人体内的患处,然后通过碰撞检测一类的技术实现手术效果的反馈,帮助医生成功完成手术。图1-25所示为麻省理工学院(MIT)利用图像导航进行的外科手术。从目前的研究状况来看,这项技术还远未成熟,离实用还有一定的距离。其主要难点在于生成人体内漫游图像的三维体绘制技术还没有达到实时的程度,而且现在大多的体绘制技术是基于平行投影的,而漫游则需要真实感更强的透视投影技术,然而体绘制的透视投影技术还没有很好地解决。另外,在漫游当中还要根据CT图像区分出不同的体内组织,这项技术叫分割(segmentation)。目前的分割主要是靠人机交互来完成的,远未达到自动实时的地步。

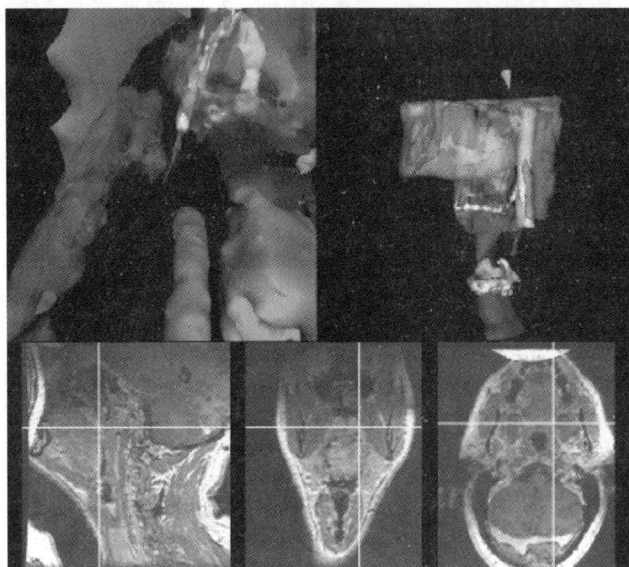

图1-25　图像导航外科手术

2.虚拟现实

虚拟现实(VR)的英文是Virtual Reality。虚拟现实是由计算机生成的,通过视、听、触觉等作用于用户,使之产生身临其境感觉的交互式场景仿真环境。

虚拟现实的概念最早是由VPL Research公司的创始人Jaron Lanier在1989年首先提出来的。虚拟现实技术最早应用于如计算机图形飞行仿真等。在虚拟现实环境中,最常用的一种显示器为头盔显示器。头盔显示器是美国学者Ivan Sutherland 1968年在哈佛大学提出的。通过头盔显示器可使虚拟场景的景象随着头盔的转动而变化,如果再配上声音效果,那么是对人体视觉、听觉、触觉的一种图形仿真。人发出的各种动作或声音等都能改变场景中的显示内容。

虚拟现实系统由以下几个部分组成:①检测输入装置;②图像生成与显示系统;③音频系统;④压力、触觉系统;⑤高性能计算机系统;⑥建模系统。图1-26所示为一个虚拟现实系统。系统的检测输入装置主要包括位置跟踪系统、数据手套、数据衣、三维鼠标和空间球等,以检测用户位置、姿态、运动方向或抓取动作。显示系统、音频系统、触觉系统生成环境信号。虚拟现实技术主要用在军事、航空航天、医疗、教育、训练、娱乐和遥控机器人等领域。

目前，虚拟现实技术的开发系统包括 NASA VPL 公司的 RB2，Sense 8 公司的 WorldToolKit，Autodesk 公司的 CDK，Division 公司的 DVS 等。

3. 图形实时绘制与自然景物仿真

在计算机中重现真实世界的场景叫作真实感绘制。真实感绘制的主要任务是模拟真实物体的物理属性，简单地说就是物体的形状、光学性质、表面的纹理和粗糙程度，以及物体间的相对位置、遮挡关系等。这其中光照和表面属性是最难模拟的。为了模拟光照，已有各种各样的光照模型。从简单到复杂排列分别是简单光照模型、局部光照模型和整体光照模型。从绘制方法上看有模拟光的实际传播过程的光线跟踪法，也有模拟能量交换的辐射度方法。除了建造计算机可实现的逼真物理模型外，真实感绘制还有一个研究重点是加速算法，力求能在最短时间内绘制出最真实的场景。例如，求交算法的加速、光线跟踪的加速等，像包围体树、自适应八叉树都是著名的加速算法。实时的真实感绘制已经成为当前真实感绘制的研究热点，而当前真实感图形实时绘制的两个热点问题是物体网格模型的面片简化和基于图像的绘制（Image Based Rendering，IBR）。网格模型的面片简化，就是指对网格面片表示的模型，在一定误差的精度范围内，删除点、边、面，从而简化所绘制场景的复杂程度，加快图形绘制速度。IBR 完全摒弃传统的先建模，然后确定光源的绘制方法。它直接从一系列已知的图像中生成未知视角的图像。这种方法省去了建立场景的几何模型和光照模型的过程，也不用进行如光线跟踪等极费时的计算。该方法尤其适用于野外极其复杂场景的生成和漫游。

图 1-26　虚拟现实系统　　　　　　　　图 1-27　Xforg 生成的挪威云杉

另外，真实感绘制已经从最初绘制简单的室内场景发展到现在大量模拟野外自然景物，比如绘制山、水、云、树、火等。人们提出了多种方法来绘制这些自然景物，比如绘制火和草的粒子系统（Particle System），基于生理模型的绘制植物的方法，绘制云的细胞自动机方法等。也出现了一些自然景物仿真绘制的综合平台，如德国 Lintermann 和 Deussen 的绘制植物的平台 Xforg,其绘制效果如图 1-27 所示;清华大学自主开发的自然景物设计平台,其生成的野外场景效果如图 1-28 所示。

图 1-28　清华大学自然景物设计平台生成的野外场景

4.计算机艺术

现在的美术人员,尤其是商业艺术人员都热衷于用计算机软件从事艺术创作。可用于美术创作的软件很多,如二维平面的画笔程序(如 CorelDraw,Photoshop,PaintShop)、专门的图表绘制软件(如 Visio)、三维建模和渲染软件包(如 3DS MAX,Maya),以及一些专门生成动画的软件(如 Alias,Softimage)等,可以说是数不胜数。这些软件不仅提供多种风格的画笔画刷,而且提供多种多样的纹理贴图,甚至还能对图像进行雾化、变形等操作,很多功能是一个传统的艺术家无法实现也不可想象的。图 1-29 所示为金山画笔王软件的操作界面。

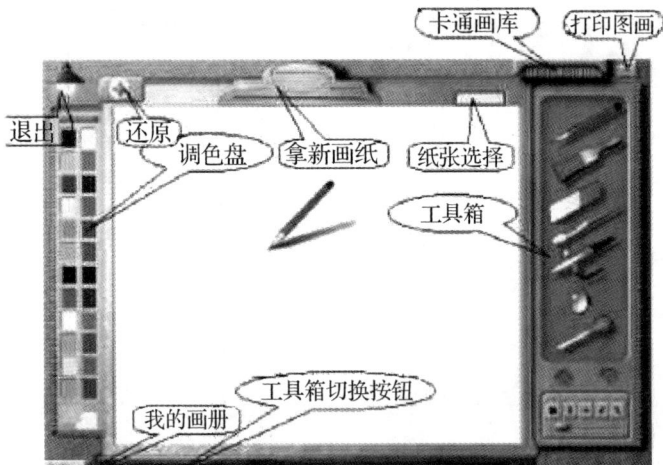

图 1-29　金山画笔王软件的操作界面

当然,传统艺术的一些效果也是上述软件所不能达到的,比如钢笔素描的效果、中国毛笔书法的效果,而且在传统绘画中有许多个人风格化的效果也是上述软件所无法企及的。然而图形学工作者是不甘失败的,就在真实感图形学如火如荼发展的同时,模拟艺术效果的非真实感绘制(Non-Photorealistic Rendering,NPR)也在逐渐发展。钢笔素描是非真实感绘制的一个重要内容,目前仍然是一个非常活跃的研究领域。钢笔素描产生于中世纪,从 19 世纪开始成为一门艺术,然而用计算机模拟钢笔绘画却是 20 世纪 90 年代的事情了。由于钢笔素描与传统的图形学绘制方法差别很大,所以研究起来难度也颇大,但是很多学者已经在这方面做了卓有成效的工作,比如华盛顿大学的 Georges Winkenblach 和 Michael P. Salisbury,德国 Magdeburg 大学的 Oliver Deussen 等人都在 Siggraph(计算机图形图像特别兴趣小组)会议上发表了高水平的论文,其研究成果如图 1-30～图 1-32 所示。

图 1-30 Georges Winkenblach 绘制的壶和碗

图 1-31 Michael P. Salisbury 绘制的茶壶

图 1-32 Oliver Deussen 绘制的素描树

第 2 章 图形系统与图形生成

计算机图形学的基本任务是研究怎样利用计算机来完成图像的生成和处理。如何实现用户与计算机之间的交互操作是一项重要的工作。高质量的计算机图像离不开高性能的计算机图形图像硬件设备。一个图形系统的硬件通常由主机、大容量外存、图形显示器、图像输入设备和输出设备构成。本章主要探讨图形系统的构成和图像的生成。

2.1 计算机图形系统构成

计算机图形系统是进行图形处理的系统,是计算机图形硬件和图形软件的集合。它由硬件、软件和用户三部分组成。软件部分包括操作系统、图像数据系统(或几何模型)、支撑软件和应用软件。硬件部分则由输入子系统、主机和输出子系统构成。用户通过硬件设备与软件系统进行交互,从而完成图像的生成和处理操作。

图形硬件设备是计算机图形学存在和发展的物质基础,它本身又是计算机科学与技术发展和应用的结果。硬件包括具有图形处理能力的计算机主机、图形显示器以及鼠标和键盘等基本交互工具,还有图形输入板、绘图仪、图形打印机等输入/输出设备,以及磁盘、光盘等图形存储设备。图形软件分为图形数据模型、图形应用软件和图形支撑软件三部分,涵盖了计算机系统软件、高级语言和专业应用软件等方面。

第一台图形设备是 20 世纪 50 年代初,美国麻省理工学院的"旋风Ⅰ号"计算机的一个外围设备——图形显示器,它只能显示简单的图形,实际上只是一台示波器。在这个基础上,经过几十年的发展,形成了如今的计算机图形系统。它与一般计算机系统最主要的差别就是具有图形的输入/输出设备以及必要的交互工具,在运算速度和内、外存储容量上均有较高的要求。

严格来说,使用系统的人也是这个图形系统的组成部分。当整个系统运行时,人始终处于主导地位。可以说,一个非交互式计算机图形系统只是通常的计算机系统外加图形设备,而一个交互式计算机图形系统则是人与计算机及图形设备协调运行的系统。

2.1.1 图形系统的基本功能

一个计算机图形系统至少应当具有计算、存储、对话、输入、输出 5 个方面的基本功能,如图 2-1 所示。

(1)计算功能:图形系统应能实现设计过程中所需要的计算、变换和分析功能,如直线、曲线、曲面等几何因素的生成,坐标系的几何变换、线段和形体间的求交、裁剪计算以及光、色模型的建立等,都需要快速的计算能力。

(2)存储功能:在计算机的内存、外存中能存放图形数据,尤其是存放形体几何元素(点、边、面、体)之间的连接关系以及各种属性信息,并且可基于设计人员的要求对有关信息进行实时检索、修改、增加、删除等操作。

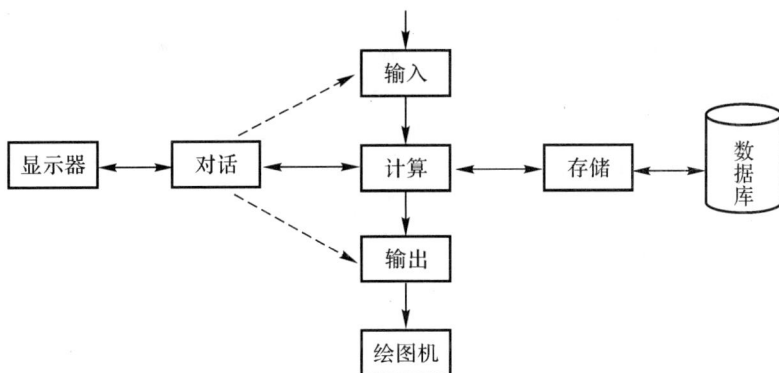

图 2-1　图形系统基本功能图

（3）对话功能：图形系统应能通过图形显示器及其他人机交互设备直接进行通信。人能利用定位、拾取等手段，输入或获取各种参数，同时系统应能领会人的意图，接受各种命令，实现增、删、改等操作，并且人能观察设计结果。

（4）输入功能：把图形设计和绘图过程中的有关定位、定形尺寸及必要的参数和命令输入到计算机中去。

（5）输出功能：图形系统应能在屏幕上显示出处理过程的即时状态——经过增、删、改后的结果，当得到满意的设计结果或其他输出要求时，应能通过绘图仪、打印机等设备实现硬拷贝输出，以便长期保存。

图形的基本处理流程如下：利用各种图形输入设备及软件或其他交互设备将图形输入计算机中，以便进行处理；在计算机内部对图形进行各种变换（如几何变换、投影变换）和运算（如图形的并、交、差运算等）；处理后，将图形转换成图形输出系统便于接受的表示形式，并在输出设备上输出；在交互式的系统中，上述过程可重复进行多次，直至产生满意的结果。

2.1.2　常用的图形输入设备

事实上，最常用的图形输入设备就是基本的计算机输入设备——鼠标和键盘。用户一般通过鼠标和键盘直接在屏幕上定位和输入图形，如常用的 CAD 系统就是通过鼠标和键盘命令生成各种工程图的。此外，还有跟踪球、空间球、数据手套、光笔和触摸屏等输入设备。

在利用计算机完成各种图形的生成和处理后，用户往往能够将其输出到打印机或绘图机，以得到图形的硬拷贝。

图像软件所需的信息是通过各种各样的图形输入设备获取的。为了使图形软件包独立于具体的硬件设备，图像输入命令不涉及具体的输入设备，而只涉及该命令所需的数据性质。根据图形输入信息的不同性质，GKS 和 PHIGS 把输入设备从逻辑上分为以下几类：

（1）定位设备。定位设备用来指定用户空间的位置，比如说用来指定一个圆的圆心，指定一个组装零件的装配位置，指定图上加注文字的起始点等。其输入方式包括直接或间接在屏幕上进行，通过方向命令、数值坐标等。其对应的物理设备包括光笔、触摸屏、数字化仪、鼠标、跟踪球和键盘等。

（2）描画设备。描画设备用来指定用户空间的一组有序点的位置，比如用来指定一条折线的顶点组，指定一条自由曲线的控制顶点。其输入方式与对应的物理设备和定位设备一致。

（3）定值设备。定值设备用来为应用程序输入一个值，比如在选择某一对象时输入一个旋转角度，缩放时输入一个比例因子，以及输入文字高度、字体大小、比例因子等。其输入方式包括输入数值、通过字符串取值、通过比例尺输入等。对应的物理设备包括旋钮、键盘、数字化仪、鼠标、方向键和编程功能键等。

（4）选择设备。选择设备用来为应用程序在多个选项中选定一项，比如用来选择菜单确定目标。其输入方式包括直接或间接在屏幕上进行、时间扫描、手写输入和声音输入等。其对应的物理设备包括光笔、触摸屏、数字化仪、鼠标、操纵杆、跟踪球、字符串输入设备、编程功能键以及声音识别仪。

（5）拾取设备。拾取设备用来在处理的模型中选取一个对象，从而为应用操作处理确定目标。其输入方式包括直接在平面上进行、时间扫描等。其对应的物理设备包括各种定位设备、编程功能键和字符串输入设备。

（6）字符串设备。字符串设备用来向应用程序输入字符串，比如为某一对象确定名字，为某一图形输入注释文字。其输入方式包括键盘输入、手写输入、声音输入和菜单输入。其对应的物理设备包括键盘、数字化仪、光笔、声音识别仪及触压板等。

与以上六种逻辑设备相对应的常见的物理设备有以下几种。

1. 鼠标器（Mouse）

鼠标器是一种移动光标和做选择操作的计算机输入设备，它和键盘一起成为现在计算机主要的输入工具。

鼠标器的工作原理是：当移动鼠标器时，它把移动距离及方向的信息变成电脉冲传送给计算机，计算机再把电脉冲转换成鼠标器光标的坐标数据，从而达到指示位置的目的。在图形系统中，鼠标器可用来进行图形定位、选择对象、拾取图形信息等。

在不同的图形软件中定义鼠标器按键的操作方式和功能各不相同。鼠标器按键一般具有下述五种操作方式：①点击（Click），是按下一键并立即释放；②按住（Press），是按下一键不释放；③拖动（Drag），是按下一键不释放，并移动鼠标器；④同时按住（Chord），是同时按下两个或三个键，并且立即释放；⑤改变（Change），是不移动鼠标器，连续点击同一个键两次或三次，也称为双击或三击。

鼠标器按其测量位移的方式可以分为以下三种类型：

（1）光电鼠标器。光电鼠标器利用发光二极管与光敏晶体管来测量位移，二者有夹角时使二极管发光，经鼠标板反射至光敏晶体管，因鼠标板均匀间隔的网格使反射光强度不同，其变化转换为表示位移的脉冲。

（2）光机式鼠标。光机式鼠标内有三个滚轴（空轴、x 轴向滚轴、y 轴向滚轴）和一个滚球，x 轴向和 y 轴向滚轴带动译码轮，译码轮位于两传感器之间且有一圈小孔，二极管方向光敏晶体管的光因被阻断产生位移的脉冲。脉冲的个数代表鼠标的位移量，而相位表示鼠标运动的方向。

（3）机械式鼠标。机械式鼠标实际上是机电式鼠标器，其中测量位移的译码轮上没有小孔，而是有一圈金属片，译码轮插在两组电刷对之间。当它旋转时，电刷接触到金属片就接通开关；反之，则断开开关，从而产生脉冲。译码轮上金属片的布局以及两组电刷对的位置，使两组电刷产生的脉冲有一个相位差,根据相位差可以判断鼠标器的移动方向。

2. 键盘(Keyboard)

图形系统中的键盘有 ASCII(American Standard code for Information Interchange,美国信息互换标准代码)编码器、命令控制器和功能键,用以实现图形操作的某一特定功能。字母数字键盘用于录入文本串,功能键允许用户以击键方式输入常用的操作命令,而光标控制键可以用来选择被显示的对象或通过屏幕光标来确定鼠标位置,数字键盘常常用来快速输入数值数据。键盘也能用来进行屏幕坐标的输入、菜单选择或图形功能选择。另外,某些键盘上还包括其他类型的光标定位设备,如跟踪球和操纵杆。

3. 光笔(Wand)

光笔是一种检测光的装置,它直接在屏幕上操作,拾取位置。光笔的形状和大小像一支圆珠笔,笔尖开有一个圆孔,让荧光屏的光通过这个孔进入光笔。光笔的头部有一组透镜,把光收集至光导纤维的一个端面上,光导纤维再把光引至光笔另一端的光电倍增器,从而将光信号转换成电信号,经过整形后输出一个有合适信噪比的逻辑电平,并作为中断信号给计算机。

4. 触摸屏(Touchscreen)

触摸屏是利用手指等对屏幕相应位置的触摸进行定位的。当用手指或小杆等触摸屏幕时,触点位置便以电子的、光学的或声音的方式记录下来,触摸屏如图 2-2 所示。

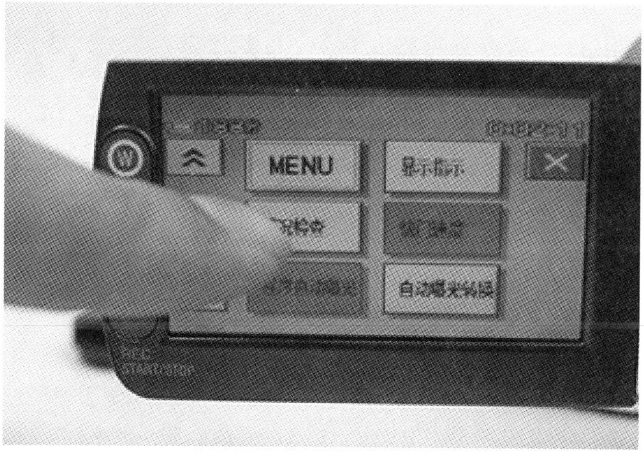

图 2-2　触摸屏

常见的触摸屏有以下 4 种类型:

(1)电阻触摸屏。这种触摸屏是由相互间有一较小距离的两块透明板构成的。其中一块板涂以导电材料,另一块板涂以电阻材料。当外面一块被触摸时碰到里面一块,就引起沿电阻板的电压降,该电压降转换为所选屏幕位置的坐标值。

(2)光学触摸屏。这种触摸屏沿框的一条垂直边和一条水平边,各使用一行红外线发光二极管(LED),而相对的垂直边和水平边安置感应器。这些感应器用来确定触摸屏位置的水平和垂直坐标。LED 工作在红外线频率范围,对用户而言,这种光是不可见的。

(3)声学触摸屏。这种触摸屏沿一块玻璃板的水平方向和垂直方向产生高频声波,触摸屏幕,使波有一部分被手指反射到发射器。接触点的屏幕位置由每个波从发送至到达发射器的时间间隔来计算。

(4)电容触摸屏。电容触摸屏的原理是:有一个接近透明的金属涂层覆盖在一个玻璃表面上,当手指接触到这个涂层时,电容改变,使得连接在一角的振荡器频率发生变化,测量出频率改变的大小即可确定触摸的位置。

5. 坐标数字化仪(Digitizer)

坐标数字化仪是一种把图形转变成计算机能够接受的数字形式的专用设备,也是常见的定位设备,其基本原理是采用电磁感应技术。如图 2-3 所示,坐标数字化仪由两部分组成:一部分是坚固的、内部有金属栅格阵列的图板,在它上面对图形进行数字化;另一部分是游标,由它来提供图形的位置信息。一般的游标由一个叉丝和多个按键组成,如 4 键、16 键等,每个键都可以定义特定的功能。

选择和购买坐标数字化仪时考虑的主要性能指标:

(1)最大有效幅面:指能够有效地进行数字化操作的最大面积,一般按工程图纸的规格来划分,如 A4,A3,A1,A0 幅面等。

(2)数字化速度:由每秒几点到每秒几百点,大多采用可变方式,由用户进行选择。

图 2-3　坐标数字化仪

(3)最高分辨率:分辨率是指坐标数字化仪的输出坐标显示值增加 1 的最小可能距离,一般为每毫米几十线到几百线之间。最高分辨率取决于对电磁感应信号的处理方法和技术。

另外一个与坐标数字化仪在结构和原理上类似的设备叫图形输入板(Tabet),只是面积较小而已,常见的面积为 280 mm×280 mm。

6. 图形扫描仪(Scanner)

图形扫描仪是直接把图形(如工程图纸)和图像(如照片、广告画)扫描输入计算机中,以像素信息的形式进行存储的设备,如图 2-4 所示。图形扫描仪按照所支持的颜色可分为单色扫描仪和彩色扫描仪,按扫描宽度和操作方式可分为大型扫描仪、台式扫描仪和手持式扫描仪。

图形扫描仪和数码相机等输入设备产生的数据在计算机中都是以图像形式存储和显示的,因此是图像处理的常用设备。不过因图形与图像之间关系与转换日益紧密,在图形处理系统中也离不开这些设备。

图 2-4　图形扫描仪

其他的输入设备还包括语音输入设备[见图 2-5(a)]、数据手套[见图 2-5(b)]、跟踪球、空间球等。数据手套是通过传感器和天线束获得和发送手指的位置和方向的信息,并形成三维笛卡儿坐标系。跟踪球和空间球都是根据球在不同方向受到的推或拉的压力来实现定位和选择的。这几种输入设备在虚拟现实场景的构造和漫游中特别有用。

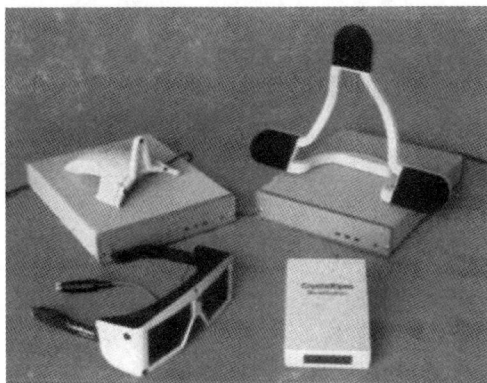

(a)

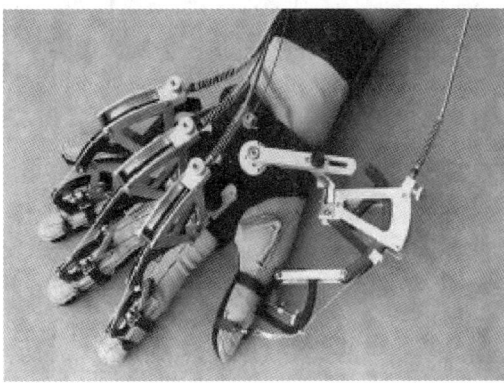

(b)

图 2-5　输入设备

(a)语音输入设备；(b)数据手套

　　目前,真实物体的三维信息的输入技术可以通过对已有实物进行扫描在计算机中生成三维实体模型,其原理是采集实物表面各个点的位置信息,并构造其三维模型(见图 2-6)。人们将这项技术用于扫描保存古代名贵的雕塑和其他艺术品的三维信息。美国斯坦福大学计算机系的著名图形学专家 Marc Levoy 曾带领他的 30 人的工作小组(包括美国斯坦福大学及美国华盛顿大学的教师和学生)于 1998—1999 年专门在意大利对文艺复兴时代的雕刻大师米开朗基罗的艺术品进行扫描,保存其形状和面片信息。这次工作可以说是实体图形输入的一个巅峰。

图 2-6　实体图形输入

　　7. 三维扫描仪(3D scanner)

　　三维扫描仪是一种科学仪器,用来侦测并分析现实世界中物体或环境的形状(几何构造)与外观资料(如颜色、表面反照率等性质)。与图形扫描仪不同的是,图形扫描仪是以图像形式存储和显示的,而三维扫描仪搜集到的是建立物体几何表面的点云(point cloud),这些点可用来插补成物体的表面形状,越密集的点云可以建立更精确的模型。这些模型具有相当广泛的用途,工业设计、瑕疵检测、逆向工程、机器人导引、地貌测量、医学信息、生物信息、刑事鉴定、数字文物典藏、电影制片、游戏创作素材等等都可见其应用。三维扫描仪的制作并非依赖单一技术,各种不同的重建技术都有其优、缺点。

　　常见的三维扫描仪有以下几种:

　　(1)接触式三维扫描仪。接触式三维扫描仪透过实际触碰物体表面的方式计算深度,如座标测量机(Coordinate Measuring Machine,CMM)即是典型的接触式三维扫描仪。此方法相当精确,常被用于工程制造产业,然而因其在扫描过程中必须接触物体,待测物有遭到探针破坏损毁之可能,因此不适用于高价值对象如文物、遗迹等的重建作业。

(2)时差测距 3D 激光扫描仪。时差测距 3D 激光扫描仪是一种主动式扫描仪。测定仪器发射一个激光光脉冲,激光光打到物体表面后反射,再由仪器内的探测器接收信号,并记录时间。通过向二维平面或三维空间中的各个方向角不断高速发射激光脉冲,并分别检测相应脉冲的回波信号返回传感器的时间,通过内置算法处理,从而可以在任意时间获得各个空间位置与传感器之间的精确距离。通过采集、处理、分析在一段时间内对目标物的扫描测量数据,用户便可以很容易地得到被扫描目标物体的外形轮廓、运动速度、运动方向等信息。

(3)三角测距 3D 激光扫描仪。三角测距 3D 激光扫描仪属于以激光去侦测环境情的主动式扫描仪(见图 2-7)。发射一道激光到待测物上,并利用摄影机查找待测物上的激光光点。随着待测物(距离三角测距 3D 激光扫描仪)距离的不同,激光光点在摄影机画面中的位置亦有所不同。激光光点、摄影机与激光本身构成一个三角形,所以被称为三角型测距法。

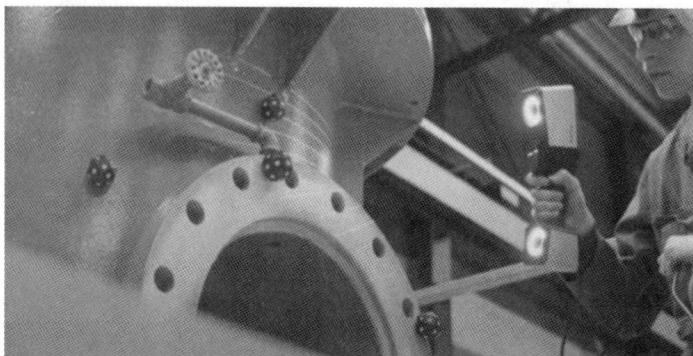

图 2-7　三角测距 3D 激光扫描仪

三维扫描仪主要性能指标。

(1)检测范围:根据扫描仪原理以及应用场景的不同,由 1 m 以内到数百米外都可以选择。通常距离越远,精度越低。

(2)空间分辨率:是描述扫描仪获取的三维数据中相邻两点间距离的参数,分辨率越高,点距越小,细节还原就越细腻。反之,分辨率低,点距相对较大,细节还原度较差。

(3)准确度:是指使用扫描仪在 3D 模型上的测量值与实物尺寸的真值之间的偏差。

(4)激光频率:是指激光扫描仪每秒发射激光脉冲个数或每秒测距次数。

2.1.3　常用的图形输出设备

在交互式计算机图形系统中,为了对所得结果进行展示或存档,常常要将图形输出到打印机或绘图仪上,从而获得图形的硬拷贝,这就需要图形的输出设备。图形输出设备包括图形显示器及各种绘图仪和打印机。

1. 图形显示器(Monitor)

图形显示器是计算机图形系统中不可缺少的设备,现在使用的图形显示器主要是采用阴极射线管(CRT)原理的显示器。另外,图形显示器还有液晶显示器(LCD)、等离子显示器等,如图 2-8 所示。

(a)　　　　　　　　　　(b)　　　　　　　　　　(c)

图 2 - 8　显示器

(a)阴极射线管显示器；(b)液晶显示器；(c)等离子显示器

2. 智能眼镜(Smart glasses)

智能眼镜是可穿戴式智能产品的一种,也是一种特殊的图形显示器。智能眼镜依据所使用技术又分为增强现实(Augmented Reality,AR)智能眼镜与虚拟现实(Virtual Reality,VR)智能眼镜,是 AR 技术、VR 技术最重要的商业化应用产品。这种产品的应用范围涵盖娱乐、教育(例如医学或军事培训)和商业领域(如虚拟会议)等。使用基于图像的虚拟现实,人们可以以实时影像的形式参与虚拟环境。在基于投影的虚拟现实中,针对现实环境的建模对各种虚拟现实应用也相当重要,包括机器人导航、建筑建模和飞机模拟。VR 眼镜由 3D 眼镜(为双眼提供单独的图像)、立体声和头部追踪器组成,其中可能包括陀螺仪、加速规、磁强计或结构光系统。AR 技术是一种将用户在真实环境中看到的景象与由计算机软件生成的数字内容融合的虚拟现实技术。AR 系统透过头戴式显示器、智能眼镜或移动设备的摄像机实时影像将虚拟信息层叠在真实环境中,使用户能够查看增强的三维影像。

苹果公司 Vision Pro(见图 2 - 9)为苹果公司生产的混合现实头戴式电子设备,在 2023 年6 月 5 日的苹果全球开发者大会上正式发布。苹果公司将 Vision Pro 描述为一部“空间运算设备”。Vision OS 系统采用 3D 用户界面,导航方式为手指侦测、眼动追踪和语音识别。其中点击操作为注视某个元素,或是两指捏合,移动操作为两指捏合后拨动,滚动操作为挥手。在Vision OS 系统中,应用程序以在 3D 空间中排列浮动窗口形式展现。除此之外,系统还设有用于文字输入的虚拟键盘、Siri 虚拟助手,可以连接巧控键盘、妙控板及游戏手柄等蓝牙外设使用。

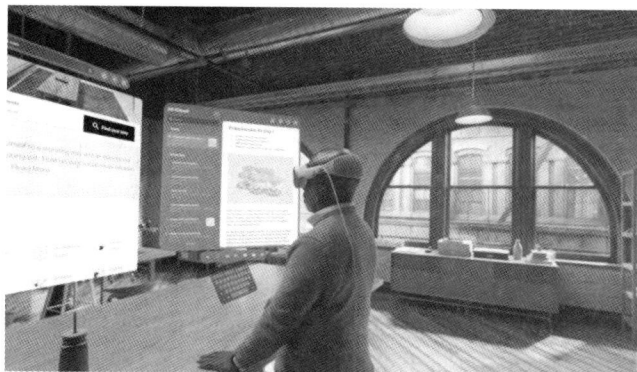

图 2 - 9　苹果公司 Vision Pro

3. 打印机(Printer)

打印机是廉价的产生图纸的硬拷贝设备,从机械动作上常分为撞击式和非撞击式两种。撞击式打印机使用成型字符通过色带印在纸上,如行式打印机、点阵打印机等。非撞击式打印机常用的技术有喷墨技术和激光技术。喷墨打印机和激光打印机由于速度快、噪声小,已逐渐替代以往的撞击式打印机。

喷墨打印机用喷墨头将三四种不同色的墨水射在打印纸上而印出图案,如图 2-10 所示。墨头中含有四组细小的喷嘴,分别喷射红、黄、青、黑四色。控制嘴电脉冲加在压电传感器上,产生压力,将由泵打入入口的墨水喷出。一个附加的空气喷头对墨水滴加速,并保持其飞行的稳定性,以每秒数米的速度射向打印纸面。彩色的形成靠不同墨水点迹混合,可产生高达 15 625 种不同深浅和色彩的图像。喷墨打印机的分辨率达 600×600 dpi 以上,完成一张彩图印刷约需 1 min。喷墨打印机的关键部件是喷墨头,通常分为连续式和随机式。目前,常用的喷头有四种:压电式、气泡式、静电式和固体式。

激光打印机(见图 2-11)以其高质量的打印效果、快捷的打印速度,在图像输出设备中独占鳌头。它由激光器、声光调制器、高频驱动、扫描器、同步器及光偏转器等组成。光偏转器的作用是把接口电路送来的二进制点阵信息调制在激光束上,之后扫描到感光体上。感光体与照相机构组成电子照相转印系统,把射到感光鼓上的图文映像转印到打印纸上,其原理与复印机相同。激光打印机是将激光扫描技术和电子显像技术相结合的非击打输出设备。它的机型不同,打印功能也有区别,但工作原理基本相同,都要经过充电、曝光、显影、转印、消电、清洁、定影 7 道工序,其中有 5 道工序是围绕感光鼓进行的。把要打印的文本或图像输入计算机后,计算机软件对其进行预处理,然后由打印机驱动程序转换成打印机可以识别的打印命令(打印机语言)送到高频驱动电路,以控制激光发射器的开与关,形成点阵激光束,再经扫描转镜对电子显像系统中感光鼓进行轴向扫描曝光,纵向扫描由感光鼓的自身旋转实现。

图 2-10 喷墨打印机   图 2-11 激光打印机

4. 绘图仪(Plotter)

绘图仪是能按照人们要求自动绘制图形的设备。它可将计算机的输出信息以图形的形式输出。它主要可绘制各种管理图表和统计图、大地测量图、建筑设计图、电路布线图、各种机械图与计算机辅助设计图等。最常用的是 $X-Y$ 绘图仪(见图 2-12)。现代的绘图仪已具有智能化的功能,它自身带有微处理器,可以使用绘图命令,具有直线和字符演算处理以及自检测等功能。这种绘图仪一般还可选配多种与计算机连接的标准接口。

绘图仪是一种输出图形的硬拷贝设备。绘图仪在绘图软件的支持下可绘制出复杂、精确的图形,是各种计算机辅助设计不可缺少的工具。绘图仪的性能指标主要有绘图笔数、图纸尺寸、分辨率、接口形式及绘图语言等。

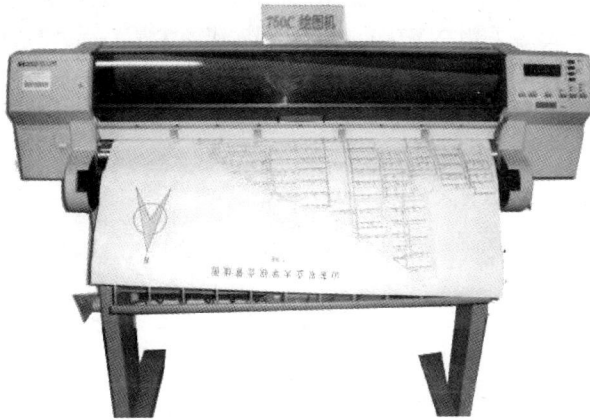

图 2 - 12　X - Y 绘图仪

　　绘图仪一般由驱动电机、插补器、控制电路、绘图台、笔架和机械传动等部分组成。绘图仪除了必要的硬设备之外,还必须配备丰富的绘图软件。只有软件与硬件结合起来,才能实现自动绘图。软件包括基本软件和应用软件两种。绘图仪的种类很多,按结构和工作原理可以分为滚筒式和平台式两大类。

　　(1)滚筒式绘图仪。当 X 轴向步进电机通过传动机构驱动滚筒转动时,链轮就带动图纸移动,从而实现 X 轴方向运动。Y 轴方向的运动,是由 Y 轴向步进电机驱动笔架来实现的。这种绘图仪结构紧凑,绘图幅面大,但它需要使用两侧有链孔的专用绘图纸。

　　(2)平台式绘图仪。绘图平台上装有横梁,笔架装在横梁上,绘图纸固定在平台上。X 轴向步进电机驱动横梁连同笔架,做 X 轴方向运动;Y 轴向步进电机驱动笔架沿着横梁导轨,做 Y 轴方向运动。图纸在平台上的固定方法有 3 种,即真空吸附、静电吸附和磁条压紧。平台式绘图仪绘图精度高,对绘图纸无特殊要求,应用比较广泛。

2.1.4　图形处理器

　　在图形系统硬件中,为了减轻主机负担,加快图形处理速度,一般都有两个以上的处理器部件,采用流水线、并行处理等技术。除了中央处理器(CPU)之外,还有一个专用的显示处理器(DPU),它与 CPU 协同工作,并控制显示设备的操作。

　　DPU 是图形系统结构的重要元件,是连接计算机和显示终端的纽带。早期的 DPU 只包含简单的存储器和帧缓冲区,它们实际上只起了一个图形的存储和传递作用,一切操作都必须由 CPU 来控制。现在的图形处理器不单单存储图形,而且能执行大部分图形函数,专业的图形卡已经具有很强的 3D 处理能力,大大减轻了 CPU 的负担,提高了显示质量和显示速度。

　　在个人计算机上,将显示处理器、视频处理控制器、显示处理存储器以及接口电路等集成在一起,单独做成一块板卡,称为图形显示适配器(Graphic Display Adapter),简称显卡,如图 2 - 13 所示。

　　DPU 是显卡的"心脏",也就相当于 CPU 在电脑中的作用,它决定了该显卡的档次和大部分性能,同时也是 2D 显卡和 3D 显卡的区别依据。2D 显示芯片在处理 3D 图像和特效时主要依赖 CPU 的处理能力,称为"软加速"。3D 显示芯片是将三维图像和特效处理功能集中在显示芯片内,也即所谓的"硬件加速"功能。显示芯片通常是显卡上最大的芯片(也是引脚最多的)。现在市场上的显卡大多采用 NVIDIA(英伟达)和 ATI(Array Technology Industry,冶天)两家公司的图形处理芯片。

图 2-13　显卡

NVIDIA 公司在 1999 年发布 GeForce 256 图形处理芯片时首先提出图形处理器(GPU)的概念。GPU 使显卡减少了对 CPU 的依赖,并完成部分原本 CPU 的工作,尤其是在 3D 图形处理时。GPU 所采用的核心技术有硬体 T&L(Hardware Transform and Lighting,硬件顶点变换与光照计算)、立方环境材质贴图和顶点混合、纹理压缩和凹凸映射贴图、双重纹理四像素 256 位渲染引擎等,而硬体 T&L 技术可以说是 GPU 的标志。

如今,国内显卡与国外显卡在生产工艺上存在较大差异。国内显卡主要依赖代工生产,大多数厂家采用 14~12 nm 工艺,缺乏自主研发的核心技术,整体生产能力相对薄弱。相比之下,国外显卡厂商如英伟达和 AMD,不仅自主设计和生产显卡,且工艺普遍在 7 nm 以下,技术含量更高,生产能力更为强大。

国外显卡在性能指标上更加丰富,涵盖 GPU、显存时频、带宽等多个方面,而国内显卡的性能指标相对单一,主要集中在显存容量、显存位宽和核心时频等几个方面。此外,国外显卡采用更为先进的制程技术,具备更低的功耗和更高的性能,稳定性和可靠性也更强。更为重要的是,如今的人工智能技术发展也离不开 GPU 芯片技术的发展。国内外 GPU 算力的差距,也会影响到人工智能技术的研究。

不过,在近几年产业链上下游的通力合作下,国产算力迎来了两个突破口。

(1)国产算力迎来技术突破。近年来,国内人工智能(Avtificial Intelligence,AI)芯片产业蓬勃发展,国产算力迎来了技术突破。以华为和摩尔线程为代表的国内 AI 芯片厂商,已经在产品性能、量产规模、集群能力和实际应用场景方面取得了显著进展。这些厂商不仅涌现为国内 AI 芯片的第一梯队玩家,还具备了基于国产芯片的千卡计算集群能力。2023 年 12 月,摩尔线程发布了首个国产全功能 GPU 千卡千亿大模型训练平台——夸娥(KUAE)智算中心全栈解决方案,并率先实现了三个千卡智算集群的落地。这一成就标志着国产算力在技术上的巨大飞跃。国产夸娥(KUAE)智算集群如图 2-14 所示。

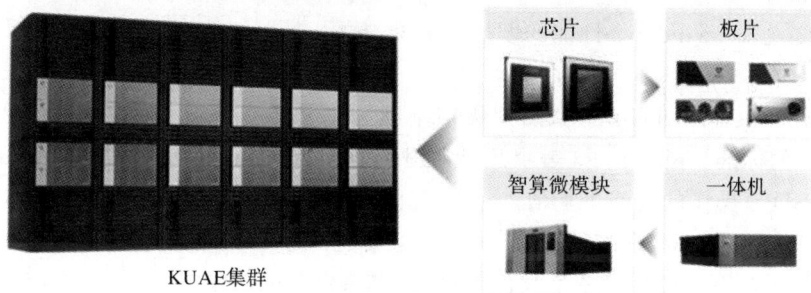

图 2-14　国产夸娥(KUAE)智算集群

(2)国产算力迎来政策东风。各地政策的扶持为国产算力的发展提供了强大动力。例如,2024 年 4 月 24 日,北京市发布了《北京市算力基础设施建设实施方案(2024—2027 年)》,明确表示对采购自主可控 GPU 芯片开展智能算力服务的企业,按照投资额的一定比例给予支持,加速实现智算资源的自主可控。

技术突破与政策扶持二者相辅相成,共同推动了国产算力的快速发展。这不仅展示了我国在高科技领域的实力,也激发了莘莘学子的家国情怀和责任感。作为未来的科技工作者,我们要以"精益求精"的工匠精神,注重每一个细节,不断追求卓越;以"敢为人先"的创新精神,勇于挑战自我,探索未知。通过刻苦学习和不断实践,掌握最前沿的技术知识,为实现中国科技强国梦贡献我们的智慧和力量。让我们肩负起时代的重任,共同开创中国算力产业更加辉煌的未来。

2.1.5　图形工作站

工作站,英文名称为 Workstation,是一种以个人计算机和分布式网络计算为基础,主要面向专业应用领域,具备强大的数据运算与图形、图像处理能力,为工程设计、动画制作、科学研究、软件开发、金融管理、信息服务和模拟仿真等专业领域而设计开发的高性能计算机。工作站是一种高档的微型计算机,通常配有高分辨率的大屏幕显示器及容量很大的内存储器和外部存储器,并且具有较强的信息处理功能和高性能的图形、图像处理功能以及联网功能。

与普通 PC 一样,CPU、显卡、内存等也是图形工作站的核心,市场上的主流图形工作站一般采用的是 AMD Opteron 或 Intel Xeon 处理器,这类产品具有很强大的多媒体影像处理能力,适合中高端用户,比如 AMD Opteron 支持 Hyper Transport 技术,可以通过消除或者减少 I/O(输入/输出)瓶颈,使处理视频、图形及支持通信的引擎减轻工作负担。

在图形工作站中配备了专业图形卡,现今市场上的专业显卡主要有 ATI FireGL 系列及 nVIDIA Quadro 系列,不过取向各有不同,比如:nVIDIA Quadro 系列最为均衡,线框加速和渲染同样出色,适合 CAD/CAM 用户以及 DCC(数字内容创作)用户;ATI FireGL 系列渲染能力超强,但线框加速明显不足,更适合虚拟现实的应用。

标准性能评估组织(Standard Performance Evaluation Corporation,SPEC)提供的世界公认的图形标准度量中,主要的图形工作站性能指标如下。

1. specfp95

specfp95 是系统浮点数运算能力的指标。一般来说,specfp 值越高,系统的 3D 图形能力越强。

2. xmark93

xmark93 是 x‐windows 性能的度量。

3. plb

plb(picture level benchmark,图片级别基准)分为 plbwire93 和 plbsurf93,是由 specino gpc 分会制定的标准。plbwire93 表示几个常用 3D 线框操作的几何平均值,而 plbsurf93 表示几个常用的 3D 面操作的几何平均值。

4. OpenGL

OpenGL 是与图形硬件的标准软件接口,允许编程人员创建交互式 3D 应用。OpenGL 常用的性能指标有两个:cdrs 和 dx。其中,cdrs 包含 7 种不同的测试,是关于三维建模和再现的度量,它是以 ptc(parametric technology)公司的 caid 应用为基准的。dx 则基于 IBM 的通用软件包 visualization data explorer(dx),用于科学数据可视化和分析的能力测定,它包含 10 种不同的测试,通过加权平均来得出最后的值。

工作站主要应用在以下领域:

(1)计算机辅助设计及制造(CAD/CAM):这一领域被视为工作站的传统领域。采用 CAD/CAM 技术可大大缩短产品开发周期,同时又降低了高技术产品的开发难度,提高了产品的设计质量。在 CAD 领域,大到一幢楼房,小到一个零部件,图形工作站都以其直观化、高精度、高效率显示出强有力的竞争优势。

(2)动画设计:用户群主要是电视台、广告公司、影视制作公司、游戏软件开发公司、室内装饰公司。电视台利用图形工作站进行各个电视栏目的片头动画制作,而广告公司则用它制作广告节目的动画场面,影视制作公司将其用于电脑特技制作,游戏软件公司将其作为开发平台,室内装饰公司利用其进行设计。

(3)地理信息系统(GIS):它所面向的客户群主要是城市规划单位、环保部门、地理地质勘测院、研究所等。他们通常是用图形工作站来运行 GIS 软件。它使用户可以实时地、直观地了解项目地点及周围设施的详情,如路灯柱、地下排水管线等。这些大数据量的作业也只有在具有专业图形处理能力的工作站上才能高效率地运行。

(4)平面图像处理:它是应用普及程度较高的行业。用户通常是以图形工作站为硬件平台,以 Photoshop,CorelDraw 等软件为操作工具,致力于图片影像处理、广告及宣传彩页设计、包装设计、纺织品图案设计等。

(5)模拟仿真:在军事领域,模拟仿真技术是训练战斗机驾驶员、坦克驾驶员以及模拟海上航行的有效手段;在科研开发领域,它使设计者在制作样机之前,就可以在图形工作站上进行仿真运行,及时发现问题,对设计进行修改。

从用户角度来看,工作站除比大、中、小型计算机便宜外,更主要的是工作站将多种功能集于一身,体积小,通常配有高分辨率的大屏幕显示器及容量很大的内存储器和外部存储器,并且具有较强的信息处理功能和高性能的图形、图像处理功能以及联网功能,为程序设计人员提供一个功能强大、使用方便的工作环境。根据工作站本身的特点,从使用的方便性来讲,工作站更类似于 PC,有人说,工作站是高档的 PC;从功能和性能方面来讲,工作站越来越多地覆盖了大、中、小型计算机的应用领域。

常用的工作站有 SUN 公司的 u 系列工作站、DELL 的 PRECISION 工作站、惠普系列工作站，以及 IBM 公司的 RS/6000 工作站。

2.2　图形显示原理

随着计算机科学技术的迅猛发展，借助于计算机的图形显示技术、图像处理技术和模式识别技术均取得了重大进展。仅在电视节目制作系统中，就有电视字幕机、三维动画工作站和非线性编辑系统等几大应用领域。而在这几大应用领域中，都离不开计算机图形显示技术。

谈到计算机图形显示技术，可分为硬件和软件两大部分，且这两大部分密切相关。就广义的图形来说，可以分为由计算机生成的字幕与图形、由扫描仪输入的图形、由图像卡输入的活动图像及由该卡捕捉到的单帧图像（可以用某一规定的图形格式来存储）等。当这些图形图像以文件形式存储下来时，可以有静态或动态、低分辨率或高分辨率等数十种格式。

从 1981 年问世的 IBM PC 到当今的 Pentium 系列微机，其图形都是通过图形适配器送到光栅扫描帧缓冲式显示器进行显示的，而图形适配器则是一块插在计算机主板上总线扩充槽内的插卡，它沟通了主机与显示器的联系，一般简称显卡。

在 40 多年的发展过程中，显卡的种类与功能一直在不断地扩充。早期的单色显卡（Monochrome Display Adapter，MDA）只能显示单色图形，彩色显卡（Color Graphics Adapter，CGA）问世后也仅仅是以 320 像素×200 像素的分辨率同屏显示 4 种颜色。标准 VGA（Video Graphic Array，视频图形阵列）彩显卡的出现使图形显示的最高分辨率达到了 640 像素×480 像素，但仍比 PAL（Phase Alternating Line，电视广播制式）制电视图像 768 像素×576 像素或 CCITT601 建议的 720 像素×576 像素的分辨率低，且此时的颜色只有 16 色，仍然不能满足电脑动画制作的要求。

随着计算机图形显示技术的不断发展，出现了大量与标准 VGA 显示模式兼容的增强型 VGA 显卡，如 ultra - VGA，super - VGA，tVGA。近些年来，更有具备 3D 图形加速功能的高分辨率显卡相继问世，如 winfast 的 3ds600dx 等。这些增强的显卡主要是增加了卡上图形处理芯片的功能与速度，并相应增加了卡上显示缓冲区的存储容量及提高了时钟频率。因此，增强 VGA 卡可以在 1 024 像素×768 像素的显示模式下同屏显示 256～1 670 万种颜色。

在各种显示模式中，800 像素×600 像素的分辨率超过了普通电视的分辨率，而 1 670 万种颜色也足以超过人眼对色彩的分辨能力。因此，目前与具有 PAL 制电视编码功能的图像卡配合而输出标准电视信号的图形模式都是基于 800 像素×600 像素这一显示模式。此时，在图像卡上视频缓冲区中的图像数据，首先经数/模转换器转换为模拟 R,G,B 信号，再经 PAL 制电视编码后即可输出分辨率达 768 像素×576 像素的全彩色（也称作真彩色）隔行扫描电视信号。以前几年流行的字幕机及三维动画工作站为例，经制作并渲染完成的三维动画各帧画面就是经 targa 图像卡或 illuminator 图像卡按上述模式输出单帧广播档标准的 PAL 制电视图像信号的，近年来的三维动画工作站则通过大容量的帧存储器或高速磁盘阵列，配合高效的 MPEG -Ⅱ压缩算法，可输出实时的广播档电视信号。

2.2.1　阴极射线管(CRT)

CRT 光栅扫描显示器上的图形完全由显示器上像素位置的亮度指定，计算机上创造的一幅图像,实质上是通过设置像素点的值,不同颜色属性的像素组合在一起构成的。

CRT 是标准图形显示器的核心。大多数的视频监视器的操作都是基于标准的 CRT 设计的。CRT 主要由电子枪、聚焦系统、偏转系统和荧光屏四部分组成,如图 2 - 15 所示。

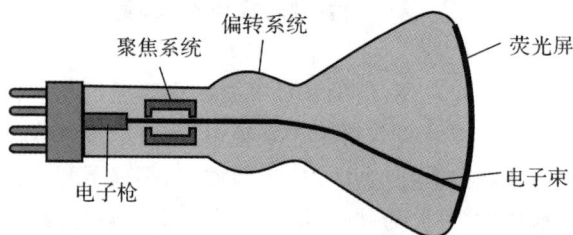

图 2 - 15 CRT 结构图

CRT 的基本工作原理是:高速的电子束由电子枪发出,经过聚焦系统、偏转系统就会到达荧光屏的特定位置。由于荧光物质在高速电子的轰击下会发生电子跃迁,即电子吸收到能量从低能态变成高能态,而高能态很不稳定,在很短的时间内荧光物质的电子会从高能态重新回到低能态,这时荧光屏幕上被电子束轰击到的那一点就会亮了。

显然,电子枪发射出来的电子是分散的,这样的电子束是不可能精确定位的,所以发射出来的电子束必须通过聚焦。聚焦系统是一个电透镜,能使众多的电子聚焦于一起。聚集后的电子束通过一个加速阳极达到轰击激发荧光物质应有的速度,最后由磁偏转系统使其达到指定位置。

要保持荧光屏上有稳定的图像就必须不断发射电子束。刷新一次是指电子束从上到下将荧光屏扫描一次。只有刷新频率高到一定值后,图像才能稳定显示。大约达到 60 帧/s,即 60 Hz 时,人眼才能感觉到屏幕不闪烁,但要使人眼觉得舒服,一般必须有 80 Hz 以上的刷新频率。

彩色 CRT 和单色显示器的不同是由于荧光粉的缘故。彩色 CRT 显示器的荧光屏上涂有三种荧光物质,它们分别能发红、绿、蓝三种颜色的光。而电子枪也发出三束电子来激发这三种物质,中间通过一个控制栅格来决定三束电子到达的位置。根据屏幕上荧光点的排列不同,控制栅格也就不一样。普通的监视器一般用三角形的排列方式,这种显像管被称为荫罩式显像管,如图 2 - 16 所示。

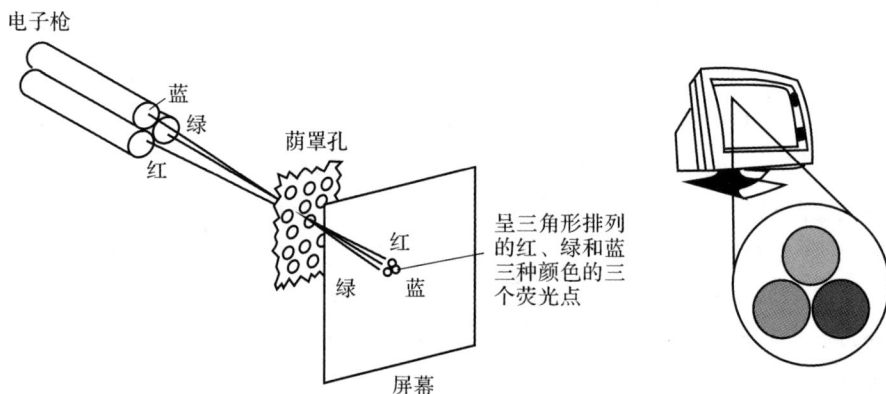

图 2 - 16 荫罩法彩色图形显示原理

目前,大多使用的是荫罩式彩色 CRT,荫罩(shadow mask)是安装在荧光屏内侧的上面刻有 40 多万个孔的薄钢板。荫罩孔的作用在于保证三束电子共同穿过同一个荫罩孔,准确地激发荧光粉,使之发出红、绿、蓝三色光。三束电子经过荫罩的选择,分别到达三个荧光点的位置。通过控制三个电子束的强弱就能控制屏幕上点的颜色。如将红、绿两个电子枪关了,屏幕上就只显示蓝色了。如果每一个电子枪都有 256 级(8 位)的强度控制,那么这个显像管所能产生的颜色就是我们平时所说的 24 位真彩色了。

2.2.2　光栅扫描显示原理

目前使用最广泛的 CRT 图形显示器是基于电视技术的光栅扫描显示器,如前所述,CRT中的水平和垂直偏转线圈分别产生水平和垂直磁场,电子束则在不同方向磁场力作用下进行行和列扫描,将屏幕分成由像素构成的光栅网格,由多个具有灰度和颜色的像素点可构成所需要的图形。

在光栅扫描方式中,电子束总是不断地从左至右、从上到下反复扫描整个屏幕,在扫描过程中,只要在对应时刻、对应位置控制电子束的强度就能显示所要的图形。电子束横向从左到右扫描一次称为一条扫描线,在每条扫描线末端,电子束返回到屏幕的左边,又开始显示下一条扫描线。一帧图像是光栅显示系统执行一次全屏幕循环扫描(一次屏幕刷新)所产生的图像,如图 2-17 所示。

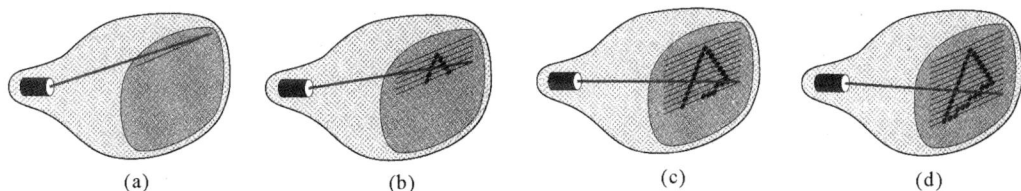

<table>
<tr><td>(a)</td><td>(b)</td><td>(c)</td><td>(d)</td></tr>
</table>

图 2-17　光栅扫描式显示器显示原理

1.光栅扫描式显示器

光栅扫描式显示器具有如下特点:

(1)光栅扫描式显示器是画点设备,可看成一个点阵单元发生器,并可控制每个点阵单元的亮度。

(2) 发出的电子束的偏转方式是固定的,自上而下,从左到右扫描,在荧光屏上形成光栅形状。

(3) 图形是通过电子束扫描到光栅上的图形像素点时呈现的亮度或颜色与光栅背景的亮度或颜色不同而衬托出的,可形成多级灰度或颜色的图像。

(4)由于图像是由像素阵列组成的,显示一幅图像所需要的时间等于显示整个光栅所需的时间,而与图像的复杂程度无关。

在光栅扫描显示器荧光屏上的每一点称为一个像素。每个像素都对应于帧缓存中的一个存储单元,它存放着该像素的亮度值。像素的亮度值控制电子束对荧光屏的轰击强度,像素在帧缓冲器中的位置编码控制电子束的偏转位置。由于光栅扫描显示系统具有存储每一个屏幕点上的亮度信息的能力,因此,它最适合于显示浓淡和色彩图形。像素信息从应用程序转换并放入帧缓冲器缓存的过程称为扫描转换过程。

在光栅扫描显示器中,图像生成系统的作用是把计算机画线、画矩形、画填充区域和写字符串等基本画图命令转换成为相应的点阵,存放在帧缓冲器存储器中,即存放需要在荧光屏上显示出来的图形的映像,这个点阵的每一点与屏幕像素一一对应,点阵中每个元素就是像素的亮度值,通常用若干位二进制数据来表示灰度或色彩。由若干位数据来对应屏幕上一点的光栅图像显示技术称为映射技术。图像生成系统也可以直接将图像输入设备(如摄像机、扫描仪等)输入的图像直接或间接存入帧缓冲器中。图像生成系统的逻辑结构主要由两部分组成:显示处理器和工作存储器。

光栅扫描式显示器的主要性能参数:

(1)分辨率:指显示器在整个屏幕(水平与垂直方向)可显示多少像素。分辨率越高,显示的字符或图像越清晰。

(2)亮度等级数目和色彩:指单种颜色亮度可变化的数目。亮度等级范围的提升可使图像看上去更柔和自然。

(3)点距:指相邻像素点之间的距离(即像素的直径)。

(4)显示速度:指显示字符、图形,特别是动态图像的速度。

2.屏幕坐标

屏幕上每个光点维持发光的时间一般在毫秒或微秒数量级之间,荧光屏的亮度随着时间按指数衰减,整个画面必须在 1 s 内重复显示,才能得到稳定而不闪烁的图形,所以必须重复使荧光物质发光,即使电子束迅速地回到同一点。这称为屏幕刷新。

综上所述,可把光栅图形显示器看作许多离散点组成的矩阵,每个点都可以发光。除非特殊情况,一般在矩阵中是不能直接从一个点到另一个点或一个像素到另一个像素画一条直线的,但可以用一系列的点(或像素)来近似地表示这条直线。

光栅扫描显示器的屏幕可分为 m 行扫描线,每行扫描线有 n 个像素。这样整个屏幕就分为 $m \times n$ 个像素,$m \times n$ 就是显示器的分辨率。要显示世界坐标系中指定对象的几何形状,就需要调整数学输入点到有限像素区域的映射。映射方法有两种:

(1)按对象边界与像素区域的覆盖量来调整显示物体的尺寸,即对象与像素中心对准[见图 2-18(a)]。

(2)将对象映射到像素间的屏幕位置,以使物体边界与像素边界对准[见图 2-18(b)]。

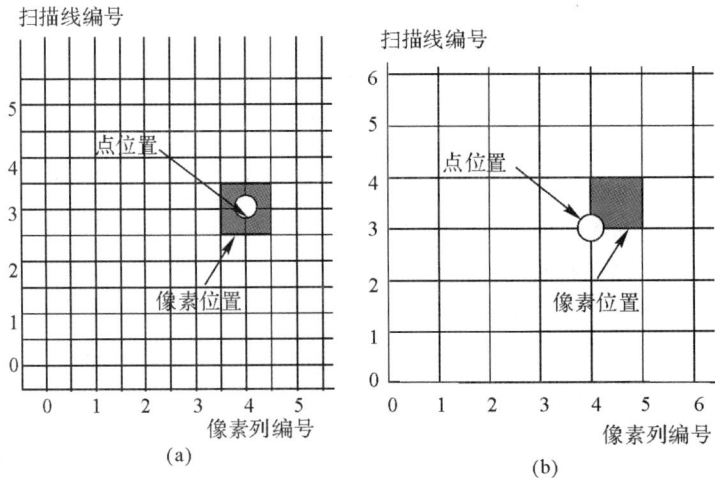

图 2-18 屏幕坐标系编址方式

(a)像素中心对准编址方式;(b)像素边界对准编址方式

3.帧缓冲器

实现光栅 CRT 图形显示器的最常见方法是使用帧缓存。光栅扫描生成的图像所有像素的强度值都要存放在一块连续的存储器中,这个存储器称为帧缓冲器或刷新存储器,俗称显示存储器。帧缓冲器是显示器的核心,存放被显示图形的位图,它又称为图存储器或刷新存储器。图像生成系统随时可能向帧缓冲器写入(或读出)新的显示内容,因此,从原理上说,帧缓冲器是一个大容量高速的双端口随机存取/读写存取器。

光栅扫描系统的帧缓冲器中是一块连续的存储空间。光栅中的每个像素在帧缓冲器中至少占 1 位(bit),每个像素 1 位的存储空间称为位面(bit plane)。画面就是由帧缓冲器中的这些位信息组成的。图像在计算机中是一位一位产生的,每个存储位只有 0 和 1 两个状态,因此一个位面的帧缓冲器只能产生黑白图形。帧缓冲器是数字设备,光栅显示器是模拟设备,要把帧缓冲器中的信息在光栅显示器屏幕上输出必须经过数/模转换,这个工作由数/模转换器(DAC)完成。

光栅图形显示器中需要有足够的位面和帧缓冲器结合起来才能反映图形的颜色和灰度等级。

帧缓冲器主要有黑白灰度帧缓冲器、简单彩色帧缓冲器和 24 位面彩色帧缓冲器,这里分别进行简单介绍。

(1)黑白灰度帧缓冲器。帧缓冲器是数字设备,光栅显示器是模拟设备,因而还需要数/模转换器。

黑白单灰度显示器每一个像素需要 1 位存储空间,一个由 1 024 像素×1 024 像素组成的黑白单灰度显示器所需要的最小存储空间为 2^{20} 位,并在 1 个位面上。1 个位面的缓冲器只能存储黑白图像,如图 2-19 所示。

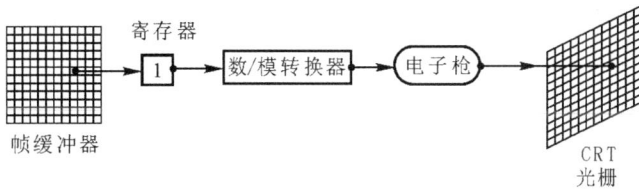

图 2-19　具有 1 位面帧缓冲器的黑白灰度光栅显示器结构图

(2)简单彩色帧缓冲器。彩色光栅显示器具有对应红、绿、蓝三原色有 3 个位面的帧缓冲器和 3 个电子枪,如图 2-20 所示(对于 3 个位面、分辨率是 1 024×1 024 个像素阵列的显示器,需要 3×1 024×1 024 位的存储器)。

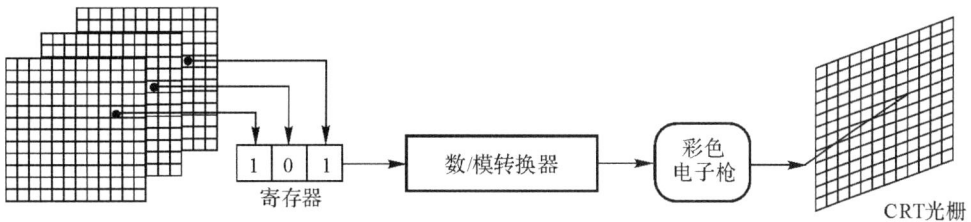

图 2-20　一个简单的彩色帧缓冲器

(3)24 位面彩色帧缓冲器(真彩色)。每个颜色的电子枪可以通过增加帧缓冲器位面来提高颜色种类的灰度等级。在彩色帧缓冲器中,每种原色电子枪有 8 个位面的帧缓冲器和 8 位的数/模转换器,每种原色可有 256 种,3 种原色(24 位面)的组合将是 $256^3=2^{24}$ 种,如图 2-21 所示。

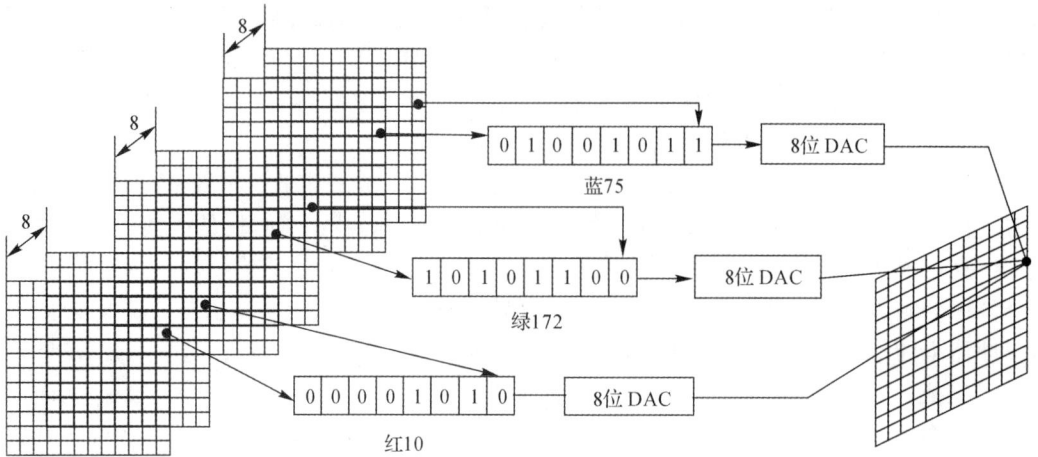

图 2-21　一个具有 24 位面的彩色帧缓冲器

　　(4)彩色查找表。彩色查找表或颜色索引技术是不断增加缓冲器存储容量而得到更多颜色的一种技术,它在帧缓冲器与显示屏的数/模转换器之间加一个查色表(color lookup table)。

　　彩色查找表可看成是一维线性表,每一项(元素)对应于一种颜色。

　　帧缓冲器中每个单元存储的是对应于某一像素颜色在彩色查找表中的地址,而不是颜色值。彩色查找表的地址长度由帧缓冲器每个存储单元的位数决定,这确定了一幅画面能同时显示的颜色种类数。彩色查找表的元素位长由帧缓冲器每个存储单元的基色数决定,这决定了显示器可选择显示的颜色种类总数。

　　彩色查找表的原理如图 2-22 所示。

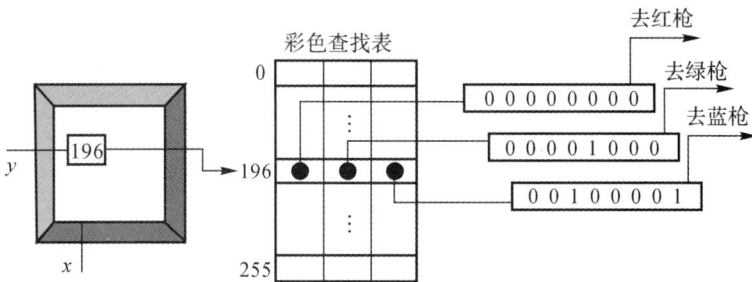

每个像素8位帧缓冲器访问的每个表项24位的彩色查找表

图 2-22　彩色查找表原理示意图

　　(5)最简单的光栅扫描系统(见图 2-23)。交互式光栅图形系统通常使用几个处理部件。除了中央处理器(CPU)以外,还使用一个视频控制器或显示控制器来控制显示设备的操作。帧缓冲器可在系统存储器的任意位置,视频控制器访问帧缓冲器,以刷新屏幕。除了视频控制器,更复杂的光栅系统运用其他处理器作协处理器和加速器,并执行各种图形操作。

　　计算机将要显示的图形、图像转化为位图,经过接口电路送入帧缓冲器,视频控制器控制电子束依照固定的扫描顺序,自上而下、从左到右扫描整个屏幕,同时,把一帧画面中的每个像素的值从帧缓冲器中读出。读出的值控制电子束能量的大小,决定像素的亮度。

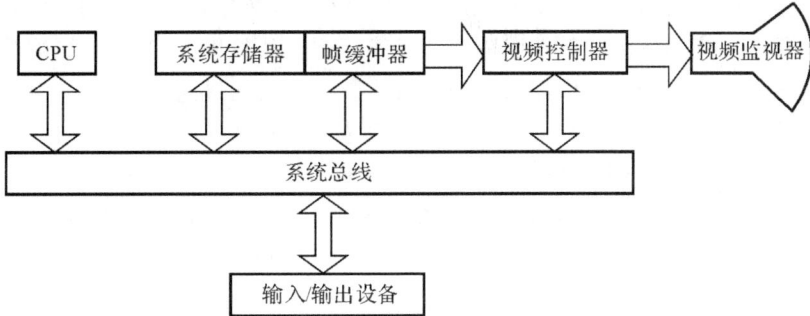

图 2-23　最简单的光栅扫描系统

(6) 具有显示处理器的光栅扫描系统(见图 2-24)。显示处理器的用途是使 CPU 从图形杂务中解脱出来。除了系统存储器外,该系统还提供独立的显示处理器存储区域。图 2-24 表示了具有独立显示处理器的光栅扫描系统的结构。

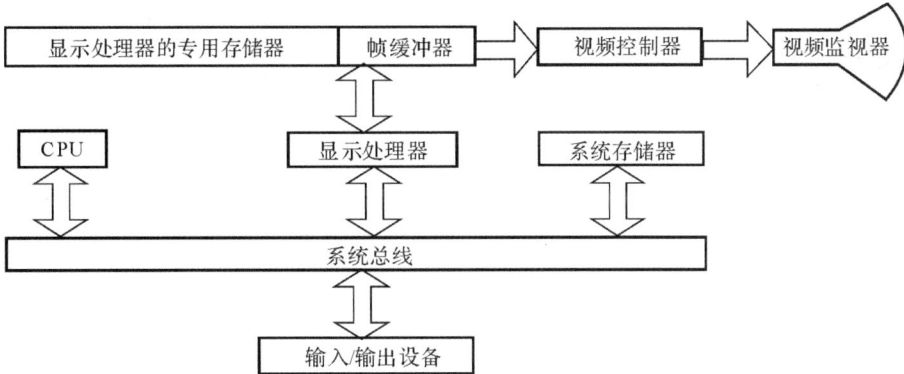

图 2-24　具有显示处理器的光栅扫描系统

显示处理器的主要任务是将应用程序给出的图形定义数字化为一组像素强度值,存放在帧缓冲器中,这个过程称为扫描转换。例如,直线段的扫描转换意味着必须确定最接近于直线路径的像素位置,并把每个位置的强度值存入帧缓冲器。

2.2.3　显示配置

CRT 显示技术目前已经越来越成熟,显示质量也越来越好,大屏幕也逐渐成为主流,但 CRT 固有的物理结构限制了它向更广的显示领域发展。如屏幕尺寸的加大必然导致显像管的加长,显示器的体积必然要加大,在使用的时候就会受到空间的限制。另外,由于 CRT 显示器是利用电子枪发射电子来产生图像的,因此产生辐射与电磁波干扰便会成为其最大的弱点,而且长期使用会对人的健康产生不良影响。在这种情况下,人们推出了液晶显示器。液晶显示器具有电压低、功率小、重量轻、体积小等优点,是一种数字化显示器件。

1.液晶显示器(LCD)

液晶是一种介于液体和固体之间的特殊物质,它具有液体的流态性质和固体的光学性质。当液晶受到电压的影响时,就会改变它的物理性质而发生变形,此时通过它的光的折射角度就会发生变化,而产生色彩。

液晶的物理特性是:当通电时导通,排列变得有秩序,使光线容易通过;不通电时排列混乱,阻止光线通过。液晶如闸门般地阻隔或让光线穿透。从技术上简单地说,液晶面板包含了两片相当精致的无钠玻璃素材,中间夹着一层液晶。当光束通过这层液晶时,液晶本身会排排站立或扭转呈不规则状,因而阻隔或使光束顺利通过。大多数液晶都属于有机复合物,由长棒状的分子构成。在自然状态下,这些棒状分子的长轴大致平行。将液晶倒入一个经精良加工的开槽平面,液晶分子会顺着槽排列,所以假如那些槽非常平行,则各分子也是完全平行的。

LCD技术是把液晶灌入两个刻有细槽的平面之间。这两个平面上的槽互相垂直(相交成90°)。也就是说,若一个平面上的分子南北向排列,则另一平面上的分子东西向排列,而位于两个平面之间的分子被强迫进入一种90°扭转的状态。由于光线顺着分子的排列方向传播,所以光线经过液晶时也被扭转90°。但当液晶上加一个电压时,分子便会重新垂直排列,使光线能直射出去,而不发生任何扭转。

LCD是依赖极化滤光器(片)和光线本身。自然光线是朝四面八方随机发散的。极化滤光器实际是一系列越来越细的平行线。这些线形成一张网,阻断不与这些线平行的所有光线。两个极化滤光器相互垂直,所以能完全阻断那些已经极化的光线。只有两个滤光器的线完全平行,或者光线本身已扭转到与第二个极化滤光器相匹配,光线才得以穿透。

LCD正是由这样两个相互垂直的极化滤光器构成,所以在正常情况下应该阻断所有试图穿透的光线。但是,由于两个滤光器之间充满了扭曲液晶,所以在光线穿出第一个滤光器后,会被液晶分子扭转90°,最后从第二个滤光器中穿出。另外,若为液晶加一个电压,分子又会重新排列并完全平行,使光线不再扭转,所以正好被第二个滤光器挡住。总之,加电将光线阻断,不加电则使光线射出。

然而,可以改变LCD中的液晶排列,使光线在加电时射出,而不加电时被阻断。但由于计算机屏幕几乎总是亮着的,所以只有"加电将光线阻断"的方案才能达到最省电的目的。

从液晶显示器的结构来看,无论是笔记本电脑还是台式电脑,采用的LCD显示屏都是由不同部分组成的分层结构。LCD由两块玻璃板构成,厚约 1 mm,其间由间隔 5 μm 的液晶材料均匀隔开。因为液晶材料本身并不发光,所以在显示屏两边都设有作为光源的灯管,而在液晶显示屏背面有一块背光板(或称匀光板)和反光膜。背光板是由荧光物质组成的,可以发射光线,其作用主要是提供均匀的背景光源。背光板发出的光线在穿过第一层偏振过滤层之后进入包含成千上万水晶液滴的液晶层。液晶层中的水晶液滴都被包含在细小的单元格结构中,一个或多个单元格构成屏幕上的一个像素。在玻璃板与液晶材料之间是透明的电极,电极分为行和列,在行与列的交叉点上,通过改变电压而改变液晶的旋光状态,液晶材料的作用类似于一个个小的光阀。在液晶材料周边是控制电路部分和驱动电路部分。当LCD中的电极产生电场时,液晶分子就会产生扭曲,从而将穿越其中的光线进行有规律的折射,然后经过第二层过滤层的过滤在屏幕上显示出来。

液晶显示器的主要技术指标如下:

(1)可视面积。液晶显示器所标示的尺寸就是实际可以使用的屏幕范围。例如,一个15.1 in(1 in=2.54 cm)的液晶显示器约等于 17 in CRT屏幕的可视范围。

(2)可视角度。液晶显示器的可视角度左右对称,而上下则不一定对称。举个例子,在背光源的入射光通过偏光板、液晶及取向膜后,输出光便具备了特定的方向特性。也就是说,大多数从屏幕射出的光具备了垂直方向。假如从一个非常斜的角度观看一个全白的画面,我们可能会看到黑色或是色彩失真。一般来说,上下角度要小于或等于左右角度。如果可视角度为左右 80°,那么表示在始于屏幕法线 80° 的位置时可以清晰地看见屏幕图像。但是,由于人的视力范围不同,如果没有站在最佳的可视角度内,所看到的颜色和亮度将会有误差。现在有些厂商就开发出各种广视角技术,试图改善液晶显示器的视角特性,如平面转换(In Plane Switching,IPS)、多象限垂直配向(Multidomain Vertical Alignment,MVA)、扭曲向列型与光学补偿膜组合(Twisted Nematic＋Compensation Film,TN＋FILM)。这些技术都能把液晶显示器的可视角度增加到 160°,甚至更大。

(3) 点距。我们常问到液晶显示器的点距是多大,但是多数人并不知道这个数值是如何得到的,现在让我们来了解一下它究竟是如何得到的。举例来说,一般 14 in LCD 的可视面积为 285.7 mm×214.3 mm,它的最大分辨率为 1 024 mm×768 mm,那么点距就等于可视宽度/水平像素(或者可视高度/垂直像素),即 285.7 mm/1 024＝0.279 mm(或者是 214.3 mm/768＝0.279 mm)。

(4) 色彩度。LCD 重要的当然是的色彩表现度。我们知道自然界的任何一种色彩都是由红、绿、蓝三种基本色组成的。LCD 面板上是由 1 024×768 个像素点组成显像的,每个独立的像素色彩是由红、绿、蓝(R,G,B)三种基本色来控制。大部分厂商生产出来的液晶显示器,每个基本色(R,G,B)达到 6 位,即 64 种表现度,那么每个独立的像素就有 64×64×64＝262 144 种色彩。也有不少厂商使用了所谓的 FRC(Frame Rate Control,帧率转换)技术以仿真的方式来表现出全彩的画面,也就是每个基本色(R,G,B)能达到 8 位,即 256 种表现度,那么每个独立的像素就有高达 256×256×256＝16 777 216 种色彩了。

(5) 对比值。对比值是定义最大亮度值(全白)除以最小亮度值(全黑)的比值。CRT 显示器的对比值通常达 500∶1。LCD 由冷阴极射线管所构成的背光源很难去做快速的开关动作,因此背光源始终处于点亮的状态。为了得到全黑画面,液晶模块必须完全把由背光源而来的光完全阻挡,但在物理特性上,这些组件并无法完全达到这样的要求,总是会有一些漏光发生。一般来说,人眼可以接受的对比值约为 250∶1。

(6) 亮度值。液晶显示器的最大亮度,通常由阴极射线管(背光源)来决定,亮度值一般都在 200～250 cd/m² 间。技术上可以达到高亮度,但是这并不代表亮度值越高越好,这是因为太高亮度的显示器有可能使观看者眼睛受伤。

(7) 响应时间。响应时间是指液晶显示器各像素点对输入信号反应的速度,此值当然是越小越好。如果响应时间太长了,就有可能使液晶显示器在显示动态图像时,有尾影拖曳的感觉。一般的液晶显示器的响应时间在 2～5 ms 之间。

2. 显示器适配器

一个光栅显示系统离不开显示适配器,显示适配器是图形系统结构的重要元件,是连接计算机和显示终端的纽带。

从显示标准的角度说,每一种标准都包含有一种或多种显示模式,每一种显示模式都规定了模式的类型、字符尺寸、字符格式、屏幕分辨率、色彩等指标。

一个显示适配器的主要配件包括显示主芯片、显示缓存、数模转换器(DAC)。

图形处理器是显卡的核心,俗称 GPU(类似显示处理器 DPU),它的主要任务是对系统输入的视频信息进行构建和渲染。

视频控制器,建立帧缓存与屏幕像素之间的一一对应,负责刷新屏幕,用来存储将要显示的图形信息以及保存图形运算的中间数据。

显存的大小和速度直接影响着主芯片性能的发挥。它的作用就是把二进制的数字转换成为和显示器相适应的模拟信号。

显示卡的作用就是将 CPU 送来的图像信号经过处理后输送至显示器,这个过程通常有四个步骤:

(1)CPU 将数据通过总线传送到显示芯片。

(2)显示卡上的芯片对数据进行处理,并将处理结果存放在显示卡的内存中。

(3)显示卡从内存中将数据传送到数/模转换器进行数/模转换。

(3)数/模转换器将模拟信号通过 VGA 接口输送到显示器。

一块显示卡的性能高低主要是由显示内存、显示芯片、接口和数/模转换芯片几部分来决定的。显示内存俗称"显存",其容量与存取速度对显示卡的整体性能有着很重要的作用,还直接影响显示的分辨率及其色彩位数,容量越大,所能显示的分辨率及其色彩位数越高。数/模转换芯片决定显示器所表现出的分辨率以及图像的显示速度。显示芯片是决定显示卡性能的重要依据,这种芯片具有二维图像或三维图像的处理功能。

3. 国内显示器技术现状

显示器是计算机图形学成果的最终展示窗口。它将计算机生成的图形、图像和数据以可视化的形式呈现给用户,让用户能够直观地看到和理解处理后的信息。它是计算机系统的重要输出设备之一,能够将计算机内部的信号转换为可视化的图像、图形、文字等信息,使用户能够清晰地观察计算机正在进行的各种程序和操作。

在我国显示器技术领域,京东方(BOE)作为一家具有创新精神和技术实力的企业,展示了中国科技的巨大进步。以 2022 年 2 月推出的全球首款 27 in 氧化物 FHD(Full High Definition,全高清)500 Hz 超高刷新率显示屏(见图 2 - 25)为例,京东方突破了显示器刷新率的新纪录,标志着在显示技术领域的重大进步。官方表示,京东方创造性研发出铜扩散阻挡技术,提出独有的氮氧平衡理论、界面修复理论,同时产学研联合,在材料、器件结构和原理上均实现了突破,解决了氧化物半导体显示技术的量产难题,在国内率先实现量产。同时,集成栅驱动电路嵌入阵列基板、触控驱动的集成化技术、高透过率的薄膜光学模型等,既实现了产品性能提升,又实现了从传统非晶硅 TFT(Thin-Film Transistor,薄膜晶体管)向氧化物导体显示的技术升级。

图 2 - 25　京东方 27 in 氧化物 FHD 500 Hz 显示屏

京东方一直致力于显示技术的研发和创新,其产品广泛应用于各个领域。为了实现这些技术突破,京东方的科研人员和工程师秉持着精益求精的工匠精神。他们在研究过程中,对每一个细节都进行深入研究和优化,不断挑战技术极限。

从液晶显示技术的发展来看,京东方在提高分辨率、色彩表现、对比度等方面不断努力。例如:通过优化液晶分子排列和控制技术,提高了画面的清晰度和色彩准确度;在高刷新率技术方面的突破,为用户带来了更流畅的视觉体验,尤其对于游戏玩家和专业图形设计人员具有重要意义。

此外,京东方还在其他显示技术领域进行探索和创新,如有机发光二极管(Organic Light-Emitting Diode,OLED)显示技术等。他们不断改进生产工艺,提高产品质量和性能,以满足市场对高品质显示设备的需求。

京东方的技术突破不仅体现了其自身的实力和努力,也反映了我国在显示技术领域的快速发展和进步。我国的科研人员和企业在面对技术挑战时,坚持不懈、追求卓越,通过不断的研发和创新,逐渐在全球显示市场中占据重要地位,为我国的科技发展和产业升级做出了重要贡献。这种工匠精神将继续推动我国在显示技术及其他科技领域取得更多的突破和成就。这也激励着我们广大青年学子和科技工作者,要坚定信念,勇于创新,以精益求精的态度投身于科研事业,只要我们坚持自主创新,发扬工匠精神,就一定能够在世界科技舞台上绽放出更加绚烂的光彩,让中国创造引领全球科技发展的潮流。

2.2.4　真三维显示和三维打印

1. 真三维显示

真三维显示技术是一种立体显示技术,也是计算机立体视觉系统中最新的研究方向。基于这种显示技术,可以观察到具有物理景深的三维图像。真三维立体显示技术图像逼真,具有全视景、多角度、多人同时观察和实时交互等众多优点。

真三维显示技术要实现在物理三维空间的显示,而不是采用虚拟显示眼镜这类辅助设备的光学方法产生双目视差。该技术是直接将三维数据场中的每个点在一个立体的成像空间中成像,每个成像点(x,y,z)就是真三维成像的最基本单位——体素点,一系列体素点就形成了真三维立体图像,如图 2-26 所示。真三维显示如图 2-27 所示。

图 2-26　真三维立体图像

图 2-27　真三维显示

真三维显示是三维显示的最终目标。真三维显示的特点如下：

(1)可实现人机交互和动态三维显示；

(2)具有移动视差,观察者可任意移动；

(3)可具有超过 1 亿体元的三维图像分辨率；

(4)可进行三维测量；

(5)无须佩戴任何辅助工具,例如三维眼镜等。

而根据成像空间构成方式的不同,可以把真三维立体显示技术分为静态体成像技术和动态体扫描技术两种。静态体成像技术的成像空间是一个静止不动的立体空间,而动态体扫描技术的成像空间是依靠显示设备的周期性运动构成的。

(1)静态体成像技术。在一个由特殊材料制造的透明立体空间里,一个激励源把两束激光照到成像空间上,经过折射,两束光相交到一点,便形成了组成立体图像的具有自身物理景深的最小单位——体素,每个体素点对应构成真实物体的一个实际的点,当这两束激光束快速移动时,在成像空间中就形成了无数交叉点,这样,无数个体素点就构成了具有真正物理景深的真三维立体图像。这就是真三维立体显示的静态成像技术原理,如图 2-28 所示。但该技术一般只能生成静态的三维光学场景,并且很多理论还没有得到应用。

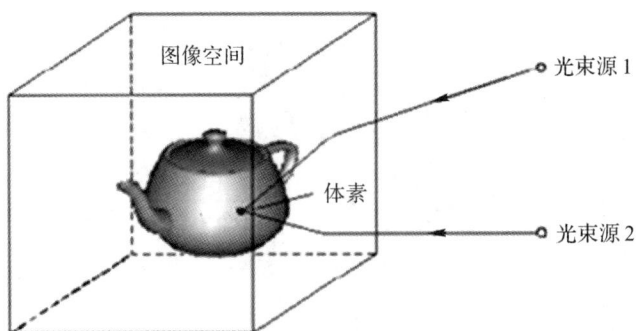

图 2-28　静态体成像技术

(2)动态体扫描技术。动态体扫描技术是依靠显示设备的周期性运动,例如屏幕的平移、旋转等来形成立体的成像空间。在该技术中,通过一定方式把显示的立体图像用二维切片的方式投影到一个屏幕上,该屏幕同时做高速的平移或旋转运动,由于人眼的视觉暂留,从而在人眼观察到的不是离散的二维图片,而是由它们组成的三位立体图像。因此,使用这种技术的立体系统可以实现图像的真三维显示。根据屏幕的运动方式可以将动态体扫描技术分为旋转体扫描显示技术和平移体扫描显示技术。其中,前者的代表是 Perspecta 立体显示器和 Felix3D 显示器,后者代表作是 DepthCube 系统。

1)Perspecta 立体显示器。Perspecta 采用柱面轴心旋转外加空间投影的结构,一个由电动机带动的旋转频率高达 730 r/min 的直立投影屏,其由很薄的半透明塑料制成。如需显示可全方位观察的自然 3D 物体,Perspecta 将首先通过自带软件生成该物体的剖面图(约 198 张),每张剖面图分辨率为 798 像素×798 像素,当直立投影屏每旋转 2°,Perspecta 便会更换一张投影至此屏幕上的剖面图,直立投影屏的高速旋转从而导致多个剖面被高速投影至屏幕上,最终产生自然的三维立体物体景象,如图 2-29 所示。

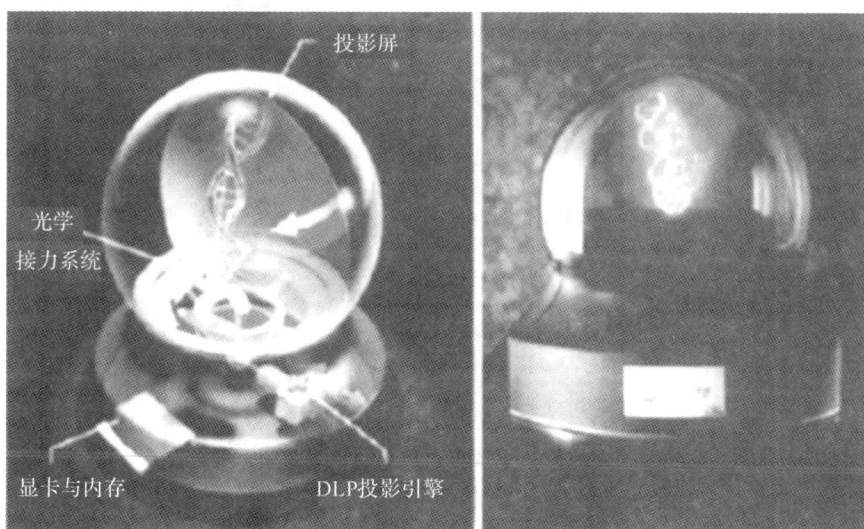

图 2-29　Perspecta 立体显示器

2)Felix3D 显示器。Felix3D 拥有一个很直观的结构框架,它是一个基于螺旋面的旋转结构,一个电动机带动一个螺旋面高速旋转,然后由 R,G,B 三束激光会聚成一束色度光线,经过光学定位系统打在螺旋面上,产生一个彩色亮点,当旋转速度足够快时,螺旋面看上去变得透明了,而这个亮点则仿佛是悬浮在空中一样,成为单个体像素(空间像素,Voxel),多个这样的体像素便能构成体直线、体面,直到构成一个 3D 物体,如图 2-30 所示。目前这套系统仍处于试验阶段。

3)DepthCube 系统。DepthCube 三维显示系统同样也代表着固态体显示技术的最高成就,其外形如同一台 20 世纪 70 年代的老式电视机。DepthCube 的显示介质由 20 个液晶屏层叠而成,每一个屏的分辨率为 1 024 像素×748 像素,屏与屏之间的间隔约为 5 mm。这些特制屏体的液晶像素具有特殊的电控光学属性,当对其加电压时,该像素的液晶体将像百叶窗的叶面一样变成平行于光束的传播方向,从而令照射该点的光束穿过。而当对其电压为 0 时,该液晶像素将变成不透明,从而对照射光束进行漫反射,形成一个存在于液晶屏层叠体中的体像素。在任意时刻,有 19 个液晶屏是透明的,只有 1 个屏是不透明的,呈白色的漫反射状态。DepthCube 将在这 20 个屏上快速地切换显示 3D 物体截面从而产生纵深感,它还采用了一种名为"三维深度反锯齿"(3D depth anti-aliasing) 的显示技术来扩大这 20 个屏所能表现的纵深感,令 1 024 像素×748 像素×20 像素的物理三维空间分辨率实现高达 1 024 像素×748 像素×608 像素的显示分辨率。和 Perspecta 一样,DepthCube 也采用了 DLP 成像技术,由于 DepthCube 的观察角度比较单一,主要是在显示器的正面,因此并不需要像 Perspecta 一样高的帧频,其每秒钟仅需显示 1 200 个截面即可产生足够的体显示效果。

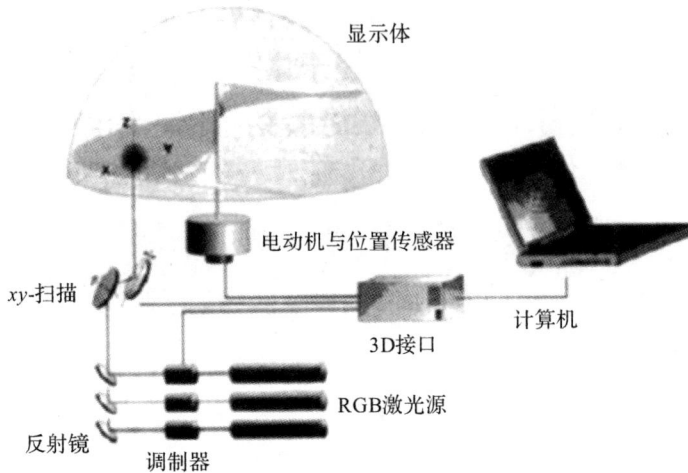

图 2 - 30　Felix3D 显示器

2. 三维打印

三维打印又名 3D 打印(3DP),即快速成型技术的一种,又称增材制造,它是一种以数字模型文件为基础,运用粉末状金属或塑料等可黏合材料,通过逐层打印的方式来构造物体的技术,如图 2 - 31 所示。

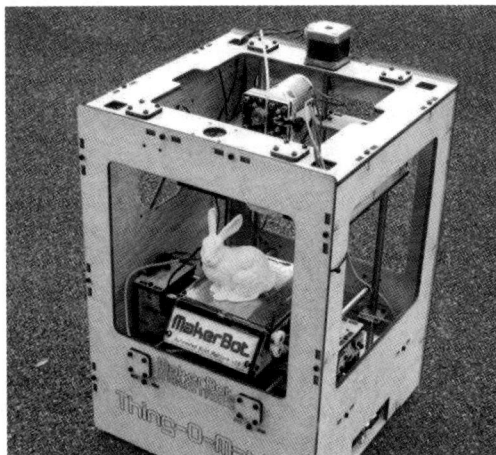

图 2 - 31　3D 打印技术

3D 打印通常是采用数字技术材料打印机来实现的。3D 打印机与普通打印机工作原理基本相同,只是打印材料有些不同,普通打印机的打印材料是墨水和纸张,而 3D 打印机内装有金属、陶瓷、塑料、砂等不同的"打印材料",打印机与电脑连接后,通过电脑控制可以把"打印材料"一层层叠加起来,最终把计算机上的蓝图变成实物。通俗地说,3D 打印机是可以"打印"出真实的 3D 物体的一种设备(见图 2-32),比如打印一个机器人,打印玩具车,打印各种模型,甚至是食物,等等。之所以通俗地称其为"打印机",是参照了普通打印机的技术原理,且其分层加工的过程与喷墨打印十分相似。

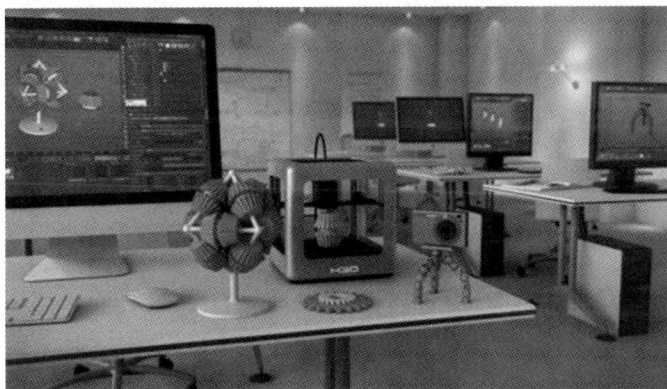

图 2-32 3D 打印机

3D 打印的过程通常分为三个阶段:三维设计、切片处理和完成打印。

(1)三维设计。三维打印要先通过计算机建模软件建模,再将建成的三维模型"分区"成逐层的截面,即切片,从而指导打印机逐层打印。

(2)切片处理。建模完成后,打印机通过读取文件中的横截面信息,用液体状、粉状或片状的材料将这些截面逐层地打印出来,再将各层截面以各种方式粘合起来从而制造出一个实体。

(3)完成打印。三维打印机的分辨率对大多数应用来说已经足够(在弯曲的表面可能会比较粗糙,像图像上的锯齿一样),但若要获得更高分辨率的物品可以先用当前的三维打印机打出稍大一点的物体,再稍微经过表面打磨即可得到表面光滑的"高分辨率"物品。

3D 打印技术起初常在模具制造、工业设计等领域被用于制造模型,后逐渐用于一些产品的直接制造,已经有使用这种技术打印而成的零部件。区别于传统的"减材制造",3D 打印技术将机械、材料、计算机、通信、控制和生物医学等技术融合贯通,具有缩短产品开发周期、降低研发成本和一体制造复杂形状工件等优势,未来可能对制造业生产模式与人类生活方式产生重要的影响。

2.3 基本图元生成算法

大多数图形学应用中采用点、线、面表示来建立图形对象模型,然而对于光栅图形显示而言,点、线、面表示又不能直接用于显示,这是因为在光栅显示器上的任何一种图形,实际上都是一些具有一种或多种颜色的图像(像素的集合)。

将图形对象表示转换成点阵表示,即确定一个像素集合及其颜色,用于显示一个图形的过程,称为图形的扫描转换或光栅化。也就是说,从图形对象的几何信息出发,求出构成图形对象的各个像素,并将其颜色值写入帧缓冲器中相应的单元。

一般由显卡的显示处理器完成图形到图像的转化。对图形的扫描转换一般分为两个步骤:先确定像素的集合,再对其赋予颜色或其他属性。

光栅图形显示器可以看成一个像素的阵列,每个像素用一定的颜色显示。在光栅显示器上显示的任何一种图形,都是一些具有一定颜色的像素集合。为此,必须把显示图形的命令组成的显示文件转换成与屏幕图像每个像素点一一对应的图像矩阵,并存放在帧缓冲器中。这种与屏幕图像每个像素点一一对应的图像矩阵(其中每个元素就表示像素的辉亮与色彩的值),被称为位映射图,简称位图。把由图形中的点、线、区域和字符串等图形基本指令组成的显示文件转换成为帧缓冲器中的位图的过程,即确定一个图形的像素集合及其颜色的过程,称为图形的扫描转换或光栅化。

对于线图形的光栅化,当不用考虑线宽时,用一个像素宽度的像素序列来显示图形即可。对于二维封闭图形的光栅化,即区域的填充问题,必须先确定区域所对应的像素集,然后用所要求的颜色和图像进行填充。

光栅扫描算法在光栅图形系统中使用得相当频繁,每建立或修改一幅图形,一般要用数百次甚至数千次,而且扫描转换过程中涉及比较和计算的像素数量是相当大的,因此这些算法不仅必须要生成视觉满意的图形,还必须要执行得尽可能地快。评价一个扫描转换算法的优劣的标准如下:

(1)所显示图形的精度;

(2)算法的时间复杂性;

(3)算法的空间复杂性。

2.3.1 线图形生成的基本原理

1. 画点

点是图形中最基本的元素。在计算机图形学中,点是由数值坐标(在实数域中取值)来表示的。画点是将应用程序提供的单个坐标位置转换成所使用设备的合适操作。光栅系统是通过将帧缓冲器中对应于指定屏幕位置(在整数域中取值)的位设置颜色码,以表示屏幕像素位置上将要显示的颜色。电子束进行扫描时,根据帧缓冲器中位的值发射电子脉冲,画出一点。

2. 画线

在计算机图形学中,画线是计算出落在直线段上或充分靠近它的一串像素,并以此像素集近似代替原连续直线段在屏幕上显示的过程,如图2-33所示。直线段的扫描转换意味着必须确定最接近于直线路径的像素位置,并把每个位置的强度值存入帧缓冲器。

当计算机绘制图形时,要用到大量的直线线段,如建筑规划图、电路图等。更进一步,利用一系列短直线段也可以有效地逼近曲线。因此,直线描绘的质量,将从根本上影响计算机图形设计的质量和水平。我们必须设计良好的直线扫描转换算法,对此有以下一些要求或准则:

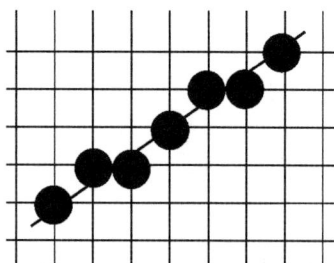

图2-33 光栅直线示意图

(1)线段要显得笔直。理论上的直线和图形显示的直线是有差别的,在光栅图形显示系统中,垂直和水平及 45°角的直线是很"直"的,然而,其他斜线却不直,总是呈现一种阶梯状或锯齿状。显示器的像素点越小,分辨率越高,直线锯齿状就会越小,直线也就越直。同时,应采用较好的直线算法,使所选的点尽量靠近理想直线。

(2)线段端点位置要准确。这里有两种情况:其一是直线绘制有一定的方向性,从直线起点向终点画一条直线,与从同一终点反向到起点画一条直线,这两条直线不一定重合;其二是算法的积累误差和设备的精度导致端点位置偏移,使得在直线和由直线组成的图形绘制中产生间隙和不连接的情况,即一条线的终点和下一条线的起点之间留有间隙,从而使图形的质量和应用受到很大影响。

(3)线段亮度要均匀。线的亮度正比于单位线段长度内所显示的像素个数。如果输出的像素密度不均匀,就会从直观上给人留下一段亮(密度大)一段暗(密度小)的感觉。要保持均匀亮度,像素就应该等距分布。当显示的直线宽度及转角不同时,点的密度也应保持均匀,否则也会造成直线的亮度不均。例如,由于斜向线上所包含的像素点比垂直和水平线上的像素点要稀少,因此发光点分布不均匀,这样,斜向直线的亮度自然比垂直和水平线低。这通常需要采用特殊的方式进行处理和补偿。

(4)速度快。图形具有的信息量很大,而在光栅系统中描绘直线是以像素点的形式进行的,要使画线的速度快,则必须在画线算法、显示及处理系统硬件等方面给予支持。在理想情况下,有关描绘直线的计算应该由专用硬件来完成。

(5)可以选择不同的类型。根据应用的不同需要,还可能要求直线具有不同的色彩、不同的亮度、不同的线型,如实线、虚线、点画线等,这些线的属性是常常使用的,也是图形处理的基础。

2.3.2　线的生成算法

直线扫描转换算法的任务是:当已知一条直线的两个端点坐标时,确定二维像素矩阵上位于或靠近这条直线,即理论直线的所有像素的坐标值,这一过程也称为直线光栅化。本节介绍在光栅显示器上直线光栅化的最常用的两种算法:DDA(Digital Differential Analyzer,数值微分法)算法和 Bresenham 算法。

1. DDA 算法

DDA 算法即数字微分法,这是一种基于直线的微分方程来产生直线的方法。设一段直线的起点为(x_0, y_0),终点为(x_1, y_1),则直线方程为

$$y = mx + b$$

其中 m 为斜率,且

$$m = (y_1 - y_0)/(x_1 - x_0)$$
$$b = (y_1 x_0 - y_0 x_1)/(x_1 - x_0)$$

那么画直线的最直观算法是:给定直线的两端点坐标后,求得 m 和 b;当 $|m| \leqslant 1$ 时,在 $x_0 \leqslant x \leqslant x_1$ 范围内 x 取整数,利用上式进行乘法和浮点加法运算,求得 y 值后再取整数值;当 $|m| > 1$ 时,y 取整数,利用上式进行乘法和浮点加法运算,求得 x 值后再取整数值。这种方法的特点是计算量大,画线慢。

若对直线解微分方程,有

$$\frac{\mathrm{d}y}{\mathrm{d}x} = \frac{\Delta y}{\Delta x} = \frac{y_{i+1} - y_i}{x_{i+1} - x_i}$$

则由此可得

$$y_{i+1} = y_i + m(x_{i+1} - x_i)$$

其中(x_i, y_i)是第i步求得的像素点坐标，(x_{i+1}, y_{i+1})是第$i+1$步求得的像素点坐标，显然，应要求

$$\begin{cases} x_{i+1} - x_i \leqslant 1 \\ y_{i+1} - y_i \leqslant 1 \end{cases}$$

事实上，上式表示所求直线上y值的逐步递推关系，此式即为 DDA 算法。其示意图如图 2-34 所示。

从图 2-34 中看出，每当x递增 1 时，y就递增k。可以根据以上公式进行递推，再对其计算出的结果进行取整处理。DDA 算法相应的程序如下：

```
void DDALine(int x0,y0,x1,y1)
int x0,y0,x1,y1;
{   int x;
    float dx,dy,k,y;
    dy = y1 - y0;
    dx = x1 - x0;
    k = dy/dx;
    y = y0;
    for(x = x0;x <= x1;x ++)
    {
        putpixel(x,int(y + 0.5));
        y = y + k;
    }
}
```

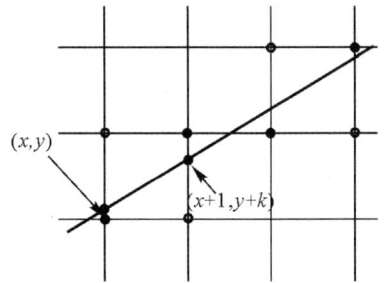

图 2-34　直线的 DDA 法示意图

2. Bresenham 算法

Bresenham 算法是计算机图形学领域使用最广泛的直线扫描转换方法。其算法原理是：过各行、各列像素中心构造一组虚拟网格线，按直线从起点到终点的顺序计算直线与各垂直网格线的交点，然后确定该列像素中与此交点最近的像素。该算法可以采用增量计算。

Bresenham 算法示意图如图 2-35 所示。

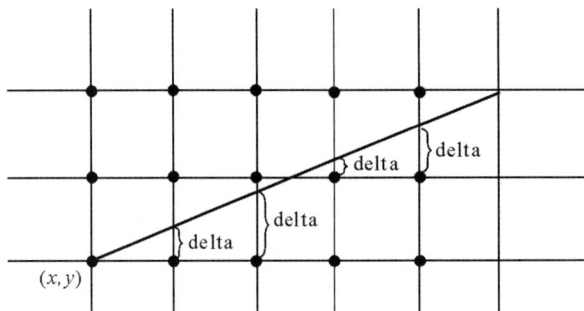

图 2-35　Bresenham 算法示意图

delta 的初值设为 0,当出现 delta $\geqslant$ 0.5 时,就把 delta 减去 1。然后,delta＝delta＋k,k 为直线的斜率。

当 delta ＜ 0.5 时,直线与 $x+1$ 列垂直网格线交点最接近于当前像素(x,y)的正右方像素点$(x+1,y)$。

当 delta ＞ 0.5 时,直线与 $x+1$ 列垂直网格线交点最接近于当前像素(x,y)的右上方像素点$(x+1,y+1)$。

当 delta ＝ 0.5 时,与上述两像素同样接近,这时可任取其中之一,这里我们约定取像素$(x+1,y+1)$。

构造判别式 $e=$ delta-0.5,当 $e＜0$ 时,下一像素的 y 值与当前像素的 y 值相等,而当 $e\geqslant0$ 时,下一像素的 y 值增加 1。

Bresenham 算法相应的程序如下:

```
void BresenhamLine(int x0,int y0,int x1,int y1)
{   int x,y,dx,dy;
    float k,e;
    dy = y1 - y0;
    dx = x1 - x0;
    k = dy/dx;
    x = x0;
    y = y0;
    e = -0.5;
    for (i = 0;i <= dx;i ++)
    {
        putpixel(x, y);
        x += 1;
        e += k;
        if(e >= 0)
        {
            y += 1;
            e += -1;
        }
    }
}
```

2.3.3　圆的生成算法

圆也是构成图形的基本元素,本节只讨论单像素宽的圆的扫描转换,常用的算法有 Bresenham 画圆算法。

Bresenham 提出了一种十分有效的圆弧增量算法。与 Bresenham 直线算法一样,其基本的方法是利用判别变量来判断选择最近的像素,判别变量的数值仅仅用一些加、减和移位运算就可以计算出来,其示意图如图 2-36 所示。为了简便起见,考虑一个圆心在坐标原点的圆,而且只计算八分圆周上的点,其余圆周上的点利用对称性就可得到。算法沿 x 轴方向取单位步,从 $x=0$ 开始到 $x=R/\sqrt{2}$ 结束。

为计算方便,将圆的圆心移至原点,半径为 r,则圆的方程可表示为

$$x^2 + y^2 = r^2$$

下面以顺时针生成 1/8 圆弧为例推导 Bresenham 画圆算法,其他圆域的点则通过对称变换得到。Bresenham 画圆算法是在每一步考查两个可能的像素点中哪一个更靠近理论圆周,从而推出沿圆周的整数位置。

假定 $P_{i-1}(x_{i-1}, y_{i-1})$ 是当前求得最接近理论圆周的一个像素点,那么下一个像素点就有两个可以选择的位置,即 $T_i(x_{i-1}+1, y_{i-1})$ 和 $S_i(x_{i-1}+1, y_{i-1}+1)$。

圆周上理论位置上的 y 值可由 $y^2 = r^2 - (x_{i-1}+1)^2$ 得到,则可选的两个像素在 y 轴方向上与实际 y 值的二次方差为

$$\begin{cases} t^2 = y_{i-1}^2 - y^2 = y_{i-1}^2 - r^2 + (x_{i-1}+1)^2 \\ s^2 = y^2 - (y_{i-1}-1)^2 = r^2 - (x_{i-1}+1)^2 - (y_{i-1}-1)^2 \end{cases}$$

令 t^2 和 s^2 的差为 d_i,则

$$d_i = t^2 - s^2 = 2(x_{i-1}+1)^2 + y_{i-1}^2 + (y_{i-1}-1)^2 - 2r^2$$

根据 d_i 的符号进行判断,若 $d_i < 0$,则选 T_i;反之则选 S_i。

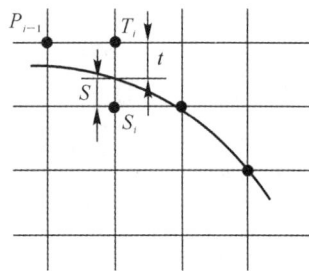

图 2-36　Bresenham 画圆算法示意图

2.3.4　填充图元生成原理

在图形软件包中有一种称为实心或图案填充的多边形区域的标准输出图元。将区域内的像素置成区域颜色或图案称为区域填充。区域填充主要解决两个问题:一是确定需要填充哪些像素,二是确定用什么颜色值来进行填充。光栅系统中有两种基本的区域填充方法:扫描填充算法和种子填充算法。

扫描填充算法是指按扫描线的顺序确定扫描线上的某一点是否位于多边形范围之内。这种方法在一般的图形软件包中主要用来填充多边形、圆、椭圆等简单图形。种子填充算法是指首先假定封闭多边形内某点是已知的,然后算法开始搜索与种子点相邻且位于多边形内的点。这种方法可填充复杂的任意不规则图形。

1. 多边形扫描转换填充

多边形填充是二维和三维图形处理中的基本算法,其扫描填充算法是从多边形顶点信息出发,按扫描线顺序,先确定计算机扫描线与多边形的相交区间,对于这些区间内的像素,将要填充的颜色值写入帧缓冲器中相应的单元,从而完成多边形填充工作。每一条扫描线的填充过程包括:求扫描线与多边形各边交点;将所求的交点按横坐标排序;两两配对,确定相交区间;进行填充。

(1) 求交点。求出每一条扫描线与多边形所有相交各边的交点并建立起 (x_i, y_i) 的交点表。如图 2-37 所示,扫描线与多边形的边界线交于四点。

(2) 按横坐标排序。所求交点并不一定是按 x 坐标从左至右顺序求出。若图 2-35 中多边形顶点按逆时针顺序给出,扫描线 6 与多边形的交点就按 x 坐标为 11,6.5,3.5,2 从右至左的顺序求出。必须经排序,才能得到按 x 坐标递增的顺序排列的交点 x 坐标序列,即 2,3.5,6.5,11。

(3) 两两配对。当在确定扫描线上像素的光强或颜色时,还需要将经过排序的交点进行配对,使每对交点对应于多边形的一个相交区间。上例扫描线 6 与多边形的相交区间为从 A

到 B 和从 C 到 D 的区间。

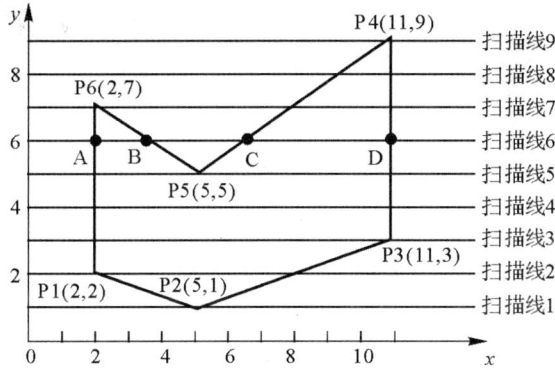

图 2 - 37　多边形和扫描线

　　当扫描线恰好与多边形的顶点相交时：若与此顶点相连的两条边分别落在扫描线的两边，则交点应只算一个；若与此顶点相连的两条边落在扫描线的同一边，则交点算零个或两个。

　　(4) 填充。每对交点区间内的像素取要设置的颜色，相交区间外的像素则取原来背景颜色。对于上例，从 A 到 B 和从 C 到 D 的区间应设置为多边形的颜色，其他区间应设为背景色。

　　多边形的填充算法描述如下：

```
PloygonFill(polydef,color)
int color
多边形定义 polydef；
{   for(各扫描线 i)
    {   初始化新边表表头指针 NET[i]；
        把 y_min = i 的边放进新边表 NET[i]；
    }
    y = 最低扫描线号；
    初始化活动边表 AET 为空；
    for(各条扫描线 i)
    {   把新边表 NET[i] 中的边节点用插入排序法插入 AET 表，使之按 x 坐标递增顺序排列；
        遍历 AET 表，把配对交点之间的区间(左闭右开)上的各像素(x,y)用 putpixel(x,y,color) 改写
        像素颜色；
        遍历 AET 表，把 y_max = i+1 的节点从 AET 表中删除，并把 y_max > i+1 的节点的 x 值递增 Δ x；
        若允许多边形的边自相交，则用冒泡排序法对 AET 表重新排序；
    }
}
```

　　2. 边缘填充算法

　　上述多边形区域填充算法适合于软件实现而不适合硬件实现。另一类实现区域扫描转换的算法为边缘填充算法。

　　边缘填充算法分为两个步骤：

　　(1) 对经过多边形边界的像素打上边标志。

　　(2) 对多边形的内部进行填充。填充时，对每条与多边形相交的扫描线，按从左到右的顺

序,逐个访问扫描线上的像素。用一个布尔量来指示当前点在多边形的内部还是外部。将布尔量初始化为假,当碰到被打上边标志的像素点时,就把其值取反;否则其值保持不变。

边缘填充算法的伪代码如下:

```
# define TRUE 1
# define FALSE 0
Edge_Fill(多边形定义 polydef, int color)
{
// 对多边形 polydef 的每条边进行直线扫描转换;
    inside = FALSE;
    for(每条与多边形 polydef 相交的扫描线)
    for(扫描线上的每个像素)
    {
        if(像素 x 被打上边标志)
            inside = ! (inside);
        if(inside = TRUE)
            putpixel(x,y,color);
        else
            putpixel(x,y,backgroundcolor);
    }
}
```

3.种子填充算法

种子填充的基本思路是:首先假设多边形的区域内部至少有一个像素点(称为种子)是已知的,然后算法开始搜索与种子点相邻且位于区域内的其他像素。区域可以由其内部点或边界来定义。

边界填充算法:即填充以边界定义的区域的算法,如图 2-38 所示。输入:种子点坐标 (x,y),以及填充色和边界颜色。输出:给图的内部涂上所选的颜色和图案。

泛填充算法:即填充以内部定义的区域的算法,如图 2-39 所示。输入:种子点坐标 (x,y),以及填充色和内部点的颜色。输出:用所希望的填充颜色赋给所有当前为内部颜色的像素点。

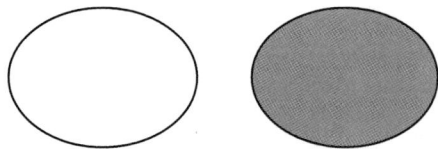

图 2-38　边界填充算法　　　　　图 2-39　泛填充算法

内部点定义:枚举出给定区域内所有像素。该区域内部所有像素具有同一种颜色或值,而其他的像素具有另外的颜色。

边界定义:枚举出给定区域所有边界上的像素。该区域边界上的所有像素均具有特定的值,区域内部所有像素均不取这种特定的值,而边界外的像素则可取。

4. 递归边界填充

用栈结构来实现四连通边界填充算法,算法的原理如下:种子像素入栈;当栈非空时重复执行如下三步操作:

(1) 栈顶像素出栈。

(2) 将出栈像素置成多边形色。

(3) 按上、下、左、右顺序检查与出栈像素相邻的四个像素(四连通邻域),若其中某个像素不在边界且未置成多边形色,则把该像素入栈。

递归边界填充的缺点:一是太多的像素压入堆栈,有的像素甚至会入栈几次;二是要求很大的存储空间以实现栈结构。

5. 扫描线边界填充

构造沿扫描线填充水平像素段的四连通填充算法步骤:实现四连通边界填充算法,种子像素入栈;当栈非空时重复执行如下三步操作:

(1) 栈顶像素出栈。

(2) 填充出栈像素所在扫描行的连续像素段,直至遇到边界像素为止。

(3) 在区间中检查与当前扫描线相邻的上下两条扫描线的有关像素是否为边界像素或已填充像素。若存在非边界、未填充的像素,则把每一区间的最左像素点取作种子像素入栈。

图 2 - 40 给出了一个扫描线边界填充的例子。

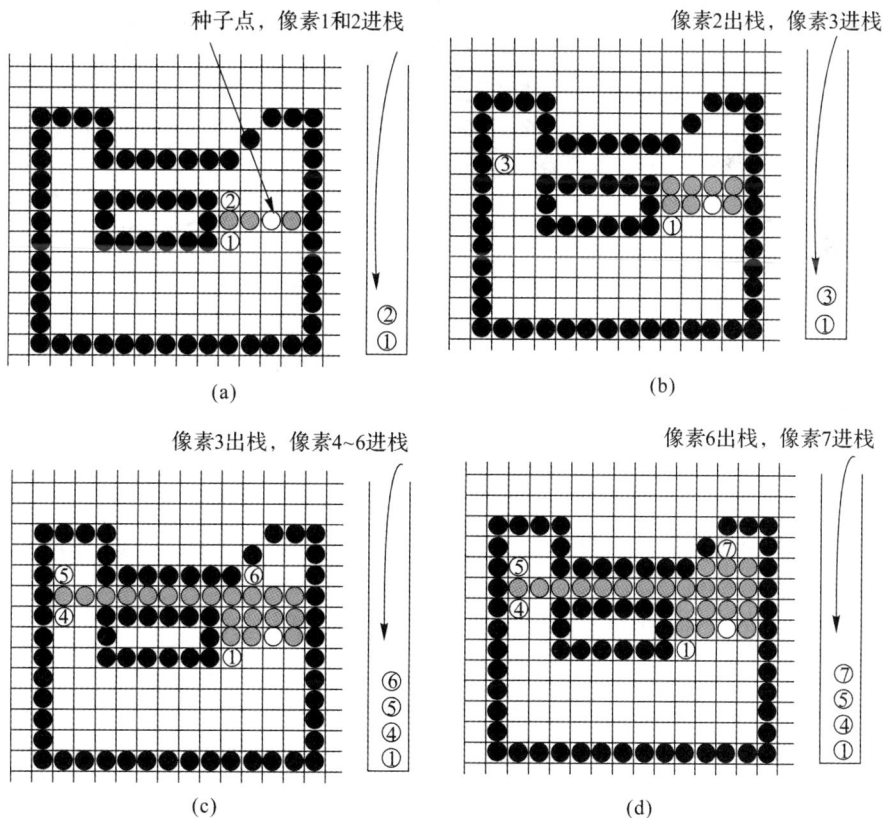

图 2 - 40　扫描线边界填充

(a) 种子像素出域;(b) 像素 2 出线;(c) 像素 3 出栈;(d) 像素 6 出栈

6.泛填充算法

四连通的泛填充算法步骤如下:种子像素入栈;当栈非空时重复执行如下三步操作:

（1）栈顶像素出栈。

（2）将出栈像素置为填充色。

（3）检查出栈像素的四邻接点,若其中某个像素点是给定内部点的颜色且未置新的填充色,则把该像素入栈。

2.4 三 维 模 型

现实世界从空间上是一个三维空间,各种实际物体也为三维物体。三维模型比二维图形更能真实地表现对象,虽然三维模型与实际物体还有很大的差距,但它比二维图形更接近实物。用户可以将三维模型生成有真实感的渲染图,渲染图更能清晰地展示对象。

2.4.1 模型描述

用计算机建立的三维图形称为三维模型(见图2-41)。其建立过程称为三维模型的建立,简称三维建模或者三维造型。三维造型可以分为线架造型、曲面造型以及实体造型三种,这三种造型生成的模型从不同角度来描述一个物体。它们各有侧重,各具特色。

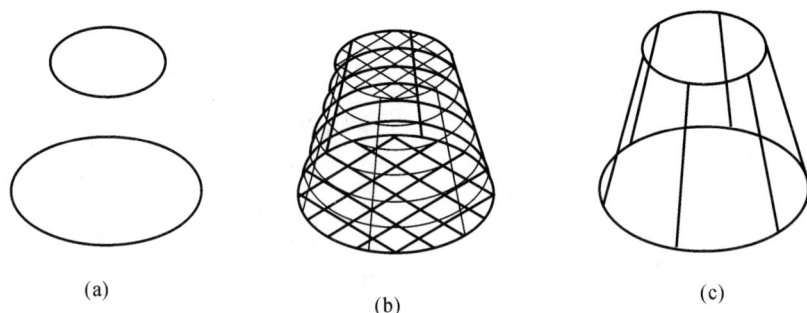

图2-41 三维模型扫描线边界填充
(a)线架模型；(b)曲面模型；(c)实体模型

1.线架模型

线架模型是三维形体的框架,是一种较直观和简单的三维表达方式,由描述对象的线段和曲线组成。

线架模型用来描述三维对象的轮廓及断面特征,它主要由点、直线、曲线等组成,不具有面和体的特征,但线架模型是曲面造型的基础。

图2-42所示给出了线架模型的示例。

2.曲面模型

曲面模型,也称表面模型,用来描述曲面的形状,一般是对线架模型经过进一步处理得到的。它显示对象的外形,占有一定的空间,能被赋予纹理或者颜色。

它用面描述三维对象,不仅定义了三维对象的边界,而且还定义了表面,即其具有面的特征。

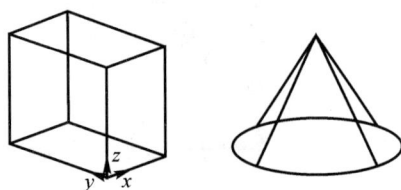

图2-42 线架模型示例

图 2 - 43 所示给出了曲面模型的示例。

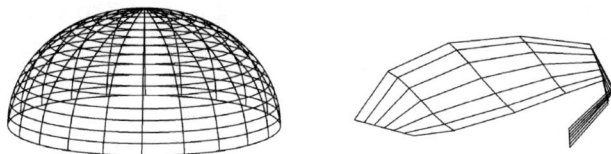

图 2 - 43　曲面模型示例

通常构建曲面时,先要绘制线架模型,线架模型是构建曲面模型的基础。

3. 实体模型

实体模型不仅具有线、面的特征,而且还具有体的特征。图 2 - 44 所示给出了实体模型的示例。

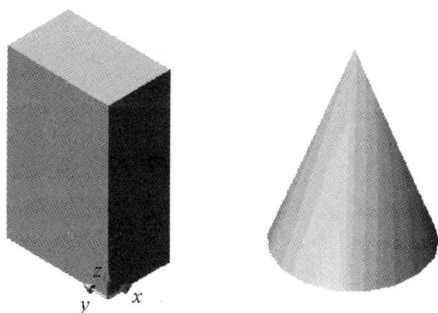

图 2 - 44　实体模型示例

对于实体模型,可以直接了解它的体特性(如体积、重心、转动惯量和惯性矩等),可以对它进行消隐、剖切和装配干涉检查等操作,还可以对具有基本形状的实体进行并、交、差等布尔运算,以创建复杂的组合体。

此外,由于着色、渲染等技术的运用可以使实体表面表现出很好的可视性,因此实体模型还广泛用于三维动画、广告设计等领域。

2.4.2　世界坐标系

对象在三维空间中的位置是用世界坐标系来定义的。

世界坐标系(World Coordinate System,WCS)是一种固定的坐标系,即原点和各坐标轴的方向固定不变。三维坐标与二维坐标基本相同,只不过是多了个第三维坐标,即 z 轴。

在三维空间绘图时,需要指定 x,y 和 z 的坐标值才能确定点的位置。

当用户以世界坐标的形式输入一个点时,可以采用直角坐标、柱面坐标和球面坐标的方式来实现。

在三维空间中创建对象时,可以使用直角坐标(笛卡儿坐标)、柱坐标或球坐标定位点。

1. 三维笛卡儿坐标

三维笛卡儿坐标通过使用三个坐标值来指定精确的位置:x,y 和 z。

在三维坐标系中,通常 x 轴和 y 轴的正方向分别指向右方和上方,而 z 轴的正方向指向用户。当采用不同的视图角度时,x,y 轴的正方向可能有所改变,这时可以根据"笛卡儿右手定则"来确定 z 轴的正方向和各轴的旋转方向。

　　如图 2-45 所示,坐标值$(3,2,5)$表示一个沿 x 轴正方向 3 个单位,沿 y 轴正方向 2 个单位,沿 z 轴正方向 5 个单位的点。

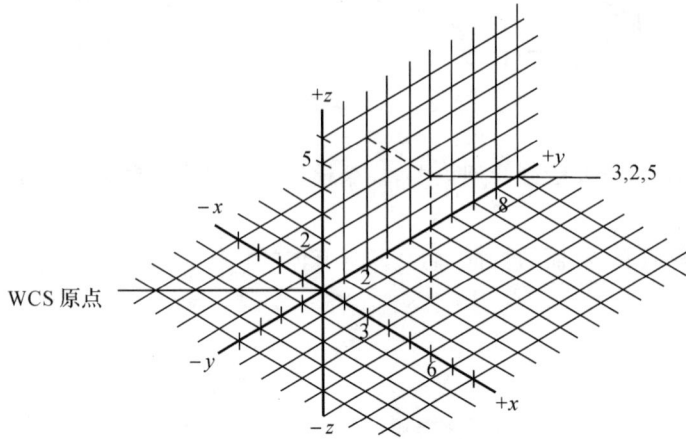

图 2-45　三维笛卡儿坐标系

右手定则:

　　将右手手背靠近屏幕放置,大拇指指向 x 轴的正方向,如图 2-46(a)所示,伸出食指和中指,食指指向 y 轴的正方向,中指所指示的方向即 z 轴的正方向。通过旋转手,可以看到 x,y 和 z 轴如何随着 WCS 的改变而旋转。

　　还可以使用右手定则确定三维空间中绕坐标轴旋转的正方向。将右手拇指指向轴的正方向,卷曲其余四指。右手四指所指示的方向即轴的正旋转方向,如图 2-46(b)所示。

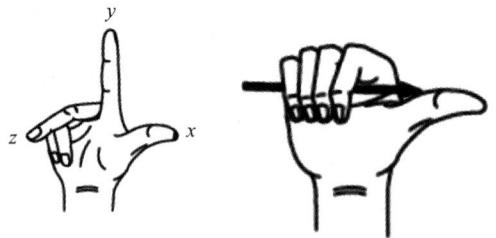

图 2-46　右手定则

　　2.三维柱坐标

　　三维柱坐标通过 xOy 平面中与原点之间的距离、xOy 平面中与 x 轴的角度以及 z 值来描述精确的位置。

　　3.三维球坐标

　　三维球坐标通过指定某个位置距原点的距离、在 xOy 平面中与 x 轴所成的角度以及与 xOy 平面所成的角度来指定该位置。

2.4.3　模型的网格化

　　由于计算机图形的离散化性质,因而曲面无法直接进行显示,需要作近似化处理。如同可以用正 n 边形近似表示圆一样,常见做法是采用小面片做成的网格来近似表示曲面,该过程称为模型的网格化(见图 2-47)。

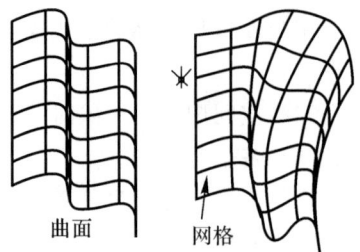

图 2-47　模型的网格化

显然,每片网格越小,则表示同一曲面需要的网格越多,其近似程度越高,如图 2-48 所示。

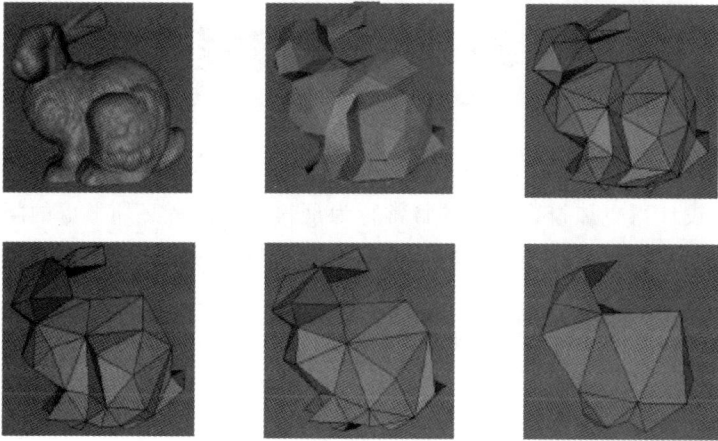

图 2-48　网格化的不同精度

工程中,采用最多的网格化方法是三角剖分(见图 2-49)。

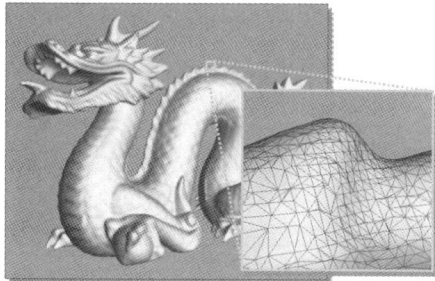

图 2-49　三角剖分

2.4.4　模型渲染(render)

渲染是计算机图形设计的最后一道工序,也是最终使图形符合 3D 场景的阶段,是将线架模型或者曲面模型加工为真实感图形的过程。

渲染为模型提供多种非几何的属性,比如光照、阴影、透明、颜色、材质、纹理、各种粒子系统,比如火焰、烟雾等,此外,还要表现场景内对象与观察者之间的观察关系,比如遮挡。

大概来说,渲染就是将已经建好的线架模型赋予材质,打好光照,然后渲染出质感以及光影效果,如图 2-50 所示。

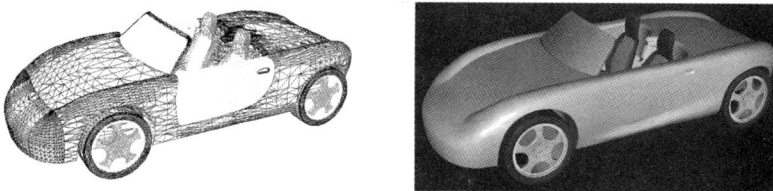

图 2-50　模型渲染

第3章 图形编程基础

如何把软件设计得更加符合人们的日常行为是软件设计者必须考虑的问题。尤其是直接面向基层用户的软件,用户主要是通过输入/输出设备与计算机进行人机交互的,软件的可视化操作就显得特别重要。

Windows 提供了丰富的内部函数,称为 API(Application Programming Interface),又叫 Windows 应用程序编程接口。图形设备接口(Graphics Device Interface,GDI),为用于处理图形函数调用和驱动绘图设备的动态链接库。作为一种图形操作系统,Windows 把所有的东西都作为图形在显示器上进行显示,甚至把文件也作为图形进行显示。

Windows 为实现其操作的设备无关性,还定义了设备环境(又称设备上下文)。用户绘制显示器时需通过设备环境 DC 来间接实现。Visual C++的 MFC 封装了许多与设备环境无关的类。通过这些类用户可以很容易地对 DC 进行处理。

3.1 GDI 编程基础

GDI 是在 Windows 平台上处理图形、图像的方法,它是一套 API 函数;它们功能丰富,使用起来简单、灵活。GDI 表示的是一个抽象的接口,相当于一个关于图形显示的函数库。应用程序可以使用它创建三种类型的图形输出:矢量输出、光栅图像输出和文本输出。通过 GDI 编程可以实现对图形的颜色、线条的粗细等属性的控制。我们通过调用这些 GDI 函数操作硬件,从而实现了设备无关性。

3.1.1 GDI 概述

GDI 是 Windows XP 中的一个子系统,它主要负责在显示屏幕和打印设备输出有关信息,它是一组通过 C 类实现的应用程序编程接口。

作为图形设备接口的 GDI 使得应用程序开发人员在输出屏幕和打印机信息的时候无须考虑具体显示设备的细节,他们只需调用 GDI 库输出的类的一些方法即可完成图形操作,真正的绘图工作由这些方法交给特定的设备驱动程序来完成。GDI 使得图形硬件和应用程序相互隔离,从而使开发人员编写与设备无关的应用程序变得非常容易。

利用 GDI 函数,不必使用句柄或者设备描述表。相反,可以简单地创建一个图形对象(graphics),然后以熟悉的面向对象的编程方式调用它的方法,譬如 myGraphicsObject.DrawLine(parameters)。Graphics 对象是 GDI 的核心,正如设备描述表是 GDI 的核心一样,设备描述表(DC)和图形对象在不同的环境下扮演着同样的角色,发挥着类似的作用,但是两者也存在着质的不同。前者使用基于句柄的编程方法,而后者使用面向对象的编程方法。

图形对象和设备对象一样,与屏幕的显示窗口有关,它包含着与项目重绘有关的属性信息(譬如平滑度),然而图形对象并没有像 GDI 那样与 Pen(画笔)、Path(路径)、Image(图像)、

Font(字体)等搅在一起。在 GDI 中,所有与绘图有关的绘图对象必须选入指定设备描述表中(使用 SelectObject 函数),才能被指定的设备描述表所使用。而在 GDI 中,只需把这些绘图对象作为一个参数传递给图形对象方法调用即可,每一个图形对象所使用的绘图工具只与其调用方法使用的参数有关,它可以通过参数使用多种 Pen 和 Brush 绘图,而不是与特定的笔和画刷联系在一起。

GDI 函数有很多,大致可以把它们分成如下几类:

(1)设备上下文(Device Context,DC)函数,如 GetDC,CreateDC,DeleteDC 等;

(2)画线函数,如 LineTo,Polyline,Arc 等;

(3)填充画图函数,如 Ellipse,FillRect,Pie 等;

(4)画图属性函数,如 SetBkColor,SetBkMode,SetTextColor 等;

(5)文本、字体函数,如 TextOut,GetTextExtentPoint32,GetFontData 等;

(6)位图函数,如 SetPixel,BitBlt,StretchBlt 等;

(7)坐标函数,如 DPtoLP,LPtoDP,ScreenToClient,ClientToScreen 等;

(8)映射函数,如 SetMapMode,SetWindowExtEx,SetViewportExtEx 等;

(9)元文件(MetaFile)函数,如 PlayMetaFile,SetWinMetaFileBits 等;

(10)区域(Region)函数,如 FillRgn,FrameRgn,InvertRgn 等;

(11)路径(Path)函数,如 BeginPath,EndPath,StrokeAndFillPath 等;

(12)裁剪(Clipping)函数,如 SelectClipRgn,SelectClipPath 等。

上述这些函数可以完成绘制用户界面中的各个部分,包括在 Windows 平台上常见的窗口、菜单、工具条、按钮等。除了完成显示操作功能外,GDI 还提供了一些绘图对象,用以渲染显示。这些 GDI 对象包括:

(1)设备上下文(DC)——具有如显示器或打印机等输出设备的绘图属性信息的数据结构;

(2)画笔(Pen)——用于绘制线条;

(3)画刷(Brush)——用于图案的填充;

(4)字体(Font)——用于确定文本字符的样式;

(5)位图(Bitmap)——用于存储图像;

(6)调色板(PALette)——屏幕上画图时可以使用的一些颜色的集合。

DC 在 GDI 中是一个非常重要的概念。在 MSDN 上查看各个 GDI 函数的使用说明,我们会发现大部分 GDI 函数都有一个 HDC 类型的参数;HDC 就是 DC 句柄。Windows 应用程序进行图形、图像处理的一般操作步骤如下:

(1)取得指定窗口的 DC;

(2)确定使用的坐标系及映射方式;

(3)进行图形、图像或文字处理;

(4)释放所使用的 DC。

为了进一步简化 GDI 函数的使用,或者说为了适应面向对象的程序设计风格,微软的 MFC 类库提供了几个 DC 的封装类。我们知道,绝大部分 MFC 类都是从 CObject 类派生的,CDC 类也不例外。CDC 类是最基本的 DC 封装类,它几乎对应封装了所有的 GDI 函数。另外,CDC 类的各个派生类各有专门的用途:

　　(1)CClientDC——在窗口的客户区画图的 DC;

　　(2)CMetaFileDC——用于操作 Windows 源文件的 DC;

　　(3)CPaintDC——响应 WM_PAINT 消息时画图使用的 DC,多见于 MFC 程序的 OnDraw 函数中;

　　(4)CWindowDC——在整个窗口范围(包括框架、工具条等)中画图的 DC。

　　(5)MFC 除了对 DC 进行类封装外,对其他 GDI 对象也进行了类封装。

　　(6)CGdiObject——GDI 对象的父类,定义了 GDI 对象封装类的一些公有函数接口;

　　(7)CBitmap——位图相关操作的封装类,包括位图的装入或创建等;

　　(8)CBrush——画刷对象的封装类;

　　(9)CFont——字体属性及相关操作的封装类;

　　(10)CPalette——调色板的封装类;

　　(11)CPen——画笔对象的封装类;

　　(12)CRgn——区域对象以及区域相关操作的封装类。

　　GDI 的主要图形应用有:二维游戏开发,如纸牌类、棋类;影视特殊效果制作,如字幕制作;开发可视化仿真类软件;高级界面制作。

3.1.2　MFC 编程基础

　　微软基础类库(Microsoft Foundation Class,MFC)是微软为 Windows 程序员提供的一个面向对象的 Windows 编程接口,它大大简化了 Windows 编程工作。使用 MFC 类库的好处是:首先,MFC 提供了一个标准化的结构,这样开发人员不必从头设计、创建和管理一个标准 Windows 应用程序所需的程序,而是"站在巨人肩膀上",从一个比较高的起点编程,故节省了大量的时间;其次,它提供了大量的代码,指导用户编程时实现某些技术和功能。MFC 库充分利用了 Microsoft 开发人员多年开发 Windows 程序的经验,并可以将这些经验融入到你自己开发的应用程序中去。

　　MFC 是 Win API 与 C++的结合。API 即微软提供的 Windows 下应用程序的编程语言接口,是一种软件编程的规范,但不是一种程序开发语言本身,可以允许用户使用各种各样的第三方(如自己是一方,微软是一方,Borland 就是第三方)的编程语言来进行 Windows 下应用程序的开发,使这些被开发出来的应用程序能在 Windows 下运行。比如 VB,VC++,Java,Dehpi 编程语言函数本质上全部源于 API。因此用它们开发出来的应用程序都能工作在 Windows 的消息机制和绘图里,遵守 Windows 作为一个操作系统的内部实现,这其实也是一种必要。微软如果不提供 API,对 Windows 编程的工作就不会存在,微软的产品就会迅速从时尚变成垃圾。上面说到 MFC 是微软对 API 函数的专用 C++封装,这种结合让用户使用微软的专业 C++ SDK 来进行 Windows 下应用程序的开发变得容易,因为 MFC 是对 API 的封装,微软做了大量的工作,隐藏了程序开发人员在 Windows 下用 C++ & MFC 编制软件时的大量细节,如应用程序实现消息的处理、设备环境绘图。但是这种结合是以方便为目的的,必定要付出一定代价(这是微软的一向作风),因此就造成了 MFC 对类封装中的一定程度的冗余和迂回,不过这是可以接受的。

　　对用户来说,用 MFC 开发的最终应用程序具有标准的、熟悉的 Windows 界面,这样的应用程序易学易用。另外,新的应用程序还能立即支持所有标准 Windows 特性,而且是用普通的、明确定义的形式。事实上,也就是在 Windows 应用程序界面基础上定义了一种新的标准——MFC 标准。

Microsoft 提供了一个基础类库 MFC,其中包含用来开发 C++和 C++ Windows 应用程序的一组类。基础类库的核心是以 C++形式封装了大部分的 Windows API。类库表示窗口、对话框、设备上下文、公共 GDI 对象,如画笔、调色板、控制框和其他标准的 Windows 部件。这些类提供了一个面向 Windows 中结构的简单的 C++成员函数的接口。

Microsoft MFC 具有以下不同于其他类库的优势:

(1)完全支持 Windows 所有的函数、控件、消息、GDI 基本图形函数、菜单及对话框。类的设计以及同 API 函数的结合相当合理。

(2)使用与传统的 Windows API 同样的命名规则,即匈牙利命名法。

(3)进行消息处理时,不使用易产生错误的 switch/case 语句,所有消息映射到类的成员函数,这种消息到方法的直接映射对所有的消息都适用。它通过宏来实现消息到成员函数的映射,而且这些函数不必是虚拟的成员函数,这样不需要为消息映射函数生成一个很大的虚拟函数表(V 表),节省内存。

(4)通过发送有关对象信息到文件的能力提供更好的判定支持,也可确认成员变量。

(5)支持异常错误的处理,减少了程序出错的机会。

(6)运行时确定数据对象的类型,即允许实例化时动态操作各域。

(7)有较少的代码和较快的速度。MFC 库只增加了少于 40 KB 的目标代码,效率只比传统的 C Windows 程序低 5%。

(8)可以利用与 MFC 紧密结合的 AppWizard 和 ClassWizard 等工具快速开发出功能强大的应用程序。

下面介绍重要的 MFC 类。

1)CWnd:窗口。它是大多数"看得见的东西"的父类(Windows 里几乎所有看得见的东西都是一个窗口,大窗口里有许多小窗口),比如视图 CView、框架窗口 CFrameWnd、工具条 CToolBar、对话框 CDialog、按钮 CButton 等。一个例外是菜单(CMenu),它不是从窗口派生的。

2)CDocument:文档。它负责内存数据与磁盘的交互。最重要的是读入 OnOpenDocument、写盘 OnSaveDocument、读写 Serialize。

3)CView:视图。它负责内存数据与用户的交互,包括数据的显示、用户操作的响应(如菜单的选取、鼠标的响应)。最重要的是重画窗口 OnDraw,通常用 CWnd::Invalidate()来启动它。另外,它通过消息映射表处理菜单、工具条、快捷键和其他用户消息。

4)CDC:设备文本。无论是显示器还是打印机,都是画图给用户看,这图就抽象为 CDC。CDC 与其他 GDI(图形设备接口)一起,完成文字和图形、图像的显示工作。把 CDC 想象成一张纸,每个窗口都与一个 CDC 相联系,负责画窗口。CDC 有个常用子类窗口客户区 CClientDC,画图通常通过它完成。

5)CWinApp:应用程序类。它类似于 C 语言中的 main 函数,是程序执行的入口和管理者,负责程序的建立、删除,主窗口和文档模板的建立。常用函数 InitInstance():初始化。

6)CGdiObject 及子类:用于向设备文本画图。它们都需要在使用前选进 DC。

7)CPen:笔,画线。

8)CBrush:刷子,填充。

9)CFont:字体。控制文字输出的字体。

10)CBitmap:位图。

11)CPALette:调色板。

12)CRgn:区域。指定一块区域可以用做特殊处理。

13)CFile:文件。最重要的不外是打开 Open、读入 Read、写 Write。

14)(CString:字符串。封装了 C 语言中的字符数组,非常实用。

15)CPoint:点。就是(x,y)。

16)CRect:矩形。就是(left,top,right,bottom)。

17)CSize:大小。就是(cx,cy),即(宽、高)。

MFC 是在 1992 年的 Microsoft 16 位版的 C/C++编译器的 7.0 版本中作为一个扩展轻量级的 Windows API 面向对象的 C++封装库而引入的。此时,C++因为它在和 API 方面的卓越表现,刚刚开始被用来取代 C 应用于开发商用软件。因此,他们推出了替代早期的老式的字符界面的集成开发环境(IDE)的 PWB。

3.1.3 基本几何元素的绘制

在表示显示区的 CView 类中,有一个用于刷新显示区的方法 OnDraw(CDC * pDC),其输入参数 pDC 是一个 CDC 类的对象,专门用于画图,它提供了各种画笔、画刷、填充颜色等。

1.画直线

绘制直线的函数有 CPoint MoveTo(int x, int y),CPoint MoveTo(POINT point),BOOL LineTo(int x, int y),BOOL LineTo(POINT point),当绘制成功时返回 ture,否则返回 false。

例如绘制一直线,起点为(50,50),终点为(200,200)。代码如下:

```
Void CMy2View::onDraw(CDC * pDC)
{
    CMy2Doc * pDoc=GetDocument();
    ASSERT_VALID(pDoc);
    //TODO:add draw code for native adta here
    pDC→MoveTo(50,50);
    pDC→LineTo(200,200);
}
```

点击"执行",绘制出如图 3-1 所示的直线。

也可将以上代码改写如下,显示结果一样:

```
Void CMy2View::OnDraw(CDC * pDC)
{
    CMy2Doc * pDoc=GetDocument();
    ASSERT_VALID(pDoc);
    //TODO:add draw code for native data here
    CPoint startpoint(50,50);
    CPoint endPoint(200,200);
```

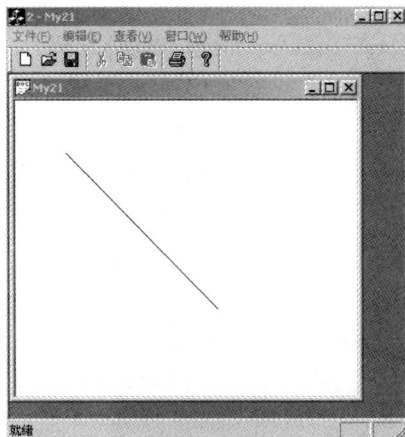

图 3-1　直线显示

```
pDC→MoveTo(startpoint);
pDC→LineTo(endpoint);
}
```

2. 画矩形

绘制矩形的函数为 BOOL Rectangle(int x1，int y1，int x2，int y2)；

int x1:指定矩形左上角的逻辑 X 坐标。int y1:指定矩形左上角的逻辑 Y 坐标。

int x2:指定矩形右下角的逻辑 X 坐标。int y2:指定矩形右下角的逻辑 Y 坐标。

绘制矩形也可以用如下函数：

BOOL Rectangle(LPCRECT lpRect)；

当绘制成功时返回值非 0,否则返回 0。

例如,绘制一个起始顶点为(50,50),结束顶点为(300,300)的矩形,代码如下：

```
Void CMy2View::OnDraw(CDC * pDC)
{
    CMy2Doc * pDoc=GetDocument();
    ASSERT_VALID(pDoc);
    //TODO:add draw code for native data here
    pDC→Rectangle(50,50,300,300);
}
```

程序执行结果如图 3-2 所示。

也可将以上代码改写如下,显示结果不变：

```
Void CMy2View::OnDraw(CDC * pDC)
{
    CMy2Doc * pDoc=GetDocument();
    ASSERT_VALID(pDoc);
    //TODO:add draw code for native data here Grect
    myRect(50,50,300,300);
    pDC→Rectangle(myRect);
}
```

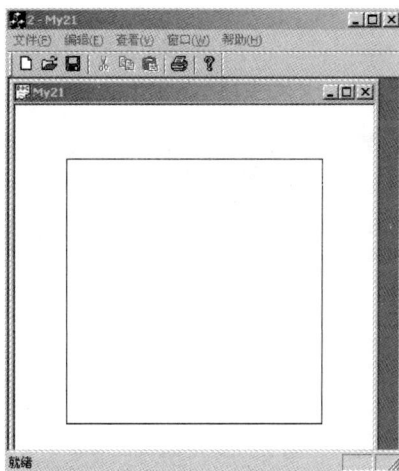

图 3-2　矩阵显示

3. 画椭圆

画椭圆的函数是 BOOL Ellipse(int x1，int y1，int x2，int y2)[该函数的另一版本为 BOOL Ellipse(LPCRECT lpRect)]。该函数用于画一个椭圆,椭圆的中心是限定矩形的中心,使用当前画笔画椭圆,用当前的画刷填充椭圆。

例如,绘制一个以起始顶点为(50,50),结果顶点为(300,200)的矩形的中心为中心的椭圆,代码如下：

```
Void CMy2View::OnDraw(CDC * pDC)
{
    CMy2Doc * pDoc=GetDocument();
    ASSERT_VALID(pDoc);
    //TODO:add draw code for native data here
    pDC→Ellipse(50,50,300,200);
}
```

程序执行结果如图 3-3 所示。

4. **画圆弧**

绘制圆弧的函数是 BOOL Arc(int x1，int y1，int x2，int y2，int x3，int y3，int x4，int y4)〔该 函 数 的 另 一 版 本 为 BOOL Arc（LPCRECT lpRect，POINT ptStart，POINT ptEnd)〕。其中 int x1，int y1，int x2，int y2 确定椭圆，int x3，int y3 确定圆弧的起始点，int x4，int y4 确定圆弧的终点。

例如，添加如下代码，绘制一段圆弧：

```
Void CMy2View::OnDraw(CDC * pDC)
{
    CMy2Doc * pDoc＝GetDocument();
    ASSERT_VALID(pDoc);
    //TODO:add draw code for native data here pDC→Arc(50,50,300,200,100,100,200,200);
}
```

程序执行结果如图 3-4 所示。

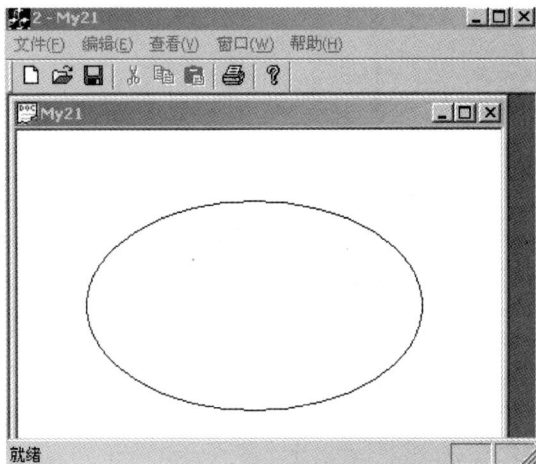

图 3-3 椭圆显示

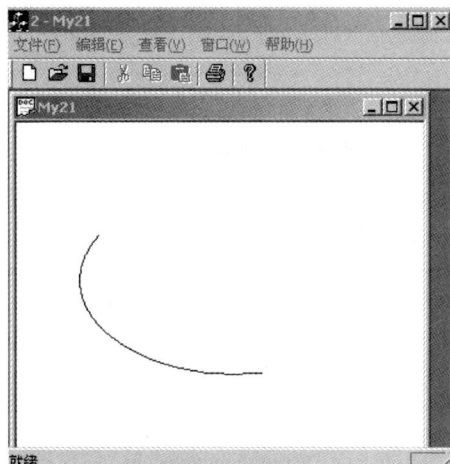

图 3-4 圆弧显示

5. **画多边形**

绘制多边形的函数是 BOOL Polygon（LPPOINT lpPoints，int nCount）。其中，lpPoints：顶点列表；nCount：顶点数目。现绘制一个三角形，具体代码如下：

```
Void CMy2View::OnDraw(CDC * pDC)
{
    CMy2Doc * pDoc＝GetDocument();
    ASSERT_VALID(pDoc);
    //TODO:add draw code for native data here
    CPoint lpPoint[3];//建立点数组
    lpPoint[0]＝CPoint(50,50);//赋值第一个点的坐标
    lpPoint[1]＝CPoint(200,50);//赋值第二个点的坐标
    lpPoint[2]＝.x＝50;//赋值第三个点的 x 坐标
```

```
        lpPoint[2]=. y=200;//赋值第三个点的 y 坐标
        pDC→Polygon(lpPoint,3);//绘制三角形
}
```

程序执行结果如图 3-5 所示。

6. 图像元素的填充

图像元素的填充主要包括刷子的定义与使用,以及使用 CDC 类的函数画填充图形。如下程序定义了 CPen 和 CBrush,CPen 进行绘线定义,CBrush 实现填充矩形:

```
Void CMy2View::OnDraw(CDC * pDC)
{
    CMy2Doc * pDoc=GetDocument();
    ASSERT_VALID(pDoc);
    //TODO:add draw code for native data here
    CBrush NewBrush;
    NewBrush. CreateSolidBrush(RGB(255,0,0));
    pDC→Selectobject(NewBrush);
    CPen NewPen;
    NewPen. CreatePen(PS_SOLID,5,RGB(0,255,255));
    pDC→Selectobject(NewPen);
    pDC→Rectangle(50,50,200,200);
}
```

程序执行结果如图 3-6 所示。

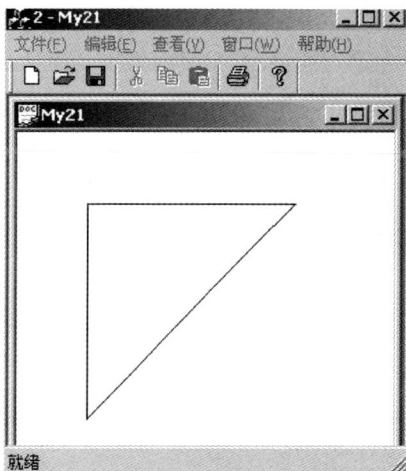

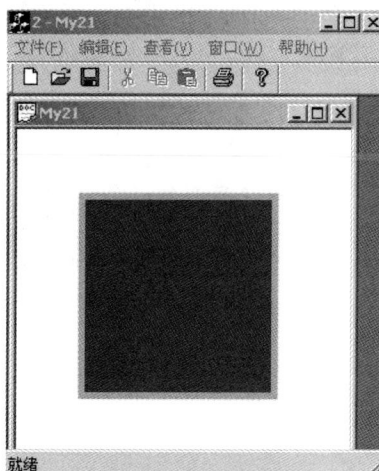

图 3-5　多边形显示　　　　　　　　图 3-6　填充矩形显示

3.1.4　图像的显示

首先需要手动添加一幅 VC++ 6.0 所能接受的图片格式,然后把该图片的 ID 设置为 IDB_TEST,如图 3-7 所示。接着添加如下代码:

```
Void CMy2View::OnDraw(CDC * pDC)
{
```

```
CMy2Doc * pDoc＝GetDocument();
ASSERT_VALID(pDoc);
//TODO:add draw code for native data here
CDC memDC;
CBitmap bmp;
CBitmap * poldBmp＝NULL;
BITMAP bm;
bmp. LoadBitmap(IDB_TEST);
bmp. GetBitmap(&bm);
int Width＝bm. bmWidth,Height＝bm. bmHeight;
memDC. CreateCompatibleDC(pDC);
poldBmp＝memDC. Selectobject(&bmp);
pDC→Bitblt(0,0,Width,Height,&memDC,0,0,SRCCOPY);
memDC. Selectobject(poldBmp);
memDC. DeleteDC();
bmp. Deleteobject();
}
```

程序执行结果如图 3－8 所示。

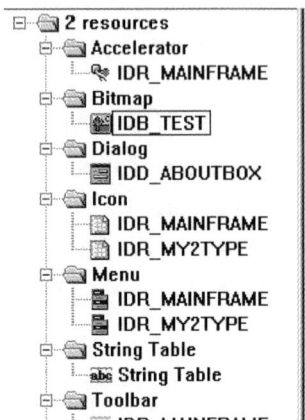

图 3-7　添加图片

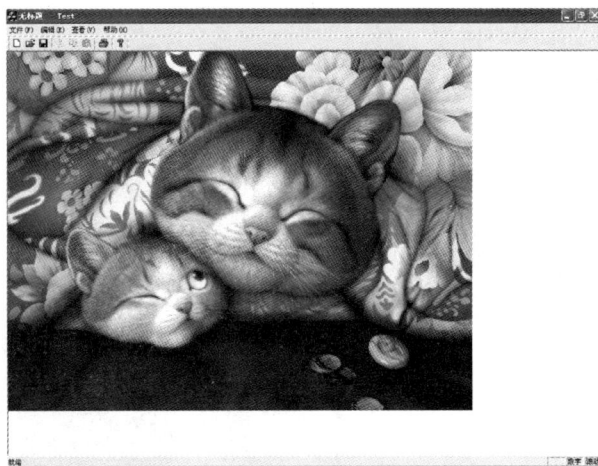

图 3-8　图片显示

3.2　OpenGL 简介及工具包

　　OpenGL 不是一种编程语言,而是一种 API 应用程序编程接口。它被严格定义为"一种到图形硬件的软件接口",实际上它是一个完全可移植并且速度很快的 3D 图形和建模库。使用 OpenGL 可以创作出具有照片质量、带独立窗口系统、与操作系统和硬件平台无关的三维彩色图形和动画。

　　在 2020 年 6 月,MATLAB 对中国实施禁用,这一举措深刻影响了 900 多家企业和 17 所高校的基础教学与科研工作,尤其是已经形成的核心研究成果面临无法保存的境况,给国内科技发展带来了巨大的损失。然而,正是在这样的背景下,我国的图形软件技术在自力更生精神推动下发展壮大起来,例如,北太天元软件应运而生,成为国内首款基于自主知识产权的通用型科学计算软件。

北太天元软件的诞生,标志着中国在关键技术领域实现了重大突破。软件完全由我国自主开发,核心技术源于团队多年的研究积累。其底层部分采用 OpenGL 技术,在三维绘图和数据可视化方面尤为出色。用户可以利用该软件绘制瀑布图、条带图、圆柱、椭圆体、球面等多种复杂图形,更清晰地展现数据之间的关联。同时,软件提供了丰富的绘图设置功能,让用户能够自由地调整图形样式和布局,满足各种可视化需求。

值得一提的是,北太天元软件于 2023 年 9 月推出了重量级的工具箱——北太真元系统仿真工具。这一全新模块的加入,使该软件成为国产科学计算与系统仿真一体化平台,为广大用户提供更加全面的服务。这不仅标志着中国在科学计算软件领域实现了又一次重大突破,也展现了我国在关键技术领域的自主创新实力。

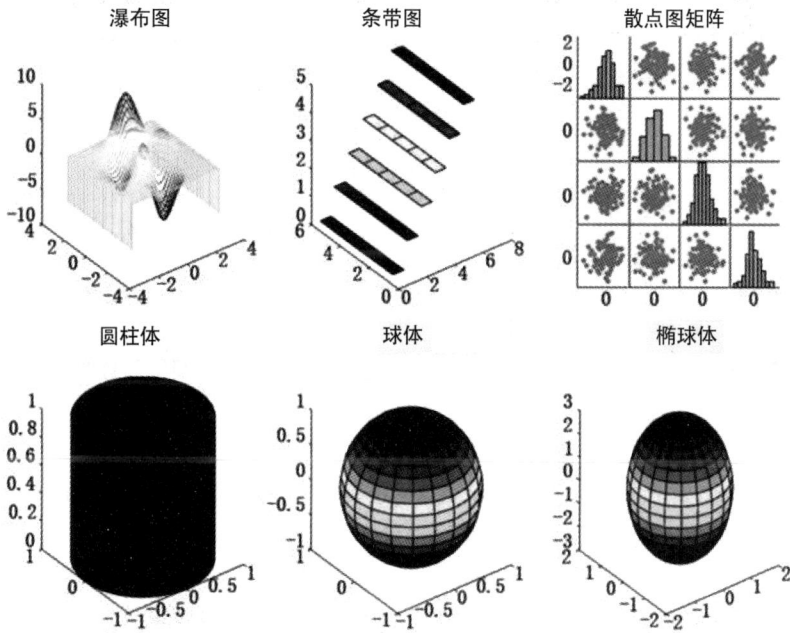

图 3-9 使用北太天元软件绘制的基本图形

当前,世界科技竞争日益激烈,谁掌握了关键核心技术,谁就掌握了未来发展的主动权。北太天元软件的诞生,无疑为中国赢得了这场关键技术之争的先机。它不仅填补了国内在科学计算软件领域的空白,也成为我国科技自主创新的一面旗帜。

我们必须认识到,科技自主创新的重要性绝不仅仅在于满足当下的应用需求,更在于为国家长远发展夯实基础。正如北太天元软件所展现的,掌握关键核心技术,不仅能确保关键领域的安全可控,更能为未来的科技创新积累力量,推动我国高新科技从"跟跑"转向"领跑"。

因此,我们应当以北太天元软件的成功为鉴,充分认识到国产软件自主创新的重要性和紧迫性。只有坚定地走自主创新之路,我们才能不断缩小与发达国家的技术差距,在激烈的国际科技竞争中掌握主动权,为实现中华民族伟大复兴贡献力量。

3.2.1 OpenGL 概述

OpenGL 是目前用于开发可移植的、可交互的 2D 和 3D 图形应用程序的首选环境,也是目前应用最广泛的计算机图形标准。OpenGL 是 SGI 公司开发的一套计算机图形处理系统,是图形硬件的软件接口,GL 代表图形库(Graphics Library)。OpenGL 具有可移植性,任何一个 OpenGL 应用程序无须考虑其运行环境所在平台与操作系统,在任何一个遵循 OpenGL 标准的环境下都会产生相同的可视效果。

OpenGL 是一套独立于具体计算机平台的图形系统开发 API。在 OpenGL 内部使用多个表示即将进行绘图的状态量来表示绘图所使用的一些特征。这不但免去了程序员在调用绘图函数之前必须设置状态量的问题,并且由于减少了函数的调用次数而提高了程序执行的效率。由于 OpenGL 独立于各个平台,故每个操作系统的开发商都会做出一个具体的实现,我们可以使用这个具体的实现来开发针对某个平台的软件,也可以通过 OpenGL 提供的 GLUT 开发包来开发一个在各种计算机平台上通用的软件。

OpenGL 主要包括三个函数库,它们是核心库、实用函数库和编程辅助库。核心库中包含了 OpenGL 最基本的命令函数。核心库提供了 100 多个函数,这些函数都以"gl"为前缀,用来建立各种各样的几何模型、进行坐标变换、产生光照效果、进行纹理映射、产生雾化效果等所有的二维和三维图形操作。实用函数库是比核心库更高一层的函数库,它提供 40 多个函数,这些函数都以"glu"为前缀。由于 OpenGL 是一个图形标准,是独立于任何窗口系统或操作系统的,在 OpenGL 中没有提供窗口管理和消息事件响应的函数,也没有鼠标和键盘读取事件的功能,因而在编程辅助库中提供了一些基本的窗口管理函数、事件处理函数和简单的事件函数。这类函数以"aux"作为前缀。

OpenGL 已成为目前的三维图形开发标准,是从事三维图形开发工作的技术人员所必须掌握的开发工具。OpenGL 应用领域十分广泛,如军事、电视广播、CAD/CAM/CAE、娱乐、艺术造型、医疗影像、虚拟世界等。它具有以下特点:

(1)工业标准。OARB(OpenGL Architecture Review Board,架构评审委员会)联合会领导 OpenGL 技术规范的发展,OpenGL 有广泛的支持,它是业界唯一真正开发的、跨平台的图形标准。

(2)可靠度高。利用 OpenGL 技术开发的应用图形软件与硬件无关,只要硬件支持 OpenGL API 标准就行了。也就是说,OpenGL 应用程序可以运行在支持 OpenGL API 标准的任何硬件上。

(3)可扩展性。OpenGL 是低级的图形 API,它具有充分的可扩展性。如今,许多 OpenGL 开发商在 OpenGL 核心技术规范的基础上,增强了许多图形绘制功能,从而使 OpenGL 能紧跟最新硬件发展和计算机图形绘制算法的发展。对于硬件特性的升级可以体现在 OpenGL 扩展机制以及 OpenGL API 中,一个成功的 OpenGL 扩展会被融入在未来的 OpenGL 版本之中。

(4)可伸缩性。基于 OpenGL API 的图形应用程序可以运行在许多系统上,包括各种用户电子设备、PC、工作站以及超级计算机。

(5)容易使用。OpenGL 的核心图形函数功能强大,带有很多可选参数,这使得源程序显得非常紧凑;OpenGL 可以利用已有的其他格式的数据源进行三维物体建模,大大提高了软件开发效率;采用 OpenGL 技术,开发人员几乎可以不用了解硬件的相关细节,便可以利用

OpenGL 开发照片质量的图形应用程序。

（6）灵活性。尽管 OpenGL 有一套独特的图形处理标准，但各平台开发商可以自由地开发适合于各自系统的 OpenGL 执行实例。在这些实例中，OpenGL 功能可由特定的硬件实现，也可用纯软件例程实现，或者以软硬件结合的方式实现。

3.2.2　OpenGL 的功能

OpenGL 能够对整个三维模型进行渲染着色，从而绘制出与客观世界十分类似的三维景象。另外，OpenGL 还可以进行三维交互、动作模拟等。具体的功能如下：

（1）模型绘制。OpenGL 能够绘制点、线和多边形，还提供了复杂的三维物体（球、锥、多面体、茶壶等）以及复杂曲线和曲面绘制函数。应用这些形体，我们可以构造出几乎所有的三维模型。OpenGL 通常用模型的多边形的顶点来描述三维模型。

（2）坐标变换。在建立了三维景物模型后，就需要用 OpenGL 描述如何观察所建立的三维模型。观察三维模型是通过一系列的坐标变换进行的。模型的坐标变换使观察者能够在视点位置观察与视点相适应的三维模型景观。在整个三维模型的观察过程中，投影变换的类型决定观察三维模型的观察方式，不同的投影变换得到的三维模型的景象也是不同的。最后的视窗变换则对模型的景象进行裁剪缩放，即决定整个三维模型在屏幕上的图像。

（3）颜色模式的指定。OpenGL 应用了一些专门的函数来指定三维模型的颜色。程序员可以选择两个颜色模式，即 RGBA 模式和颜色表模式。在 RGBA 模式中，颜色直接由 RGB 值来指定；在颜色表模式中，颜色值则由颜色表中的一个颜色索引值来指定。程序员还可以选择平面着色和光滑着色两种着色方式对整个三维景观进行着色。

（4）光照和材质设置。用 OpenGL 绘制的三维模型必须加上光照才能更加与客观物体相似。OpenGL 光有辐射光（Emitted Light）、环境光（Ambient Light）、漫反射光（Diffuse Light）和镜面光（Specular Light）。材质用光反射率来表示。场景（Scene）中物体最终反映到人眼的颜色是光的红、绿、蓝分量与材质红、绿、蓝分量的反射率相乘后形成的颜色。

（5）图像效果增强。OpenGL 提供了一系列的增强三维景观的图像效果的函数，这些函数通过反走样、混合和雾化来增强图像的效果。反走样用于改善图像中线段图形的锯齿而更平滑，混合用于处理模型的半透明效果，雾使得影像从视点到远处逐渐褪色，更接近于真实。

（6）纹理映射。三维景物因缺少景物的具体细节而显得不够逼真，为了更加逼真地表现三维景物，OpenGL 提供了纹理映射的功能。OpenGL 提供的一系列纹理映射函数使得开发者可以十分方便地把真实图像贴到景物的多边形上，从而可以在视窗内绘制逼真的三维景观。

（7）实时动画。为了获得平滑的动画效果，需要先在内存中生成下一幅图像，然后把已经生成的图像从内存拷贝到屏幕上，这就是 OpenGL 的双缓存技术（Double Buffer）。OpenGL 提供了双缓存技术的一系列函数。

（8）交互技术。目前有许多图形应用需要人机交互，OpenGL 提供了方便的三维图形人机交互接口，用户可以选择修改三维景观中的物体。

3.2.3　OpenGL 的组成

OpenGL 的库函数可以分为 4 类：核心库函数、实用库函数、辅助库函数和专用函数库，下面分别进行介绍。

（1）核心库函数。OpenGL 的 115 个核心库函数，均以"gl"作为前缀，它们提供了最基本的功能，如可以实现三维建模、建立光照模型、反走样和纹理映射等功能。

（2）实用库函数。OpenGL 的实用库函数共有 43 个，以"glu"为前缀，它们在核心函数的上层。其实质是对核心函数进行了组织和封装，提供了比较简单的函数接口和用法，减轻了开发者的编程负担。

（3）辅助库函数。OpenGL 辅助库函数有 31 个，以"aux"为前缀，应用程序只能在 Win32 环境中使用这些函数，可移植性较差。一般适用在 Windows 应用程序中进行窗口管理、输入/输出处理以及绘制一些简单的三维形体。

（4）专业库函数。专业库函数是由 6 个以"wgl"为前缀的函数和 5 个 Win32 API 函数所组成。"wgl"函数用于连接 Windows 和 OpenGL，初始化窗口，能够使用 OpenGL 在窗口中进行绘制。Win32 API 函数用于处理像素存储格式、双缓存等函数的调用。

3.2.4　OpenGL 应用工具包 GLUT

目前，AUX 编程辅助库已经很大程度上被 GLUT 库所取代了。GLUT 也许不能满足所有的 OpenGL 应用，但从学习 OpenGL 的角度，它将是一个良好的开端。

先来研究下面一段程序代码，该程序实现绘制一个茶壶，如图 3-10 所示。继而对该程序的相关函数进行讲解，以更好地了解 GLUT 工具包。

```
#include <gl/glut.h>
#include <math.h>
void RenderScene(void)
{
    glClearColor(1.0f,1.0f,1.0f,1.0f);
    glClear(GL_COLOR_BUFFER_BIT);
    glColor3f(1.0,0.0,0.0);
    //绘制茶壶
    glPushMatrix();
        glTranslatef(0.6,0.3,-0.5);
        glutSolidTeapot(0.1);
    glPopMatrix();
    glFlush();
    glutSwapBuffers();
}
void ChangeSize(int w, int h)
{
    if(h == 0)
    h = 1;
    glViewport(0,0,w,h);
    glMatrixMode(GL_PROJECTION);
    glLoadIdentity();
    gluOrtho2D(-1.5,1.5,-1.5,1.5);
    if(w <= h)
        glOrtho(-2.25,2.25,-2.25 * h/w,2.25 * h/w,-10.0,10.0);
```

图 3-10　绘制的茶壶

```
        else
            glOrtho(−2.25 * w/h,2.25 * w/h,−2.25,2.25,−10.0,10.0);
        glMatrixMode(GL_MODELVIEW);
        glLoadIdentity();
}
void SetupRC()
{   glClearColor(0.0f, 0.0f, 0.0f, 1.0f);
    glColor3f(0.0f, 1.0f, 0.0f);
}
int main(int argc, char * argv[])
{
    glutInit(&argc, argv);
    glutInitDisplayMode(GLUT_SINGLE | GLUT_RGB A);
    glutInitWindowSize(700,700);
    glutInitWindowPosition(200,100);
    glutCreateWindow("OpenGl");
    glutReshapeFunc(ChangeSize);
    glutDisplayFunc(RenderScene);
    SetupRC();
    glutMainLoop();
    return 0;
}
```

按照上面程序,可以把 GLUT 中的函数分为以下几类。

1. 初始化和创建窗口

为了初始化并打开一个窗口,需要调用 5 个函数完成必要的任务。

(1)void glutInit(int argc,char * * argv)。该函数用于初始化 GLUT 库,其参数应与主函数 main() 的参数相同。应该在调用其他 GLUT 函数之前调用 glutInit() 函数。

(2)void glutInitDisplayMode(unsigned int mode)。该函数为即将创建的窗口指定一种显示模式。参数的默认值为 GLUT_RGBA|GLUT_SINGLE,即指定一个 RGBA 颜色模式的单缓存窗口。

(3)void glutInitWindowPosition(int x,int y)。该函数指定窗口左上角应该放置在屏幕上的位置。

(4)void glutInitWindowSize(int width,int height)。该函数指定窗口以像素为单位的尺寸。

(5)void glutCreateWindow(char * string)。该函数创建一个允许使用的 OpenGL 窗口,并将其视为当前窗口。

2. 处理窗口和输入

在上面程序中,用到了 glutDisplayFunc() 和 glutReshapeFunc(),当然还有其他函数,下面一并说明。

(1)void glutDisplayFunc(void(* func)(void))。该函数用于绘制当前窗口。参数 void(* func)为绘制当前窗口时所调用的函数名。任何时候当窗口的内容需要被重新绘制,则调用该函数。

(2)void glutReshapeFunc(void(* func)(int width,int height))。该函数表示在窗口尺寸改变时,指定了所调用的函数。width, height 指定了窗口新的宽度和高度。

(3)void glutKeyboardFunc(void(* func)(unsigned int key,int x,int y))。参数(* func)(unsigned int key,int x,int y)为按下一个生成 ASCII 字符的键时,GLUT 调用的函数名称。

(4)void glutMouseFunc(void(* func)(int button,int state,int x,int y))。该函数指定了当按下或释放一个鼠标键时调用的函数。参数 button 有 3 个有效值:GLUT_LEFT_BUTTON, GLUT_MIDDLE_BUTTON 和 GLUT_RIGHT_BUTTON,分别代表鼠标的左键、中键和右键。

(5)void glutKeyboardFunc(void(* func)(unsigned int key,int x,int y))。参数(* func)(unsigned int key,int x,int y)为按下一个非 ASCII 字符的键(如 shift 键)时,GLUT 调用的函数名称。

(6)void glutMotionFunc(void(* func)(int x,int y))。参数(* func)(int x,int y)为发生鼠标移动时,GLUT 调用的函数名称。参数 x 和 y 返回鼠标当前的 x 和 y 位置。

(7)绘制物体函数。这里介绍了 glutSolidTeapot(),用来绘制茶壶。还有其他函数,例如 void glutWireCube(GLdouble size),绘制框线圆锥;void glutSolidCube(GLdouble size),绘制实体圆锥。

3.管理后台处理

(1)void glutIdleFunc * (void(* func)(void))。void(* func)指定了被调用的函数名。运行程序。

当没有其他待处理的事件时,用户可以用函数 glutIdleFunc 指定另一个函数作为待处理函数。

(2)void glutMainLoop(void)。这个函数开始启动主 GLUT 处理循环。事件循环包括所有的键盘、鼠标、绘制及窗口的事件等。

3.3　OpenGL 编程步骤

一个实用的 OpenGL 程序从规模上说比较庞大,但基本结构是非常简单的,一般包括 3 个部分。

1.定义绘制有关的属性

定义窗口在屏幕上的位置及窗口的大小等属性。在窗口上建立坐标系,定义图形在窗口中的生成位置。例如调用下面函数,实现窗口属性的定义:

```
glutInitWindowPosition();
glutInitWindowSize();
glutCreateWindow();
```

2.初始化

初始化 OpenGL 中的状态变量,为图形显示做准备。例如调用下面函数,对屏幕进行颜色清除,接着定义绘图的颜色:

```
glClearColor();
glColor3f();
```

3. 渲染屏幕图像

按照显示的方位角度等要求绘制并显示图形(将物体的数学描述及状态变量等变换为屏幕像素),例如对图形进行选择、平移、放大等。例如调用下面的平移函数,实现对图形的平移:

glTranslatef();

3.3.1　OpenGL 函数命名与数据类型

OpenGL 函数都遵循一个命名的约定,即前缀代表该函数来自于哪个库,词根表示命令所执行的功能,后缀表示该函数参数的个数和类型。

例 3.1　glColor3f(1.0,1.0,1.0);

gl 前缀代表该函数来自 gl 库(说明该函数来自哪个库);根命令 Color 代表对颜色的设定;后缀 3f 表示该函数需要 3 个浮点型的参数(后缀中的数字表示该函数需要的参数个数,字母表示该函数的需要的参数类型)。

例 3.2　glfloat color[]={1.0,1.0,1.0}

glColor3fv(color);

若函数的后缀中带有一个字母 v,表示该命令带有一个指向矢量或数组值的指针作为参数。

很多语言都支持 OpenGL,它们都有自己的绑定。下面介绍 C - 绑定语法规则。C - 绑定给所有 OpenGL 类型名加上前缀 GL。例如,布尔类型为 GLboolen,双精度浮点类型为GLdouble。Glbyte,GLshort,GLint 都有对应的无符号类型:GLubyte,GLushort,GLuint。

表 3.1 中总结了一些常见的 OpenGL 类型数据。

表 3.1　常见的 OpenGL 类型数据

OpenGL 数据类型	最少位数	描　述
GLboolen	1	布尔型
GLbyte	8	有符号整数
GLubyte	8	无符号整数
GLshort	16	有符号整数
GLushort	16	无符号整数
GLsizei	32	非负整数长度
GLsizeiptr	指针的位数	指向非负整数长度的指针
GLint	32	有符号整数
GLuint	32	无符号整数
GLfloat	32	浮点数
GLclampf	32	被截取到[0,1]的浮动数
GLenum	32	枚举
GLbitfield	32	封装位
GLdouble	64	浮点数
GLvoid	指针的位数	指向任何数据类型的指针

3.3.2 一个简单的 OpenGL 程序

编译 OpenGL 程序时，需要包括头文件 gl. h 和 glu. h。运行 OpenGL 程序，需要在 windows\system 目录下有动态链接库 opengl32. dll 和 glu32. dll，若使用 GLUT 还需要 glut32. dll。

一个简单 OpenGL 程序的清单如下：

```
# include<windows. h>
# include<gl/glut. h>
//绘图子程序
void display(void)
{
    glClearColor(0. 0f,0. 0f,1. 0f,1. 0f);
    glClear(GL _COLOR_BUFFERBIT);
    glFlush();
}
//主程序
void main(int argc,char * * argv)
{
    glutInit(&argc,argv);
    glutInitDisplayMode(GLUT_SINGLE|GLUT_RGB);
    glutCreateWindow("hello");
    glutDisplayFunc(display);
    glutMainLoop();
}
```

其中，glClearColor()函数设置清除窗口时所用的颜色。其原型为：

void (GLclampf red,GLclampf green, GLclampf blue,Glclampf alpha);

前三个参数分别代表这种颜色中红、绿、蓝三种成分所占的比例。最后一个参数用于产生特殊效果，如半透明等。

glClear()函数用设定的清除颜色来清除窗口。其原型为：

void glClear(GL _COLOR_BUFFERBIT);

glFlush()函数用于刷新 OpenGL 中的命令队列和缓冲区，使所有尚未被执行的 OpenGL 命令得到执行，即告诉 OpenGL 应该处理到目前为止收到的命令。

绘制立方体的简单 OpenGL 程序的清单如下：

```
# include<windows. h>
# include<gl/glut. h>
void RenderScene(void)
{
    glClearColor(1. 0f,1. 0f,1. 0f,1. 0f);
    glClear(GL _COLOR_BUFFERBIT);
    glColor4f(0. 0,0. 0,1. 0,1. 0);
    glRotatef(60,1. 0,1. 0,1. 0);
```

```
    glutWireCube(0.8);
    glFlush();
}
//主程序
void main(int argc,char * * argv)
{
    glutInit(&argc,argv);
    glutInitDisplayMode(GLUT_SINGLE|GLUT_RGB);
    glutInitWindowSize(200,200);
    glutInitWindowPosition(100,100);
    glutCreateWindow("cube");
    glutDisplayFunc(RenderScene);
    glutMainLoop();
}
```

3.3.3　窗口的坐标设置

本节介绍在窗口内设置作图区域及坐标系的有关内容。

在所有的窗口操作中,当执行初始化打开窗口、移动窗口或改变窗口的大小尺寸操作时,都会调用到 GLUT 中的一个函数:

```
    void glutReshapeFunc(void( * func)(int width,int height));
```

它所包含的两个变量 width 和 height,指定了窗口新的宽度和高度。我们就可以利用这些信息,定义 OpenGL 函数在窗口内的坐标系及作图区域。

最常用的方法是调用函数 glutReshapeFunc(myseshape),其中 myreshape()是用户自己定义的一个函数。

```
glutReshapeFunc(myreshape)
void myreshape(Glsizei w,Glsizei h)
{
    glViewport(0,0,(Glsizei) w,(Glsizei) h);
    glMatrixMode(GL_PROJECTION);
    glLoadIdentity();
    gluOrtho2D(0.0,(GLdouble)w,0.0,(GLdouble)h);
}
```

按下述方式定义窗口坐标系统,物体大小可以随着窗口的改变而进行缩放:

```
glutReshapeFunc(myseshape)
void myreshape(Glsizei w,Glsizei h)
{
    glViewport(0,0,(Glsizei) w,(Glsizei) h);
    glMatrixMode(GL_PROJECTION);
    glLoadIdentity();
    if(w<=h)
        gluOrtho2D(0.0,200.0,0.0,200.0 * (GLfloat)h/(GLfloat)w);
    else
```

```
    gluOrtho2D(0.0,200.0 * (GLfloat)h/(GLfloat)w,0.0,200.0);
}
```

函数 glViewport()定义窗口内的作图区域(即视区)。函数如下:

void glViewport(GLint x,Glint y,Glsizei width,Glsizei height);

功能:设置窗口中的作图区域,用于 OpenGL 绘图。其中(x,y)为绘图区域左下角的坐标,参数 width 和 height 为绘图区宽度和高度的像素数,即视区的尺寸。

若函数的参数取 glViewport(0,0,(GlSizei) w,(GlSizei) h),且参数 w 和 h 是内部传给该函数以像素为单位的当前窗口的宽度和高度,则定义了整个窗口区域为 OpenGL 的作图区。

3.4 OpenGL 基本几何图形的绘制

OpenGL 的基本几何元素有点、线、多边形。从根本上看,OpenGL 绘制的所有复杂三维物体都是由一定数量的基本图形元素构成的,曲线、曲面分别是由一系列直线段、多边形近似得到的。

OpenGL 提供了 10 种图元,用于绘制点、直线和多边形。OpenGL 根据以下规则来解释顶点并渲染图元:

(1)GL_POINTS。该图元类型用于渲染数学点,OpenGL 将指定的每一个顶点渲染成一个点。

(2)GL_LINES。该图元用于绘制不相连的线段。OpenGL 将每两个顶点作为一组,并绘制一条相应的线段。如果应用程序指定了 n 个顶点,OpenGL 将渲染 $n/2$ 条线段。如果 n 为奇数,OpenGL 将忽略最后一个顶点。

(3)GL_LINE_STRIP。该图元用于绘制一系列相连的线段。OpenGL 在第一个和第二个顶点之间绘制一条线段,在第二个和第三个顶点之间绘制一条线段,依次类推。如果应用程序指定了 n 个顶点,OpenGL 将绘制 $n-1$ 条线段。

(4)GL_LIEN_LOOP。该图元用于绘制封闭的线段带。OpenGL 渲染这种图元的方式类似于 GL_LINE_STRIP,只是在最后一个顶点和第一个顶点之间绘制一条封闭线段。

(5)GL_TRRANGLES。该图元用于绘制独立的三角形。OpenGL 将每三个顶点作为一组,并据此绘制三角形。如果应用程序指定了 n 个顶点,OpenGL 将渲染 $n/3$ 个三角形。如果 n 不是 3 的倍数,OpenGL 将忽略多余的顶点。

(6)GL_TRIANGLE_STRIP。该图元用于绘制一系列共边的三角形。OpenGL 使用前三个顶点绘制一个三角形,然后使用第二、第三和第四个顶点绘制另一个三角形,依次类推。如果应用程序指定了 n 个顶点,OpenGL 将渲染 $n-2$ 个相连的三角形。如果 n 小于 3,OpenGL 将什么也不绘制。

(7)GL_TRIANGLE_FAN。该图元用于绘制一系列共边和共享同一个顶点的三角形。所以三角形都共享指定的第一个顶点。如果应用程序知道了顶点序列 v,OpenGL 将使用顶点 v0,v1 和 v2 绘制一个三角形,使用 v0,v2 和 v3 绘制第二个三角形,使用 v0,v3 和 v4 绘制第三个三角形,依次类推。如果应用程序指定了 n 个顶点,OpenGL 将绘制 $n-2$ 个三角形,如果 n 小于 3,OpenGL 将什么也不绘制。

(8)GL_QUADS。该图元用于绘制独立的凸四边形。OpenGL 将每四个顶点作为一组,并据此绘制四边形。如果应用程序指定了 n 个顶点,OpenGL 将渲染 $n/4$ 个四边形。如果 $n/4$ 不是 4 的倍数,OpenGL 将忽略多余的顶点。

(9)GL_QUAD_STRIP。该图元用于绘制一系列共边的四边形。如果应用程序指定了顶点系列 v,OpenGL 将使用顶点 v0,v1,v2 和 v3 绘制第一个四边形,使用 v2,v3,v4 和 v5 绘制第二个四边形,依次类推。如果应用程序指定了 n 个顶点,OpenGL 将渲染 $(n-2)/2$ 个四边形;如果 n 小于 4,OpenGL 将什么也不绘制。

(10)GL_POLYGON。该图元用于绘制单个填充的凸 n 边形。OpenGL 渲染一个 n 边形,其中 n 为应用程序指定的顶点数。如果 n 小于 3,OpenGL 将什么也不绘制。

对于 GL_QUADS,GL_QUAD_STRIP 和 GL_POLYGON,所有图元都必须是共面和凸的,否则 GL_POLYGON 的行为是不确定的。

3.4.1　点的绘制

OpenGL 的点用一组称为顶点的浮点数定义。所有的内部运算都是按顶点是三维点进行的。即使用户设定的是二维的顶点,OpenGL 也会自动增加一个值为 0 的 z 坐标。

在 OpenGL 中,顶点的设置命令为:void glVertex3f(…)。

void glVertex{a}{b}{v}(TYPE cords)

其中:

{a}:为输入的坐标值个数,其取值为 3 或 3 或 4。

{b}:为输入坐标的数据类型,其取值为 s,i,f 或 d。

参数(cords)是四维坐标(x,y,z,w)的缩写,最少必须用二维坐标(x,y)。默认值 z 为 0.0,w 为 1.0。

所有的几何图最终都是通过一组有序顶点来描述的。OpenGL 中有 10 种基本图元,用 glBegin 命令可告诉 OpenGL 开始把一组顶点解释为特定图元,然后用 glEnd 命令结束该图元的顶点列表。

void glBegin(Glenum mode);

此函数标志描述一个几何图元的顶点列表的开始。图元的类型由 mode 来决定。共有 GL_POINTS,GL_LINES,GL_LINE_STRIP 等 10 种图元。

void glEnd(void);

此函数标志着顶点列表的结束。

例如下面这段程序:

```
glBegin(GL_POINTS);
        glVertex3f(0.0,0.0,0.0);
        glVertex3f(5.0,5.0,5.0);
glEnd();
```

当绘制一个点时,点的大小的默认值是一个像素。用户可以用函数 glPointSize()来对点的大小进行修改。函数如下:

void glPointSize(GLfloat size);

该命令以像素为单位设置绘制点的大小。

3.4.2　线的绘制

void glLineWidth(GLfloat width);

以像素为单位设置线绘制的宽度。

void glLineStipple(GLint factor, GLushort pattern);

指定线型模式。

factor 指定线型模式中每位的乘数。factor 的值在 [1,255] 之间,缺省值为 1。

pattern 用 16 位整数指定位模式。当位为 1 时,指定要绘;当位为 0 时,指定不绘。缺省时,全部为 1。位模式从低位开始。

例如:模式 0x3f07,二进制表示为 0011 1111 0000 0111,即是从低位起绘 3 个像素,不绘 5 个像素,绘 6 个像素和不绘 2 个像素来连成一条线。设 factor 为 2,则绘或不绘的像素相应都乘上 2。

利用如下命令定义上述线型:

glLineStipple(2,0x3f07);

glEnable(GL_LINE_STIPPLE);

在定义线型后,必须用 glEnable() 命令激活线型。图 3-10 表示用不同的模式和重复因子绘线。

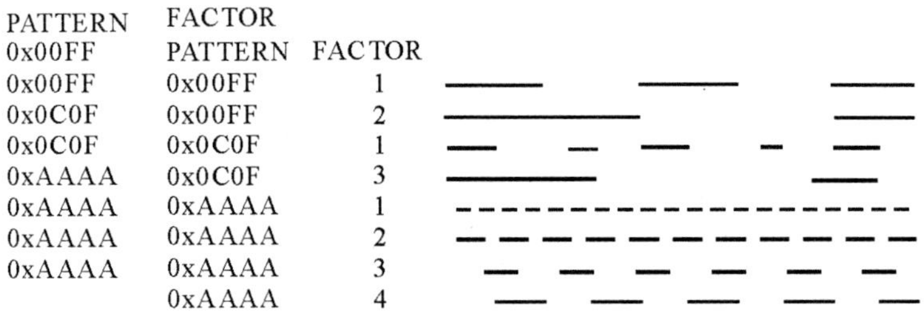

PATTERN	FACTOR		
0x00FF	PATTERN	FACTOR	
0x00FF	0x00FF	1	
0x0C0F	0x00FF	2	
0x0C0F	0x0C0F	1	
0xAAAA	0x0C0F	3	
0xAAAA	0xAAAA	1	
0xAAAA	0xAAAA	2	
0xAAAA	0xAAAA	3	
	0xAAAA	4	

图 3-10 线型模式

当不需要激活线型时,只要调用 glDisable(GL_LINE_STIPPLE) 就可以了。

绘制独立线段的代码如下:

glColor3f(1.0,0.0,0.0);

glLineWidth(5.0);

glBegin(GL_LINES);

　　glVertex3f(50.0,50.0,0.0);

　　glVertex3f(50.0,100.0,0.0);

　　glVertex3f(100.0,150.0,0.0);

glEnd();

程序执行结果如图 3-11 所示。

在以上代码中,将图元 GL_LINES 改成 GL_LINE_STRIP,即可绘制相连线段,代码如下:

glColor3f(1.0,0.0,0.0);

glLineWidth(5.0);

glBegin(GL_LINE_STRIP);

　　glVertex3f(0.0,0.0,0.0);

　　glVertex3f(50.0,50.0,0.0);

glVertex3f(50.0,100.0,0.0);

　　glVertex3f(100.0,150.0,0.0)

glEnd();

　　程序执行结果如图 3 - 12 所示。

3.4.3　多边形的绘制

　　绘制分离三角形,调用图元 GL_TRIANGLES,添加如下
代码:

glColor3f(1.0,0.0,0.0);

glBegin(GL_TRIANGLES);

　　glVertex3f(0.0,0.0,0.0);

　　glVertex3f(5.0,5.0,0.0);

　　glVertex3f(10.0,0.0,0.0);

　　glVertex3f(-5.0,0.0,0.0);

　　glVertex3f(-10.0,5.0,0.0);

　　glVertex3f(-10.0,0.0,0.0);glEnd();

　　程序执行结果如图 3 - 13 所示。

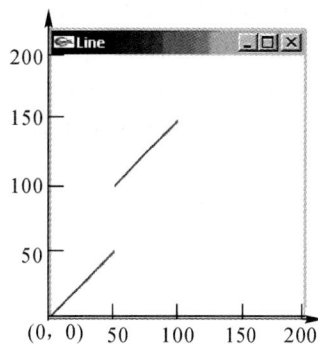

图 3 - 11　独立线段

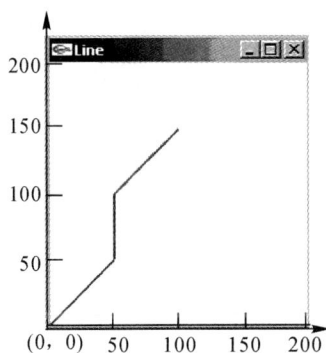

图 3 - 12　相连线段

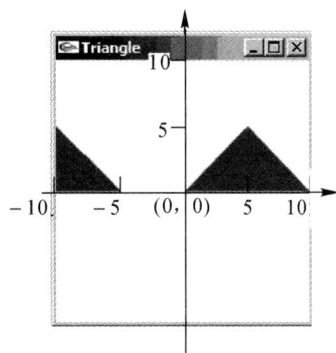

图 3 - 13　分离三角形

　　如要绘制相连三角形,需将 GL_TRIANGLES 改成 GL_TRIANGLES_FAN,代码如下:

glColor3f(1.0,0.0,0.0);

glBegin(GL_TRIANGLE_FAN);

　　glVertex3f(0.0,0.0,0.0);

　　glVertex3f(5.0,5.0,0.0);

　　glVertex3f(10.0,0.0,0.0);

　　glVertex3f(-5.0,0.0,0.0);

　　glVertex3f(-10.0,5.0,0.0);

　　glVertex3f(-10.0,0.0,0.0);

glEnd();

　　程序执行结果如图 3 - 14 所示。

　　OpenGL 中的 GL_QUADS 图元用来绘制一个四边形。与三角形一样,GL_QUADS_
STRIP 图元指定一条相互连接的四边形。由于矩形在图形应用中非常普遍,它不必通过

glBegin()和 glEnd()之间的顶点来进行绘制,而是通过使用如下的函数:

    void glRect{sifd}(TYPE x1,TYPE y1, TYPE x2, TYPE y2);

多边形的 OpenGL 图元是 GL_POLYGON,可以用于绘制一个任意边数的多边形。要求多边形满足所有顶点都位于一个平面内,而多边形的各边不能相交。如添加如下代码:

    glColor3f(1.0,0.0,0.0);
    glBegin(GL_POLYGON);
        glVertex3f(20.0,10.0,0.0);
        glVertex3f(60.0,30.0,0.0);
        glVertex3f(70.0,45.0,0.0);
        glVertex3f(40.0,75.0,0.0);
        glVertex3f(10.0,60.0,0.0);
    glEnd();

程序执行结果如图 3-15 所示。

图 3-14 相连三角形

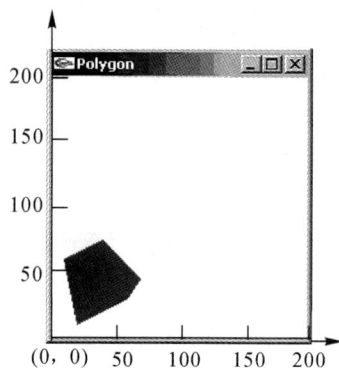

图 3-15 多边形显示

在 OpenGL 中,每个多边形被认为是由两个面组成的,即正面和反面。缺省时,在屏幕上以逆时针方向出现顶点的多边形称为正面,反之为背面。用户也可以利用函数 glFrontFace()自行设置多边形的正面方向。

    void glFrontFace(Glenum mode);

该函数定义多边形的正面方向。

mode 可以取两个值:GL_CW(顺时针方向为正面);GL_CCW(逆时针方向为正面,缺省值)。

利用下面的函数可以选择绘制多边形的方式:

    void glPolygonMode(GLenum face,GLenum mode);

face 控制多边形的正面和背面的绘图方式,可以取三个值:GL_FRONT_AND_BACK(正面和反面都画)、GL_FRONT(只画正面)、GL_BACK(只画反面)。

mode 控制绘点、线框或填充多边形,可以取三个值:GL_POINT(用有一定间隔的点填充)、GL_LINE(只画多边形的边框)、GL_FILL(填充多边形)。

缺省值:glPolygonMode(GL_FRONT_AND_BACK,GL_FILL),即多边形的正、背面都用填充绘制。

例如,下面两个函数的调用,使得多边形正面填充,背面是线框:

    glPolygonMode(GL_FRONT,GL_FILL);
    glPolygonMode(GL_BACK,GL_LINE);

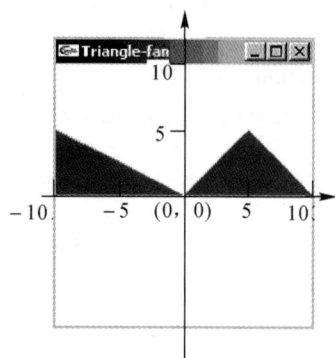

第4章　图形观察与变换

利用计算机对图形进行处理是计算机图形学的最基本的任务,其中大量的任务就是控制和修改所显示的图形。例如,作为这门学科在工业自动化生产中典型应用的 CAD/CAM 系统中,需要显示和输出基本图形和图形的属性;对设计的产品几何模型进行修改或重新设计,由零件、构件装配成产品,在屏幕上一幅接一幅地连续显示动画图面;对设计和制造过程进行动态模拟分析和仿真。这些图形在计算机显示器上处理的过程很多情况下就表现为同一图形显示在显示器屏幕的不同位置上。另外,图形表示的现实物体的几何图形本身可能有一个坐标系统,当它被计算机处理时,就要转换到计算机的设备上去,设备本身也有一个坐标系统。两个坐标系统之间的关系表现为图形变换的关系,所有这些变换都是通过坐标点的几何变换实现的。这些基本变换包括比例、平移、旋转、反射、错切和透视变换等。

通过基本的旋转、缩放、平移等操作让图形以多样的形式和角度呈现,而更复杂的图形变换丰富了图形的展现方式,从而更有效地传达信息和表达创意,比如从多个视角全面、清晰地展示三维物体。同时,图形变换还有助于优化图形处理效率,在某些情形下,对图形进行恰当的变换能够简化处理过程,减少计算量,提升图形生成和渲染的速度,例如将复杂图形变换到特定坐标系或空间进行处理。此外,图形变换是实现图形动画效果的基础,通过连续改变图形的位置、形状、大小等属性,可产生流畅且吸引人的动画,像常见的角色行走、物体运动等动画均依赖此技术。另外,它便于图形的编辑和修改,将图形旋转到特定角度能更轻松地处理细节,对于裁剪、拼接等操作也提供了便利。图形变换还能使图形适应不同的显示需求,比如适配不同分辨率的屏幕。图形变换涉及众多数学原理和方法,如线性代数、矩阵运算等,学习图形变化有助于深入理解这些数学知识在实际中的应用,培养数学思维和解决实际问题的能力。图像变换在计算机视觉、模式识别、虚拟现实等相关领域也广泛应用,掌握它能为跨领域的研究和工作奠定基础。

在虚拟现实(VR)领域,图形变换技术更是创造了完全沉浸式的虚拟环境。用户可以在虚拟世界中自由移动和观察,而图形变换技术则确保了场景的连续性和真实性。比如在虚拟游戏中,玩家转身或移动时,周围的环境图形需要迅速且流畅地进行变换,以避免出现视觉上的不连贯和失真。在增强现实(AR)应用中,通过对城市景观的实时图形变换,为用户展现出历史与未来交融的城市景象,让人们对城市的发展有了新的思考和想象。VR 图形变换的艺术性创作如图 4-1 所示。

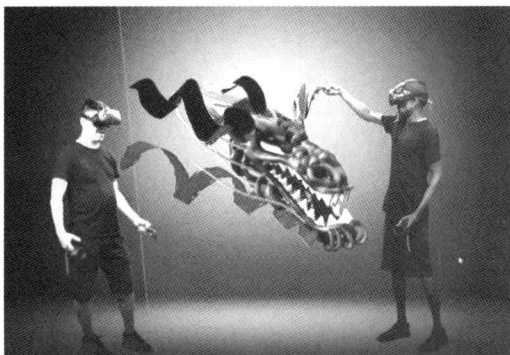

图 4-1　VR 图形变换的艺术性创作

图形变换不仅是一种技术工具,更是一种推动创新的思维方式。它鼓励突破传统、勇于实验,通过灵活运用所学知识,创造出独特且富有创造性的解决方案。掌握这些技术,我们不仅在学术和实践中不断进步,更能够引领科技发展的潮流,为未来的创新奠定坚实的基础。

4.1 数 学 基 础

1. 矢量运算

矢量是一有向线段,具有方向和大小两个参数。设有两个矢量 $\boldsymbol{V}_1(x_1,y_1,z_1)$,$\boldsymbol{V}_2(x_2,y_2,z_2)$。

(1) 矢量的长度。
$$|\boldsymbol{V}_1|=(x_1\times x_1,y_1\times y_1,z_1\times z_1)^{1/2}$$

(2) 数乘矢量。
$$\alpha\boldsymbol{V}_1=(\alpha x_1,\alpha y_1,\alpha z_1)$$

(3) 两个矢量之和(见图 4-2)。
$$\boldsymbol{V}_1+\boldsymbol{V}_2=(x_1,y_1,z_1)+(x_2,y_2,z_2)=(x_1+x_2,y_1+y_2,z_1+z_2)$$

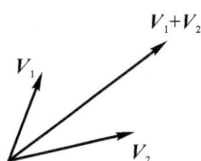

图 4-2 矢量之和   图 4-3 矢量点积

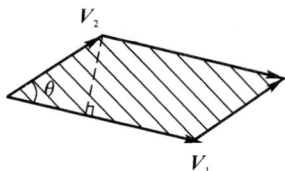

(4) 两个矢量的点积(见图 4-3)。
$$\boldsymbol{V}_1\cdot\boldsymbol{V}_2=|\boldsymbol{V}_1||\boldsymbol{V}_2|\cos\theta=x_1x_2+y_1y_2+z_1z_2$$
其中,θ 为两矢量之间的夹角。

点积满足交换律和分配率:
$$\boldsymbol{V}_1\cdot\boldsymbol{V}_2=\boldsymbol{V}_2\cdot\boldsymbol{V}_1,\quad \boldsymbol{V}_1\cdot(\boldsymbol{V}_2+\boldsymbol{V}_3)=\boldsymbol{V}_1\cdot\boldsymbol{V}_2+\boldsymbol{V}_1\cdot\boldsymbol{V}_3$$

(5) 两个矢量的叉积(见图 4-4)。

$$\boldsymbol{V}_1\times\boldsymbol{V}_2=\begin{bmatrix} i & j & k \\ x_1 & y_1 & z_1 \\ x_2 & y_2 & z_2 \end{bmatrix}=$$
$$(y_1z_2-y_2z_1,z_1x_2-z_2x_1,x_1y_2-x_2y_1)$$

叉积满足反交换律和分配率:
$$\boldsymbol{V}_1\times\boldsymbol{V}_2=-\boldsymbol{V}_2\times\boldsymbol{V}_1$$
$$\boldsymbol{V}_1\times(\boldsymbol{V}_2+\boldsymbol{V}_3)=\boldsymbol{V}_1\times\boldsymbol{V}_2+\boldsymbol{V}_1\times\boldsymbol{V}_3$$

2. 矩阵运算

设有一个 m 行 n 列矩阵 $\boldsymbol{A}$,

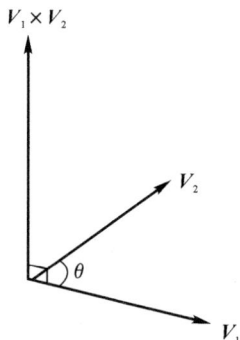

图 4-4 矢量叉积

$$\boldsymbol{A}_{m\times n}=\begin{bmatrix} a_{11} & a_{12} & \cdots & a_{1n} \\ a_{21} & a_{22} & \cdots & a_{2n} \\ \vdots & \vdots & & \vdots \\ a_{m1} & a_{m2} & \cdots & a_{mn} \end{bmatrix}$$

其中 $(a_{i1},a_{i2},a_{i3},\cdots,a_{in})$ 被称为第 i 个行向量,$(a_{1j},a_{2j},a_{3j},\cdots,a_{mj})^{\mathrm{T}}$ 被称为第 j 个列向量。

（1）矩阵的加法运算。设两个矩阵 $\boldsymbol{A}$ 和 $\boldsymbol{B}$ 都是 $m \times n$ 的，把它们对应位置的元素相加而得到的矩阵叫作 $\boldsymbol{A}, \boldsymbol{B}$ 的和，记为 $\boldsymbol{A} + \boldsymbol{B}$，且

$$\boldsymbol{A} + \boldsymbol{B} = \begin{bmatrix} a_{11} + b_{11} & a_{12} + b_{12} & \cdots & a_{1n} + b_{1n} \\ a_{21} + b_{21} & a_{22} + b_{22} & \cdots & a_{2n} + b_{2n} \\ \vdots & \vdots & & \vdots \\ a_{m1} + b_{m1} & a_{m2} + b_{m2} & \cdots & a_{mn} + b_{mn} \end{bmatrix}$$

（2）数乘矩阵。用数 k 乘矩阵 $\boldsymbol{A}$ 的每一个元素而得到的矩阵叫作 k 与 $\boldsymbol{A}$ 之积，记为 $k\boldsymbol{A}$。

$$k\boldsymbol{A} = \begin{bmatrix} ka_{11} & ka_{12} & \cdots & ka_{1n} \\ ka_{21} & ka_{22} & \cdots & ka_{2n} \\ \vdots & \vdots & & \vdots \\ ka_{m1} & ka_{m2} & \cdots & ka_{mn} \end{bmatrix}$$

（3）矩阵的乘法运算。只有当前一矩阵的列数等于后一矩阵的行数时两个矩阵才能相乘。

$$\boldsymbol{C}_{m \times n} = \boldsymbol{A}_{m \times p} \cdot \boldsymbol{B}_{p \times n}$$

矩阵 $\boldsymbol{C}$ 中的每一个元素 $c_{ij} = \sum_{k=1}^{p}(a_{ik}b_{kj})$。

（4）单位矩阵。对于一个 $n \times n$ 的矩阵，如果它的对角线上的各个元素均为 1，其余元素都为 0，则该矩阵称为单位阵，记为 $\boldsymbol{I}_n$。对于任意 $n \times n$ 的矩阵恒有

$$\boldsymbol{A}_{m \times n} \cdot \boldsymbol{I}_n = \boldsymbol{A}_{m \times n}, \quad \boldsymbol{I}_m \cdot \boldsymbol{A}_{m \times n} = \boldsymbol{A}_{m \times n}$$

（5）矩阵的转置。交换一个矩阵的所有的行列元素，那么所得到的 $n \times m$ 的矩阵被称为原有矩阵的转置，记为 $\boldsymbol{A}^{\mathrm{T}}$：

$$\boldsymbol{A}^{\mathrm{T}} = \begin{bmatrix} a_{11} & a_{21} & \cdots & a_{m1} \\ a_{12} & a_{22} & \cdots & a_{m2} \\ \vdots & \vdots & & \vdots \\ a_{1n} & a_{2n} & \cdots & a_{mn} \end{bmatrix}$$

显然 $(\boldsymbol{A}^{\mathrm{T}})^{\mathrm{T}} = \boldsymbol{A}$，$(\boldsymbol{A} + \boldsymbol{B})^{\mathrm{T}} = (\boldsymbol{A}^{\mathrm{T}} + \boldsymbol{B}^{\mathrm{T}})$，$(k\boldsymbol{A})^{\mathrm{T}} = k\boldsymbol{A}^{\mathrm{T}}$，但是对于矩阵的积：

$$(\boldsymbol{AB})^{\mathrm{T}} = \boldsymbol{B}^{\mathrm{T}}\boldsymbol{A}^{\mathrm{T}}$$

（6）矩阵的逆。对于一个 $n \times n$ 的方阵 $\boldsymbol{A}$，如果存在一个 $n \times n$ 的方阵 $\boldsymbol{B}$，使得 $\boldsymbol{AB} = \boldsymbol{BA} = \boldsymbol{I}_n$，则称 $\boldsymbol{B}$ 是 $\boldsymbol{A}$ 的逆，记为 $\boldsymbol{B} = \boldsymbol{A}^{-1}$，$\boldsymbol{A}$ 则称为非奇异矩阵。

矩阵的逆是相互的，$\boldsymbol{A}$ 同样也可以记为 $\boldsymbol{A} = \boldsymbol{B}^{-1}$，$\boldsymbol{B}$ 也是一个非奇异矩阵。任何非奇异矩阵有且只有一个逆矩阵。

3. 齐次坐标

所谓齐次坐标表示法就是由 $n+1$ 维向量表示一个 n 维向量。用齐次坐标表示，具有以下优点：

（1）提供了用矩阵运算把二维、三维甚至高位空间的一个点集从一个坐标系变换到另外一个坐标系的有效方法。

（2）可以表示无穷远点。例如在 $n+1$ 维中，$h=0$ 的齐次坐标实际上表示了一个 n 维的无穷远点。对二维的齐次坐标 (a, b, h)，当 h 趋于 0 时表示了 $ax + by = 0$ 的直线，即在 $y = -\dfrac{a}{b}x$ 上的连续点 (x, y) 逐渐趋于无穷远，但其斜率不变。在三维情况下，利用齐次坐标表示视点在原点时的投影变换，其几何意义会更加清晰。

将二维空间坐标(x,y)写成$(x,y,1)$的形式,将坐标$(x,y,1)$称为坐标(x,y)的齐次坐标表示形式。

将三维空间坐标(x,y,z)写成$(x,y,z,1)$的形式,将坐标$(x,y,z,1)$称为坐标(x,y,z)的齐次坐标表示形式。

如果齐次坐标为(x,y,z,d),当d不为1时,将其转化为标准形式$(x/d,y/d,z/d,1)$,那么$(x/d,y/d,z/d)$代表齐次坐标点$(x/d,y/d,z/d,1)$对应的三维空间的坐标点,这是一种将齐次坐标转换为三维坐标的方法。

这里仅是齐次坐标的简单含义介绍。引入齐次坐标的目的主要是在对点进行矩阵运算时有统一的表达式,并方便各种矩阵运算。

4.2　二维几何坐标变换

二维图形变换是指将点、线、面在平面内进行平移、比例、旋转、反射以及错切等有关几何位置、尺寸和形状的改变。一般情况下,图形是一个点集,因此点的几何变换是图形变换的基础。当然,我们并不是直接对构成图形的所有点直接进行变换。一个二维图形可以由直线段连接而成,也可以看作由许多直线段拟合而成,一条直线则由其始、末两点相连接而成,所以直线的变换可以归结为其始、末点的变换。

在对直角坐标系中定义的图形实施几何变换时,既可以看作坐标系不动而图形变动,也可以看作坐标系变动而图形不动。前者表现为图形变动引起图形坐标值产生变化,后者表现为图形没有任何变动,但在新坐标系中具有新的坐标位置,二者本质上相同。两种方式虽然本质相同,但由于后者表现为图形没有变化,因此在实际的变换分析过程中更容易理解。无论选择哪种方式,最后的变换公式要表示的却总是同一点变化前后坐标的关系,所以在实际分析求解时要注意变换的参数施加于图形中的点与施加于坐标系对最终变换公式的影响的不同。

4.2.1　二维平移变换

平移是指将一个图形对象从一个位置$P(x,y)$移到另一个位置$P'(x',y')$所进行的变换,如图4-5所示。其中,$x'=x+T_x,y'=y+T_y$。T_x,T_y是(x',y')点与(x,y)点的坐标之差,$T_x=x'-x,T_y=y'-y$。

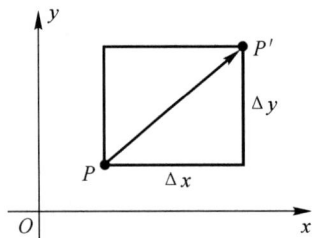

图4-5　点的平移

平移变换的矩阵表示形式:

$$\begin{bmatrix} x' & y' & 1 \end{bmatrix} = \begin{bmatrix} x & y & 1 \end{bmatrix} \begin{bmatrix} 1 & 0 & 0 \\ 0 & 1 & 0 \\ T_x & T_y & 1 \end{bmatrix}$$

4.2.2　二维旋转变换

以坐标原点 $(0,0)$ 为圆心,将物体上的点 (x,y) 围绕该圆心逆时针转动一个角度 α,变换到 (x',y') 位置,如图 4-6 所示,则坐标变换关系为

$$x' = x\cos\alpha - y\sin\alpha$$
$$y' = y\cos\alpha + x\sin\alpha$$

如果旋转参考点不在坐标原点,而是在 (x_r,y_r),那么用下列公式计算:

$$x' = x_r + (x - x_r)\cos\alpha - (y - y_r)\sin\alpha$$
$$y' = y_r + (y - y_r)\cos\alpha + (x - x_r)\sin\alpha$$

在这种旋转变换中,通常规定逆时针旋转角为正,顺时针旋转角为负。

旋转变换的矩阵表示:

$$\begin{bmatrix} x' & y' & 1 \end{bmatrix} = \begin{bmatrix} x & y & 1 \end{bmatrix} \begin{bmatrix} \cos\alpha & \sin\alpha & 0 \\ -\sin\alpha & \cos\alpha & 0 \\ 0 & 0 & 1 \end{bmatrix}$$

4.2.3　二维比例变换

将多边形按比例因子 (S_x,S_y) 以坐标原点为中心进行放大或缩小的变换,称为比例变换,如图 4-7 所示。

$$x' = xS_x$$
$$y' = yS_y$$

比例变换的矩阵表示:

$$\begin{bmatrix} x' & y' & 1 \end{bmatrix} = \begin{bmatrix} x & y & 1 \end{bmatrix} \begin{bmatrix} S_x & 0 & 0 \\ 0 & S_y & 0 \\ 0 & 0 & 1 \end{bmatrix}$$

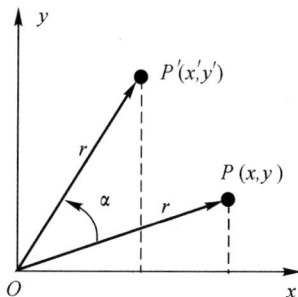

图 4-6　逆时针旋转变换　　　　　图 4-7　比例变换示意图

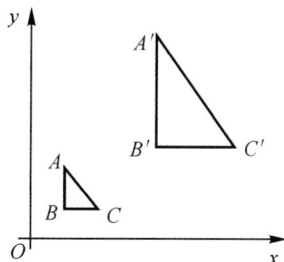

如果对多边形按照某一个给定点 (x_0,y_0) 进行比例变换,那么需要进行以下变换:

(1) 将 (x_0,y_0) 点平移到坐标原点 $(0,0)$ 处,则 $T_x = -x_0$,$T_y = -y_0$;

(2) 将多边形的各个顶点按 T_x,T_y 做相同的平移;

(3) 对该多边形以坐标原点为中心进行比例变换;

(4) 对比例变换以后的多边形的所有顶点按照 $T_x = x_0$,$T_y = y_0$ 做平移变换。

当变比例因子 S_x 或 S_y 为特殊值 1 或 -1 时,可对多边形进行按 x 轴、y 轴或坐标原点的对称变换,如图 4-8 所示。

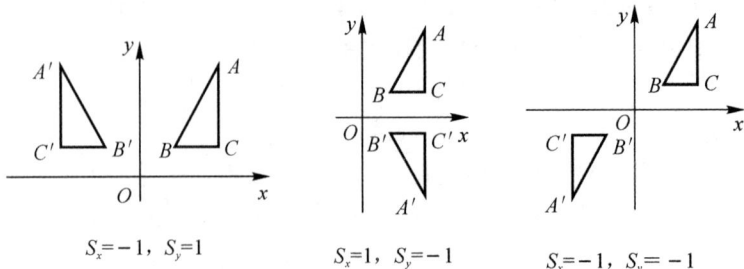

$$S_x=-1,\ S_y=1 \qquad S_x=1,\ S_y=-1 \qquad S_x=-1,\ S_y=-1$$

图 4-8　对称变换

4.2.4　二维对称变换

对称变换也称为反射变换,相对于反射轴的对称变换是通过将物体绕反射轴旋转 180° 而生成的。它的基本变换包括对坐标轴、原点和 45° 线的变换。

1.关于 x 轴的对称变换

设对点 (x,y) 做关于 x 轴的对称变换后,得到点 (x',y'),则变换的特点是 x 坐标不变,y 坐标由正变负,由负变正,即改变了符号。这时的变换矩阵为

$$[x'\quad y'\quad 1]=[x\quad y\quad 1]\begin{bmatrix}1&0&0\\0&-1&0\\0&0&1\end{bmatrix}$$

2.关于 y 轴的对称变换

设对点 (x,y) 做关于 y 轴的对称变换后,得到点 (x',y'),则变换的特点是 y 坐标不变,x 坐标由正变负,由负变正,即改变了符号。这时的变换矩阵为

$$[x'\quad y'\quad 1]=[x\quad y\quad 1]\begin{bmatrix}-1&0&0\\0&1&0\\0&0&1\end{bmatrix}$$

3.关于 $y=x$ 直线的对称变换

设对点 (x,y) 做关于 $y=x$ 直线的对称变换后,得到点 (x',y'),则变换的特点是 x,y 坐标互换,即 x 坐标变成 y 坐标,y 坐标变成了 x 坐标。这时的变换矩阵为

$$[x'\quad y'\quad 1]=[x\quad y\quad 1]\begin{bmatrix}0&1&0\\1&0&0\\0&0&1\end{bmatrix}$$

4.2.5　二维错切变换

错切变换是描述几何形体的扭曲和错切变形的变换。通常用的错切变换是沿 x 轴或 y 轴方向产生一个依赖于另一坐标的线性变化,同时另一坐标保持不变。另外,还有在两个坐标轴方向同时产生错切的错切变换。

1.沿 x 轴方向的错切变换

设点 (x,y) 沿 x 轴方向进行错切变换后,得到点 (x',y'),则变换的结果是 x 坐标产生

了一个依赖于 y 坐标的线性变化(线性系数为 H_x),同时 y 坐标保持不变,如图 4-9 所示。变换公式为

$$\begin{cases} x' = x + H_x y \\ y' = y \end{cases}$$

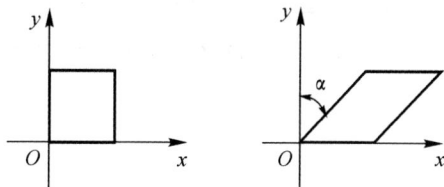

图 4-9　沿 x 轴方向的错切变换

错切变换参数 H_x 可以取任意实数值,且只在 x 轴方向起作用,而 y 轴方向值不变。在图形上表现为每一个点的水平方向位移量与 y 坐标成比例。如果 $H_x > 0$,图形沿 x 轴向正方向错切;如果 $H_x < 0$,图形沿 x 轴向负方向错切;对长方形进行该变换后其变为一平行四边形。变换矩阵为

$$[x'\quad y'\quad 1] = [x\quad y\quad 1]\begin{bmatrix} 0 & 1 & 0 \\ H_x & 0 & 0 \\ 0 & 0 & 1 \end{bmatrix}$$

2. 沿 y 轴方向的错切变换

设点 (x,y) 沿 y 轴方向进行错切变换后,得到点 (x',y'),则变换的结果是 y 坐标产生了一个依赖于 x 坐标的线性变化(线性系数为 H_y),同时 x 坐标保持不变,如图 4-10 所示。变换公式为

$$\begin{cases} x' = x \\ y' = H_y x + y \end{cases}$$

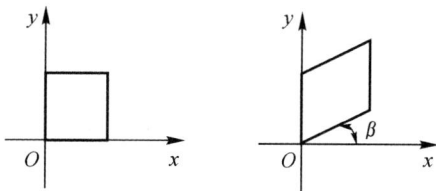

图 4-10　沿 y 轴方向的错切变换

这种变换使图形在垂直方向错切变形,错切变换参数 H_y 可以取任意实数值,且只在 y 轴方向起作用,而 x 轴方向值不变。在图形上表现为每一个点的垂直方向位移量与 x 坐标成比例。如果 $H_y > 0$,图形沿 y 轴向正方向错切;如果 $H_y < 0$,图形沿 y 轴向负方向错切。变换矩阵为

$$[x'\quad y'\quad 1] = [x\quad y\quad 1]\begin{bmatrix} 0 & H_y & 0 \\ 1 & 0 & 0 \\ 0 & 0 & 1 \end{bmatrix}$$

4.2.6　二维组合变换

综合应用前面的各种变换对一个多边形进行比较复杂的变换,将这种变换称为组合变

换。实际上,一般的图形变换更多的是组合变换,这类变换必须按一定的顺序进行多次基本的几何变换才能实现。组合变换矩阵 $\boldsymbol{T}$ 也可由一系列基本几何变换矩阵 $\boldsymbol{T}_i$ 的乘积来表示,即 $\boldsymbol{T}=\boldsymbol{T}_1\times\boldsymbol{T}_2\times\cdots\times\boldsymbol{T}_n$。

下面以一个例子来说明组合变换的过程。

已知直线的方程为 $Ax+By+C=0$,该直线与 x 轴的交点为 $P(-C/A,0)$,直线旁边有一个三角形 ABC,如图 4-11 所示,现在要求将该三角形绕该直线作对称变换。现在介绍该组合变换每一步的变换过程。

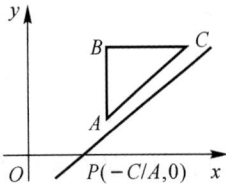

图 4-11　变换之前的直线与三角形　　图 4-12　将 P 点与直线及三角形平移到 O 点

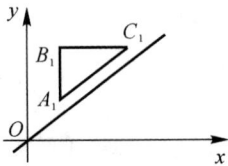

(1)将 P 点平移到坐标原点 O,并同时移动直线与三角形,如图 4-12 所示,变换矩阵如下:

$$\boldsymbol{T}_1=\begin{bmatrix}1&0&0\\0&1&0\\C/A&0&1\end{bmatrix}$$

(2)使该直线与三角形沿顺时针方向旋转,并与 x 轴重合,其中 α 角为负值,如图 4-13 所示。其旋转变换矩阵如下:

$$\boldsymbol{T}_2=\begin{bmatrix}\cos\alpha&-\sin\alpha&0\\\sin\alpha&\cos\alpha&0\\0&0&1\end{bmatrix}$$

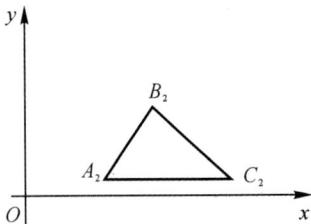

图 4-13　直线与三角形沿顺时针方向　　图 4-14　对该三角形实现沿 x 轴的
　　　　　旋转 α 角与 x 轴重合　　　　　　　　对称变换

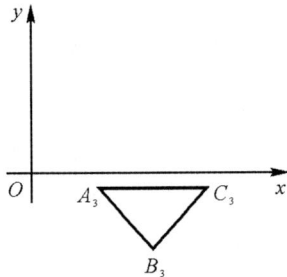

(3)对该三角形实现沿 x 轴的对称变换,$S_x=1$,$S_y=-1$,如图 4-14 所示。其变换矩阵如下:

$$\boldsymbol{T}_3=\begin{bmatrix}1&0&0\\0&-1&0\\0&0&1\end{bmatrix}$$

(4)将该直线与三角形以坐标原点 O 为圆心逆时针旋转 α 角,如图 4-15 所示,此时 α 角为正值。其旋转矩阵如下：

$$\boldsymbol{T}_4 = \begin{bmatrix} \cos\alpha & \sin\alpha & 0 \\ -\sin\alpha & \cos\alpha & 0 \\ 0 & 0 & 1 \end{bmatrix}$$

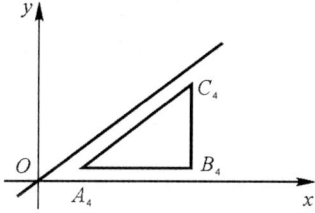

图 4 - 15　将该直线与三角形以坐标原点 O 为　　图 4 - 16　将点 $P(0,0)$ 移回到点
　　　　　　圆心逆时针旋转 α 角　　　　　　　　　　　　　　　$P(-C/A,0)$

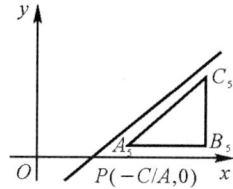

（5）将与原点重合的直线上的点 $P(0,0)$ 移回到点 $P(-C/A,0)$，如图 4-16 所示，并将直线与三角形一起移动。其平移矩阵如下：

$$\boldsymbol{T}_5 = \begin{bmatrix} 1 & 0 & 0 \\ 0 & 1 & 0 \\ -C/A & 0 & 1 \end{bmatrix}$$

（6）总的组合变换矩阵为

$$\boldsymbol{T} = \boldsymbol{T}_1 \times \boldsymbol{T}_2 \times \boldsymbol{T}_3 \times \boldsymbol{T}_4 \times \boldsymbol{T}_5 = \begin{bmatrix} \cos2\alpha & \sin2\alpha & 0 \\ \sin2\alpha & -\cos2\alpha & 0 \\ (\cos2\alpha - 1) \cdot \dfrac{C}{A} & \sin2\alpha \cdot \dfrac{C}{A} & 1 \end{bmatrix}$$

$$[x'\ \ y'\ \ 1] = [x\ \ y\ \ 1] \begin{bmatrix} \cos2\alpha & \sin2\alpha & 0 \\ \sin2\alpha & -\cos2\alpha & 0 \\ (\cos2\alpha - 1) \cdot \dfrac{C}{A} & \sin2\alpha \cdot \dfrac{C}{A} & 1 \end{bmatrix} = [x\ \ y\ \ 1]\boldsymbol{T}$$

用最后得到的总的变换矩阵 $\boldsymbol{T}$ 对原三角形 ABC 的三顶点坐标直接进行变换，就会得到需要变换的结果。矩阵的相乘顺序为逐次右乘，不能错。如果次序错了会得到错误的变换结果。

将复杂的坐标变换分解为多个简单坐标变换的组合，然后再求每一步的变换矩阵，将每一步的变换矩阵依次右乘，形成总的变换矩阵。用总的变换矩阵对平面多边形的所有顶点进行坐标变换，就很快会得到平面多边形的变换结果。这种方法在图形变换中是最常用的。

4.3　二维观察变换

4.3.1　图形中的坐标系

1. 世界坐标系（World Coordinates，WC）

世界坐标系是用户处理自己的图形时所采用的坐标系。现实物体的几何形状本身并没有什么坐标，坐标是用户为了描述物体的几何形状而附加的。用户在使用计算机图形系统处理物体的几何形状时,需首先定义其几何形状的坐标表示。这个坐标系就是世界坐标系,坐标系的位置、尺寸比例、范围均可由用户根据使用的方便等确定。它是利用计算机图形处理系统对图形进行定义、描述和处理的基础。

2.设备坐标系(Device Coordinates,DC)

与一个图形设备相关的坐标系叫设备坐标系。如显示屏就是以分辨率为坐标单位,坐标原点常定义在左上角。绘图仪也有它的坐标系,即以某一角点为坐标原点,以精度为单位。

3.规格化设备坐标系(Normal Device Coordinates,NDC)

规格化设备坐标系是独立于具体物理设备的一种坐标系,它具有的显示空间在 x 轴和 y 轴方向上都是从 0 到 1。对大多的物理设备而言,NDC 与 DC 仅仅是坐标值相差一个比例因子。NDC 可以看成是一个抽象的图形设备,要输出到具体的设备时,只需乘上一个比例因子即可。因此,我们在讨论图形输出时,通常是输出到规格化设备坐标系中的。

对于一些具有三维图形处理功能的计算机软件系统,规格化设备坐标系的显示空间是定义在坐标原点的单位立方体,在 x 轴、y 轴和 z 轴方向上都是从 0 到 1。这时 NDC 与 DC 就不仅仅是坐标值相差一个比例因子的问题,而是包含着一般的三维图形变换和三维投影变换,以及图形的消隐处理等。

当输出图形时,首先将世界坐标系转换为与设备无关的设备坐标系,再由规格化设备坐标系转换成具体的设备坐标,如图 4-17 所示。

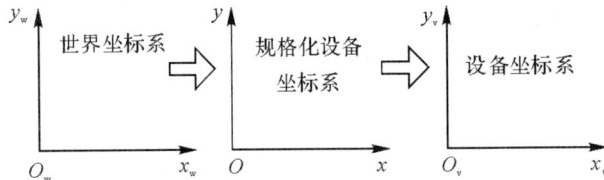

图 4-17 坐标系之间的转换

4.3.2 窗口、视口

在实际应用中,当考察一个图形时,往往采用两种模型。一种是物理模型,它是用户在世界坐标系中描述的;另一种是逻辑模型,也就是在显示器上呈现的物体的图形,它是在设备坐标系中描述的。

在世界坐标系中描述的实际问题的图形会是相当复杂和庞大的,具体处理时,往往需要一部分一部分地研究处理,当然也需要综合处理完整的图形。总之,我们需要考虑局部的图形,其中的原因可能是用户需要能清晰地观察图形的局部细节,也可能有时用户只对图形的某一局部区域感兴趣,因此也只需要处理这一感兴趣的局部区域。这个局部的区域可以由用户在世界坐标系中任意指定,考虑到处理的方便性,通常是采用矩形区域,称这个矩形区域为窗口(Window),指定或选取这样的一个区域称为开窗口。

在用户指定要显示的内容(即开窗口)以后,就要把窗口内的图形显示在屏幕上。通常,并不是把整个显示器屏幕都用来显示窗口内的图形,而是在屏幕上指定一个较小的矩形区域,用于显示窗口内的图形,这个在屏幕上的矩形区域就称为视口(Viewport),它是用设备坐标系或规格化设备坐标系进行描述的。可见,窗口是在世界坐标系中指定待显示内容的区域,视口是在显示器(输出设备)上显示窗口内图形的区域。

图 4-18 所示为窗口和视口。窗口和视口可以是多个,而且几个窗口或几个视口可以重叠或嵌套。这一点在利用计算机处理三维的立体图形时是一个经常采用的技术手段。由于我们无法直接处理物体的三维图形,为了对立体的图形有较好的理解以方便处理,利用多个视口以显示立体图形在不同窗口内的不同的侧面。窗口和视口并不一定非要是矩形区域,有时可以是圆形或多边形的区域。当窗口或视口是一矩形区域时,指定一个窗口或视口就是给出矩形的一对对角顶点坐标值。当视口固定不变,而移动、放大、缩小或旋转窗口时,我们能从视口观察到图形的各个部位,起到类似于照相机镜头的取景的作用。

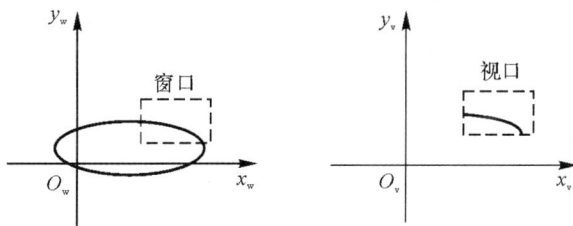

图 4-18　窗口与视口

窗口与视口的区别:

(1)窗口定义了要显示的内容。

(2)视口决定在显示设备上的显示位置,我们可以在输出设备的不同位置观察物体,也可以通过改变视口的尺寸来改变显示对象的尺寸和位置。

(3)窗口和视口分别处在不同的坐标系内,它们所用的长度单位及大小位置等不同。因此要将窗口内的内容在视口中显示出来,必须经过从窗口到视口的变换处理,这种变换即称为观察变换。

4.3.3　二维观察变换

二维观察变换是指将计算机内部由数据表示的逻辑图形显示到屏幕的计算处理过程,即将世界坐标系转化为屏幕坐标系。其流程如图 4-19 所示。

图 4-19　二维观察的变换流程

4.3.4　图形的裁剪

在开窗口的时候,图形有可能在窗口内、窗口外或在窗口的边界上。为了正确显示窗口内的全部图形,必须明确地把图形分为窗口内的部分(可见部分)和窗口外的部分(不可见的部分)。区分可见与不可见的过程就称为裁剪(Clipping)。

平面图形剪裁主要是通过一个平面矩形窗口对二维图形进行剪裁,主要是针对直线与多边形进行剪裁。直线与矩形区域的位置有三种：

（1）整个直线在矩形区域之外，这条直线整个不显示，不与矩形区域的边界求交，省掉不考虑。

（2）整个直线完全在矩形区域之内，这条直线不与矩形区域的边界求交，整个显示，不能省掉。

（3）直线的一部分在矩形区域之内，一部分在矩形区域之外。对这种情况，首先判断该直线与平面矩形域的哪条边界相交，然后直接求直线与相交边界的交点，再将位于矩形区域之外的线段部分舍掉，只保留并显示矩形区域之内的线段部分。原理如图 4 - 20 所示。

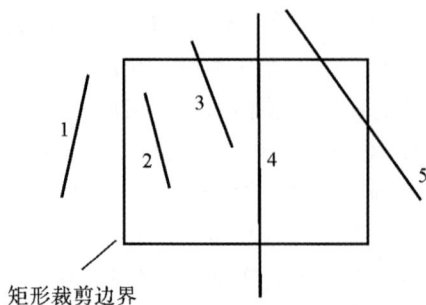

图 4 - 20　平面直线裁剪

1. 对直线的剪裁

对平面直线剪裁的算法有多种，最常用的算法是 Cohen-Sutherland 算法，也称为直线端点编码算法（End Point Code Algorithm）。该算法通过对剪裁区域进行编号以实现对直线的快速剪裁。其区域编码如图 4 - 21 所示。Cohen-Sutherland 算法区域编码分成四位，例如 0101，从右向左（或者从低位到高位）依次为第一位、第二位、第三位、第四位。编码第一位为 1，说明线段端点在窗口左边；编码第二位为 1，说明线段端点在窗口右边；编码第三位为 1，说明线段端点在窗口下部；编码第四位为 1，说明线段端点在窗口上部；否则，当编码全为 0 时，线段端点在窗口的内部。

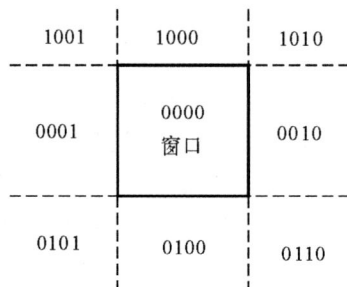

图 4 - 21　Cohen-Sutherland 算法区域编码

如果一直线两端点的编码都为 0，那么说明在线段完全位于剪裁窗口之内，完全显示。如果一直线两端点的编码按位"逻辑与"不为 0，那么说明该线段完全位于剪裁窗口之外，需要裁剪掉，完全不显示。如果一直线两端点的编码按位"逻辑与"为 0，那么有三种情况需要进一步判断：

（1）线段完全在剪裁窗口内，直线两端点的编码都为 0，完全可见。

（2）部分线段在剪裁窗口内，部分线段在剪裁窗口外，线段部分可见。

（3）线段完全在剪裁窗口外，完全不可见。

对于后两种情况，需要分区域进一步判断。

2. 对多边形的剪裁

对多边形的剪裁算法也有多种，如 Sutherland-Hodgman 算法、Liang-Barsky 算法。Sutherland-Hodgman 多边形剪裁算法通过求多边形与剪裁矩形的四条边界的交点，来形成剪裁后的新多边形。由于原来的多边形是一个封闭的多边形区域，因此要求剪裁后的新多边形也应是一个封闭的多边形区域，剪裁的原理如图 4 - 22 所示。

Liang-Barsky 多边形剪裁算法不仅适合于用矩形域对多边形进行剪裁，也适合于用任意凸多边形窗口对平面图形进行剪裁。该算法的运算速度是 Sutherland-Hodgman 算法的两倍。但是该算法比较复杂，在这里就不详细介绍了。

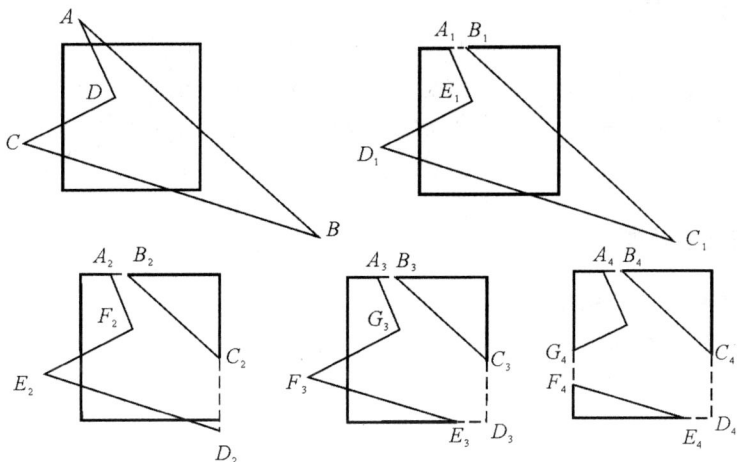

图 4 - 22　多边形裁剪算法原理

4.3.4　观察变换及其表示

由于窗口和视口有各自不同的坐标,为了把窗口内的图形正确地显示在视口内,就必须把窗口内的图形进行适当的变换,这一变换过程就称为观察变换。也就是说,观察变换是把世界坐标系中的图形正确地显示在屏幕上而进行的一系列图形几何变换,包括平移、比例等几何变换的组合。

（1）平移变换:将窗口及其中的图形一起平移,使窗口的左下角与世界坐标系原点重合。

（2）比例变换:将窗口及其中的图形一起进行比例变换,使其结果和视区形状一致,也就是将物体和窗口转换为图形和视口。

（3）平移变换:将视口平移到屏幕上正确的位置。

前两步是在世界坐标系中进行的,第三步是在规格化坐标系中进行的。

4.4　三维几何坐标变换

三维图形的几何变换是指对三维图形的几何坐标经过平移、比例、旋转等变换后产生新的图形。三维基本几何变换都是相对于坐标原点和坐标轴进行的几何变换。正如在二维几何变换中提到的那样,用齐次坐标来表示几何变换。

4.4.1　三维平移变换

将空间一点 $P(x,y,z)$ 平移到点 $P'(x',y',z')$,则

$$x'=x+T_x,\quad y'=y+T_y,\quad z'=z+T_z$$

有

$$T_x=x'-x,\quad T_y=y'-y,\quad T_z=z'-z$$

则平移变换矩阵为

$$\boldsymbol{T}=\begin{bmatrix} 1 & 0 & 0 & 0 \\ 0 & 1 & 0 & 0 \\ 0 & 0 & 1 & 0 \\ T_x & T_y & T_z & 1 \end{bmatrix}$$

点的坐标变换计算公式：

$$[x' \quad y' \quad z' \quad 1] = [x \quad y \quad z \quad 1] \begin{bmatrix} 1 & 0 & 0 & 0 \\ 0 & 1 & 0 & 0 \\ 0 & 0 & 1 & 0 \\ T_x & T_y & T_z & 1 \end{bmatrix} = [x \quad y \quad z \quad 1] \boldsymbol{T}$$

4.4.2 三维旋转变换

1. 绕 x 轴的旋转变换矩阵

绕 x 轴的旋转变换如图 4-23 所示。

$$x' = x$$
$$y' = y\cos\alpha - z\sin\alpha$$
$$z = y\sin\alpha + z\cos\alpha$$

其中，α 为旋转角。

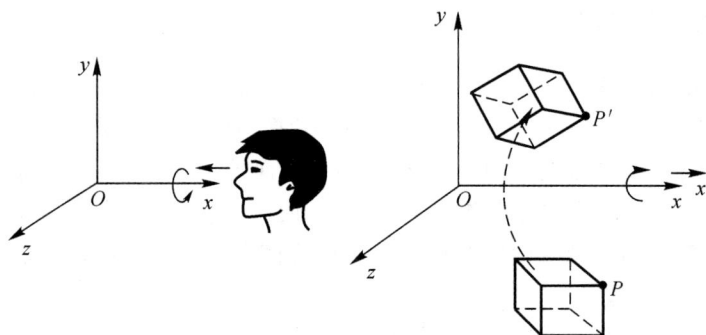

图 4-23 绕 x 轴的旋转变换

在图 4-23 中将物体从 P 点沿逆时针方向绕 x 轴旋转到 P' 点，其旋转角度 α 为正值，旋转变换矩阵为

$$\boldsymbol{T} = \begin{bmatrix} 1 & 0 & 0 & 0 \\ 0 & \cos\alpha & \sin\alpha & 0 \\ 0 & -\sin\alpha & \cos\alpha & 0 \\ 0 & 0 & 0 & 1 \end{bmatrix}$$

点的坐标变换计算公式为

$$[x' \quad y' \quad z' \quad 1] = [x \quad y \quad z \quad 1] \begin{bmatrix} 1 & 0 & 0 & 0 \\ 0 & \cos\alpha & \sin\alpha & 0 \\ 0 & -\sin\alpha & \cos\alpha & 0 \\ 0 & 0 & 0 & 1 \end{bmatrix} = [x \quad y \quad z \quad 1] \boldsymbol{T}$$

2. 绕 y 轴的旋转变换矩阵

绕 y 轴的旋转变换如图 4-24 所示。

在图 4-24 中将物体从 P 点沿逆时针方向绕 y 轴旋转到 P_1' 点，其旋转角度 α 为正值。

$$x' = z\sin\alpha + x\cos\alpha$$

$$y' = y$$
$$z' = z\cos\alpha - x\sin\alpha$$

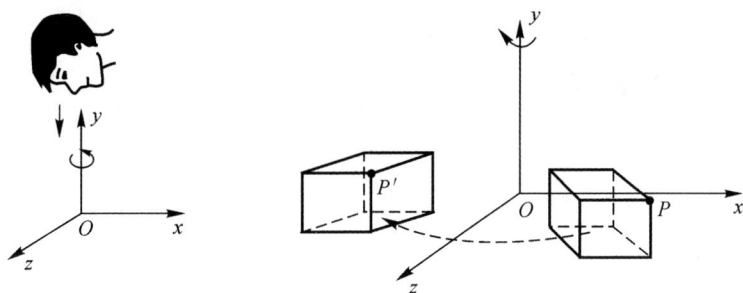

图 4 - 24　绕 y 轴的旋转变换

旋转变换矩阵为

$$\boldsymbol{T} = \begin{bmatrix} \cos\alpha & 0 & -\sin\alpha & 0 \\ 0 & 1 & 0 & 0 \\ \sin\alpha & 0 & \cos\alpha & 0 \\ 0 & 0 & 0 & 1 \end{bmatrix}$$

点的坐标变换计算公式为

$$[x' \quad y' \quad z' \quad 1] = [x \quad y \quad z \quad 1] \begin{bmatrix} \cos\alpha & 0 & -\sin\alpha & 0 \\ 0 & 1 & 0 & 0 \\ \sin\alpha & 0 & \cos\alpha & 0 \\ 0 & 0 & 0 & 1 \end{bmatrix} = [x \quad y \quad z \quad 1] \boldsymbol{T}$$

3. 绕 z 轴的旋转变换矩阵

绕 z 轴的旋转变换如图 4 - 25 所示。

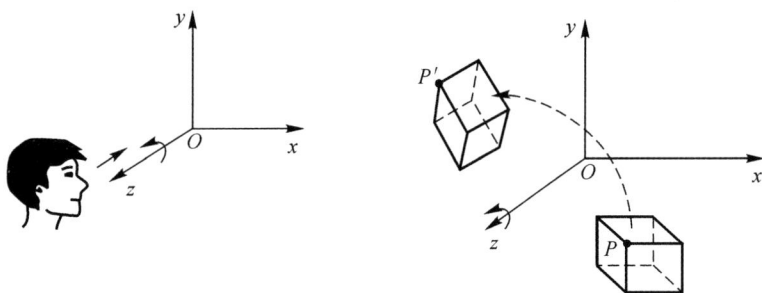

图 4 - 25　绕 z 轴的旋转变换

在图 4 - 25 中将物体从 P 点沿逆时针方向绕 z 轴旋转到 P'_1 点,其旋转角度 α 为正值。

$$x' = x\cos\alpha - y\sin\alpha$$
$$y' = y\cos\alpha + x\sin\alpha$$
$$z' = z$$

旋转变换矩阵为

$$T = \begin{bmatrix} \cos\alpha & \sin\alpha & 0 & 0 \\ -\sin\alpha & \cos\alpha & 0 & 0 \\ 0 & 0 & 1 & 0 \\ 0 & 0 & 0 & 1 \end{bmatrix}$$

点的坐标变换计算公式为

$$[x' \quad y' \quad z' \quad 1] = [x \quad y \quad z \quad 1] \begin{bmatrix} \cos\alpha & \sin\alpha & 0 & 0 \\ -\sin\alpha & \cos\alpha & 0 & 0 \\ 0 & 0 & 1 & 0 \\ 0 & 0 & 0 & 1 \end{bmatrix} = [x \quad y \quad z \quad 1] T$$

4.4.3 三维比例变换

设比例变换中心在原点的 x,y,z 轴方向的比例系数分别为 S_x,S_y,S_z,则 $x' = xS_x$,$y' = yS_y$,$z' = zS_z$ 为坐标(x,y,z) 的比例变换结果,变换矩阵为

$$T = \begin{bmatrix} S_x & 0 & 0 & 0 \\ 0 & S_y & 0 & 0 \\ 0 & 0 & S_z & 0 \\ 0 & 0 & 0 & 1 \end{bmatrix}$$

点的坐标变换计算公式为

$$[x' \quad y' \quad z' \quad 1] = [x \quad y \quad z \quad 1] \begin{bmatrix} S_x & 0 & 0 & 0 \\ 0 & S_y & 0 & 0 \\ 0 & 0 & S_z & 0 \\ 0 & 0 & 0 & 1 \end{bmatrix} = [x \quad y \quad z \quad 1] T$$

4.4.4 三维对称变换

和平面图形的对称变换一样,下面只简单地给出三维对称变换的变换矩阵。

1. 关于 x 轴的对称变换

关于 x 轴的对称变换矩阵为

$$[x' \quad y' \quad z' \quad 1] = [x \quad y \quad z \quad 1] \begin{bmatrix} 1 & 0 & 0 & 0 \\ 0 & -1 & 0 & 0 \\ 0 & 0 & -1 & 0 \\ 0 & 0 & 0 & 1 \end{bmatrix}$$

2. 关于 y 轴的对称变换

关于 y 轴的对称变换矩阵为

$$[x_1 \quad y_1 \quad z_1 \quad 1] = [x_0 \quad y_0 \quad z_0 \quad 1] \begin{bmatrix} -1 & 0 & 0 & 0 \\ 0 & 1 & 0 & 0 \\ 0 & 0 & -1 & 0 \\ 0 & 0 & 0 & 1 \end{bmatrix}$$

3. 关于 z 轴的对称变换

关于 z 轴的对称变换矩阵为

$$[x'\quad y'\quad z'\quad 1] = [x\quad y\quad z\quad 1]\begin{bmatrix} -1 & 0 & 0 & 0 \\ 0 & -1 & 0 & 0 \\ 0 & 0 & 1 & 0 \\ 0 & 0 & 0 & 1 \end{bmatrix}$$

4. 关于坐标原点 $(0,0,0)$ 的对称变换

关于坐标原点的对称变换矩阵为

$$[x'\quad y'\quad z'\quad 1] = [x\quad y\quad z\quad 1]\begin{bmatrix} -1 & 0 & 0 & 0 \\ 0 & -1 & 0 & 0 \\ 0 & 0 & -1 & 0 \\ 0 & 0 & 0 & 1 \end{bmatrix}$$

5. 关于三个坐标平面 xOy,yOz 及 xOz 的对称变换

关于三个坐标平面的对称变换矩阵分别为

$$\boldsymbol{T}_{xy} = \begin{bmatrix} 1 & 0 & 0 & 0 \\ 0 & 1 & 0 & 0 \\ 0 & 0 & -1 & 0 \\ 0 & 0 & 0 & 1 \end{bmatrix}, \quad \boldsymbol{T}_{yz} = \begin{bmatrix} -1 & 0 & 0 & 0 \\ 0 & 1 & 0 & 0 \\ 0 & 0 & 1 & 0 \\ 0 & 0 & 0 & 1 \end{bmatrix}, \quad \boldsymbol{T}_{xz} = \begin{bmatrix} 1 & 0 & 0 & 0 \\ 0 & -1 & 0 & 0 \\ 0 & 0 & 1 & 0 \\ 0 & 0 & 0 & 1 \end{bmatrix}$$

4.4.5　三维错切变换

三维错切变换的结果是 x 坐标产生了一个依赖于 y 和 z 坐标的线性变化(线性系数为 H_{xy} 和 H_{xz});y 坐标产生了一个依赖于 x 和 z 坐标的线性变化(线性系数为 H_{yx} 和 H_{yz});z 坐标产生了一个依赖于 x 和 y 坐标的线性变化(线性系数为 H_{zx} 和 H_{zy})。于是变换公式为

$$\begin{cases} x' = x + H_{xy}y + H_{xz}z \\ y' = y + H_{yx}x + H_{yz}z \\ z' = z + H_{zx}x + H_{zy}y \end{cases}$$

这一变换的矩阵表示如下:

$$[x'\quad y'\quad z'\quad 1] = [x\quad y\quad z\quad 1]\begin{bmatrix} 1 & H_{yx} & H_{zx} & 0 \\ H_{xy} & 1 & H_{zy} & 0 \\ H_{xz} & H_{yz} & 1 & 0 \\ 0 & 0 & 0 & 1 \end{bmatrix}$$

4.4.6　三维组合坐标变换

在三维坐标空间经常要用到组合变换。这需要将一个三维空间的复杂坐标变换分解为多个前面已介绍过的简单变换,求出每一步简单变换的变换矩阵,以变换的顺序将这些简单变换矩阵右乘起来,形成总的变换矩阵。与二维组合变换矩阵相似,用这个总的变换矩阵对多边形的所有顶点进行变换,就得到多边形最后的变换结果。

$$[x'\quad y'\quad z'\quad 1] = [x\quad y\quad z\quad 1](\boldsymbol{T}_1 \times \boldsymbol{T}_2 \times \cdots \times \boldsymbol{T}_n)$$

例如,三维物体绕平行于 x 轴的直线旋转 θ 角,其变换过程如图 4-26 所示。

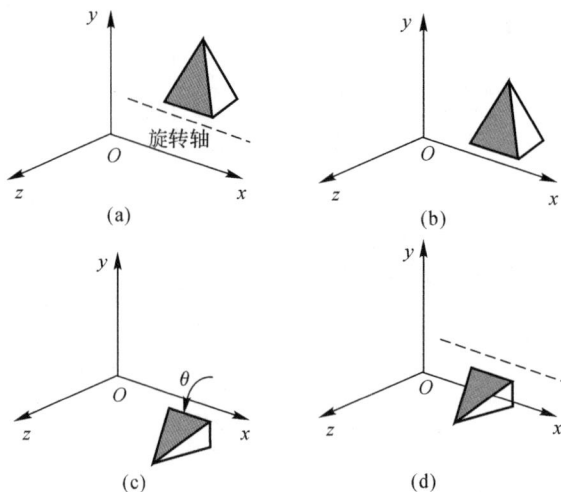

图 4-26 变换过程

(a)物体的最初位置;(b)将旋转轴平移至 x 轴;(c)将物体绕旋转轴旋转 θ 角;(d)将旋转轴平移至最初的位置

4.5 三维投影变换

4.5.1 投影变换的概念及分类

现实世界的物体一般是三维的,即立体的,如工程设计中产品几何模型,实际景物的几何外观等,用立体的图形去描述它们当然是最合适的了。但我们描述和观察图形常常却只能在二维介质,即平面物体上来进行,如计算机的显示器平面,绘图机输出的纸平面等。投影变换就是帮助我们来解决这一问题的。它把三维空间中的立体图形变换为二维空间中的平面图形,从而使我们可以在二维平面介质上显示或输出立体图形。

投影变换分为透视投影和平行投影,其主要区别在于透视投影的投影中心到投影面之间的距离是有限的,而平行投影的投影中心到投影面之间的距离是无限的。根据不同的方法,投影可以分为很多类,如图 4-27 所示。

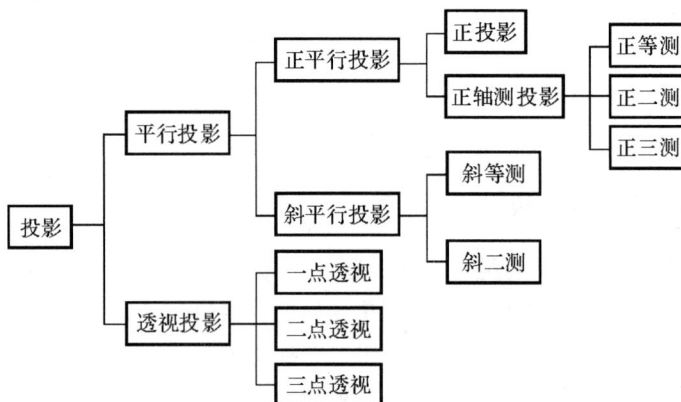

图 4-27 投影的分类

苏轼的《题西林壁》以其深邃的哲学思想和生动的意象,跨越千年的时空,依旧对人们的思维产生启迪。其中,"横看成岭侧成峰,远近高低各不同"这两句诗不仅描绘了庐山的雄伟景色,更深刻揭示了视角与认知之间的密切关系。在计算机图形学的语境中,这两句诗仿佛对现代技术进行了古老的预言,预示了视角变换在视觉呈现中的核心地位。在计算机图形学的领域内,每一次摄像机的移动,都似乎是苏轼笔下的旅行者,从不同的角度审视着虚拟的山川。每一次调整都能带来全新的视觉体验,让人们领略到"成岭"与"成峰"的不同景象。三维图形渲染的庐山美景如图 4-28 所示。这种技术的应用,不仅丰富了人们的视觉享受,更在无形中启示人们:改变观察的角度,世界将呈现出截然不同的面貌。

图 4-28　三维图形的渲染地庐山美景

此外,苏轼的诗句与透视原理相呼应,揭示了距离与视角之间的关系。在计算机生成的三维世界中,透视效应使人们能够体验到近似真实的视觉感受,远处的物体显得渺小,近处的物体则显得庞大,这一切都与人们对现实世界的认知相符。

《题西林壁》不仅是对自然美景的描绘,更是一种哲学启示,它告诉人们,要全面理解一个事物,必须从多个角度进行观察和体验。这一思想在计算机图形学中得到了完美体现,设计师和艺术家通过多视图渲染,从不同的视角审视和创造,以确保作品的完整性和准确性。苏轼的智慧与现代科技的不期而遇,在计算机图形学的领域中交汇,共同诠释了一个古老而永恒的真理:真正的理解源自全面的观察与深入的思考。这不仅是艺术与科学的融合,更是古代智慧与现代技术的完美对话。

4.5.2　透视投影

在世界坐标系中,定义三维型体。在给定视点、观察方向与投影平面后,将世界坐标系转换为观察坐标系,对观察坐标系中的三维物体通过比例变换向投影平面投影,将这种投影称为透视投影(Perspective Projection)。

透视投影的原理如图 4-29 所示。

将三维坐标系下的四边形 $ABCD$ 经过透视投影将其投影到投影平面上,得到 $A_0B_0C_0D_0$。其中,B 点的坐标为 (x,y,z),则利用比例关系可求得 B_0 点的坐标(x_0,y_0,z_0)。由于投影平面和 xOy 坐标平面重合,因此,$z_0=0$。按照直角三角形的相似原理,可得

$$\frac{x}{d+|z|}=\frac{x_0}{d}$$

$$\frac{y}{d+|z|}=\frac{y_0}{d}$$

则可得

$$x_0 = \frac{x}{d + |z|} \cdot d$$

$$y_0 = \frac{y}{d + |z|} \cdot d$$

在透视投影中所得到的空间三维物体的投影与人的眼睛看到的同样的空间三维物体所形成的图像非常接近。因此,透视投影是对人眼视觉效果的一种近似模拟。

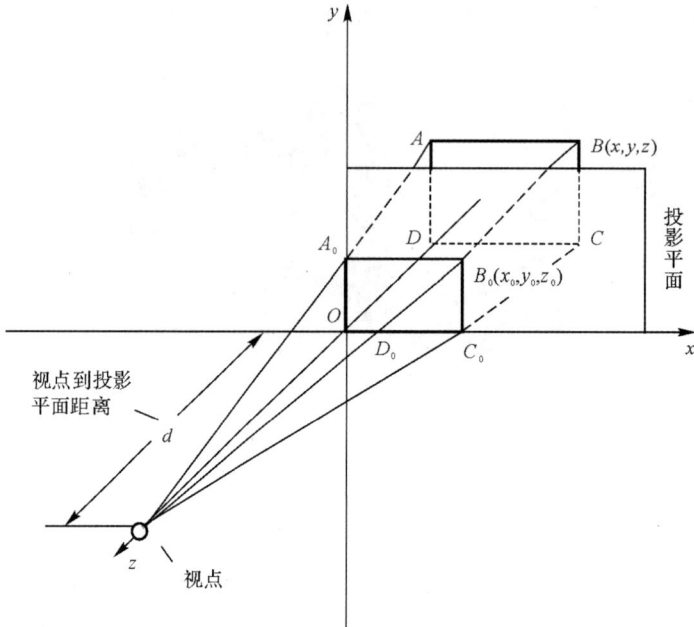

图 4-29　透视投影原理示意图

透视投影的视线是从视点出发,视线是不平行的。不平行投影平面的视线汇集的一点称为灭点,在坐标轴上的灭点叫作主灭点。主灭点数和投影平面切割坐标轴的数量相对应。按照主灭点的个数,透视投影分为一点透视、两点透视和三点透视,如图 4-30 所示。

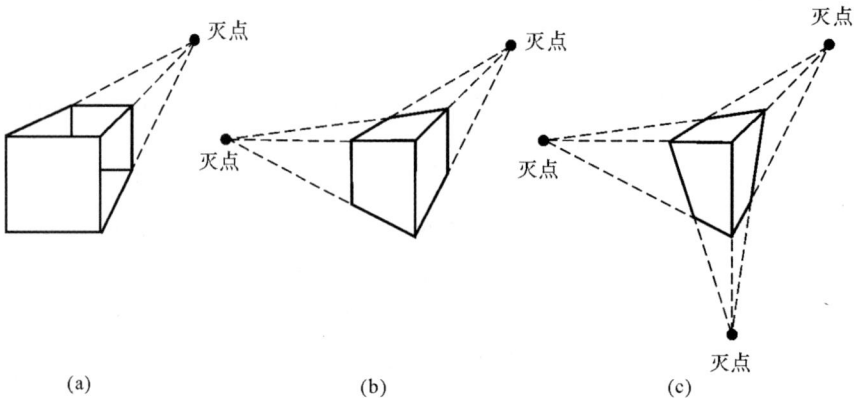

图 4-30　透视投影示意图
(a)一点透视投影;(b)两点透视投影;(c)三点透视投影

1. 一点透视

z 轴上有一个观察点 $V(0,0,h)$，由 V 点出发将物体的点 $P(x,y,z)$ 投影到 xOy 平面上得到 (x,y,z)。

若灭点在 z 轴上 $(0,0,-h)$，则变换矩阵为

$$M_z = \begin{bmatrix} 1 & 0 & 0 & 0 \\ 0 & 1 & 0 & 0 \\ 0 & 0 & 1 & 0 \\ 0 & 0 & -\dfrac{1}{h} & 1 \end{bmatrix}$$

若灭点在 x 轴上 $(-h,0,0)$，则变换矩阵为

$$M_z = \begin{bmatrix} 1 & 0 & 0 & 0 \\ 0 & 1 & 0 & 0 \\ 0 & 0 & 1 & 0 \\ -\dfrac{1}{h} & 0 & 0 & 1 \end{bmatrix}$$

若灭点在 y 轴上 $(0,-h,0)$，则变换矩阵为

$$M_z = \begin{bmatrix} 1 & 0 & 0 & 0 \\ 0 & 1 & 0 & 0 \\ 0 & 0 & 1 & 0 \\ 0 & -\dfrac{1}{h} & 0 & 1 \end{bmatrix}$$

M_x, M_y, M_z 均称为一点变换，可得到一点透视（以灭点在 z 轴上为例）有

$$\begin{bmatrix} x' \\ y' \\ z' \\ h' \end{bmatrix} = M_z \begin{bmatrix} x \\ y \\ z \\ 1 \end{bmatrix}$$

其中，$h' = 1 - z/h$。

2. 两点透视

在变换矩阵中的四行的三个参数起透视变换作用。

$$M = \begin{bmatrix} 1 & 0 & 0 & 0 \\ 0 & 1 & 0 & 0 \\ 0 & 0 & 1 & 0 \\ p & q & r & 1 \end{bmatrix}, \quad x' = Mx$$

若 p,q 两个参数不为零，则可得到两点透视为

$$\begin{bmatrix} x' \\ y' \\ z' \\ h' \end{bmatrix} = M_z \begin{bmatrix} x \\ y \\ z \\ 1 \end{bmatrix} = \begin{bmatrix} x \\ y \\ z \\ px + qy + 1 \end{bmatrix}$$

若固定 y,z，令 x 趋向无穷大，则灭点为 $(1/p,0,0)$；若固定 x,z，令 y 趋向无穷大，则灭

点为 $(0, 1/q, 0)$，即坐标轴上有两个灭点，因而称为两点透视。

3. 三点透视

同理，可以讨论由三个灭点的透视变换，其变换矩阵为

$$M = \begin{bmatrix} 1 & 0 & 0 & 0 \\ 0 & 1 & 0 & 0 \\ 0 & 0 & 1 & 0 \\ p & q & r & 1 \end{bmatrix}$$

三个灭点分别为 $(1/p, 0, 0)(0, 1/q, 0)(0, 0, 1/r)$。

4.5.3 平行投影

平行投影就是将世界坐标系中三维物体分别向 xOy, yOz, zOx 坐标平面作平行投影，分别形成主视图、侧视图、俯视图。在这种投影中，投影平面分别和三个坐标平面重合，从空间点到坐标平面上的点的投影不进行比例变换。平行投影原理图如图 4-31 所示。

平行投影的原理很简单，将空间三维物体的所有点 z 坐标去掉，画出的平面图形为主视图。将空间三维物体的所有点 x 坐标去掉，画出的平面图形为侧视图。将空间三维物体的所有点 y 坐标去掉，画出的平面图形为俯视图。主视图、侧视图、俯视图的概念在工程制图中最常用。

平行投影所得到的平面图形与人的眼睛所看到的同样三维物体的形状差别很大，因此平行投影不能模拟人眼睛的视觉效果，但平行投影能从一个侧面正确反映物体的形状与大小。

平行投影根据它们的投影方向和投影平面法线矢量是否平行，即投影方向和投影平面是否垂直分为正（平行）投影和斜（平行）投影两类。在正平行投影中，投影方向和投影平面的法线矢量方向是平行的，而斜平行投影的投影方向与投影平面法线矢量方向是不平行的。

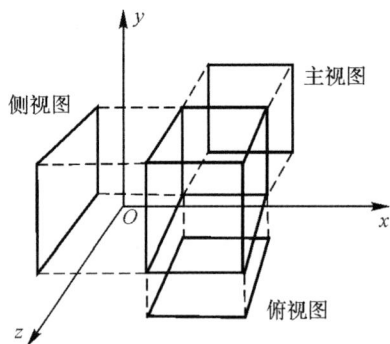

图 4-31　平行投影原理图　　　　图 4-32　正平行投影

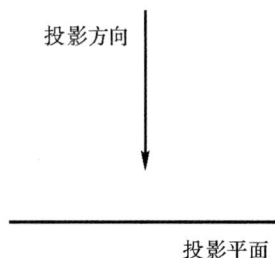

1. 正平行投影（见图 4-32）

最常见的正投影图实例是工程制图中的主（前）视图、俯（顶）视图和侧视图三种投影图，合称三视图。正投影的特点是，投影平面垂直于某一个坐标轴，亦即该坐标轴给出投影方向，因而投影平面平行于相应的坐标平面。而三视图更是以三个坐标平面本身作投影平面。正投影被广泛应用于工程制图和构造产品的几何模型。其主要的优点是利用这些类型的投影图可以精确测量出立体图中一些真实的距离和角度等几何尺寸。

正平行投影的变换公式是简单的,当设定 $z=0$ 的平面为投影平面时,正投影的方向和投影平面的法线矢量方向相同。因此,$P(x_0,y_0,z_0)$ 在投影平面上的投影点 $P_1(x_1,y_1,z_1)$ 由下式给出:

$$x_1=x_0, \quad y_1=y_0, \quad z_1=0$$

这一投影变换的变换矩阵为

$$\begin{bmatrix} 1 & 0 & 0 & 0 \\ 0 & 1 & 0 & 0 \\ 0 & 0 & 0 & 0 \\ 0 & 0 & 0 & 1 \end{bmatrix}$$

同理,可以分别写出以 $x=0,y=0$ 为投影平面时的正平行投影变换公式和变换矩阵。一幅立体图的这三种投影变换图就是工程制图中最常见的俯(顶)视图、主(前)视图和侧视图。

正投影的另一种应用是生成正轴测投影(Axonometric Orthographic Projection)。轴测投影所用的投影平面一般不垂直于某个坐标轴,因此,一个图形的几个主要侧面可以同时显示出来(在此有一个潜在的假设,即选取坐标系时尽可能使坐标平面为图形表示的物体的主要侧面)。这种投影与投影中心的距离无关,投影线保持平行,但投影角度可改变,而且沿着每个坐标轴线方向的距离是可以度量的。

等轴测投影(Isometric Projection)是最常用的轴测投影,其特征是投影平面的法线和每个坐标轴的夹角相等。如果投影平面的法向量设为 (a,b,c),则三个分量应满足要求 $|a|=|b|=|c|$。 考虑投影平面的法向量只是用来指定投影方向的,向量长度的改变不影响其方向,因而可以认为投影平面的法向量为单位向量,于是有 $a^2+b^2+c^2=3a^2=1$,这样就只有 8 个方向的向量满足这一条件(即在每一个 1/8 三维坐标卦限区域内有一个方向向量),但是实际上仅有 4 个不同的等轴测投影(除非考虑消除隐藏线问题方向,(a,a,a) 和 $(-a,-a,-a)$ 与同一个投影平面相垂直)。故只剩下 $(a,a,a)(-a,a,a)(a,-a,a)$ 和 $(a,a,-a)$ 是仅有的满足要求的法向量。

等轴测投影具有一些特点,如沿三个坐标轴方向具有相等的变形系数(沿坐标轴方向的量度具有相同的放大缩小的比例系数)。 此外,主轴(即坐标轴)方向的投影之间具有相等的角度。

对等轴测投影变换(包括一般的投影变换),其投影公式和变换矩阵可通过如下步骤求解:

(1)把坐标系原点平移到投影平面上,得一平移变换矩阵;

(2)旋转坐标系,使投影平面重合于坐标平面 xOy;实现这一变换结果一般情况下需要绕两个坐标轴作两次基本旋转变换,产生两个基本变换矩阵;

(3)作以坐标平面 xOy 为投影平面的正平行投影变换,得一投影矩阵;

(4)反序作反向旋转变换,可得两个旋转变换矩阵;

(5)把坐标系原点平移回原来的坐标系原点,得一平移变换矩阵;

(6)把上述各个变换矩阵依序相乘,就可得到一般的正平行投影变换矩阵。

2.斜平行投影(见图 4-33)

斜平行投影变换也可分为斜等轴测投影和一般的斜平行投影变换。对于斜平行投影变换,不仅要给出其投影平面,还要给出其投影方向。

首先给出投影平面为坐标平面 xOy，即平面 $z=0$，投影方向为向量 $V=(v_x,v_y,v_z)$ 所指定的投影变换公式和变换矩阵。对点 $P(x_0,y_0,z_0)$，它的投影点 $P_1(x_1,y_1,z_1)$ 就是过点 P，且与投影方向向量 V 平行的直线和投影平面 $z=0$ 的交点。而直线的参数方程为

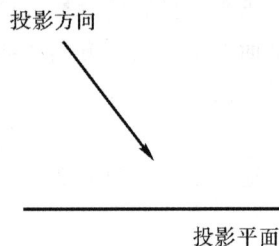
图 4-33　斜平行投影

$$\begin{cases} x_1 = x_0 + v_x t \\ y_1 = y_0 + v_y t \\ z_1 = z_0 + v_z t \end{cases}$$

于是可求得相应的斜投影变换公式为

$$\begin{cases} x_1 = x_0 - \dfrac{v_x}{v_z}t \\ y_1 = y_0 - \dfrac{v_y}{v_z}t \\ z_1 = 0 \end{cases}$$

相应的变换矩阵为

$$\begin{bmatrix} 1 & 0 & 0 & 0 \\ 0 & 1 & 0 & 0 \\ -\dfrac{v_x}{v_z}z & \dfrac{v_y}{v_z} & 0 & 0 \\ 0 & 0 & 0 & 1 \end{bmatrix}$$

其他两个坐标平面的斜平行投影变换与此斜投影变换相似；斜等轴测投影变换可用类似于正等轴测投影的分析方法得到，这些斜平行投影变换的变换公式及变换矩阵都不难求出，在此不再一一介绍。

4.6　三维观察变换

三维观察变换同二维观察变换一样，需要对三维图形划出一个感兴趣的区域，并且把投影结果放在规范化设备坐标系中。

4.6.1　观察空间

观察空间是世界坐标系中的一个子空间，利用它来裁剪世界坐标系中的用户图形，以决定图形的哪个部分被投影在观察平面上。在透视投影中，利用投影中心和窗口来定义观察空间，如图 4-34 所示。在此，观察空间是一个半无限的四棱锥，其顶点是投影中心，其棱边则通过观察平面上的窗口。所有在观察空间外的图形将不会被投影到观察平面的窗口中。事实上，人的眼睛观察物体时，可以认为有一个半无限圆锥体形状的观察空间，但四棱锥在数学上比较容易处理，同时也有助于得到一个矩形的窗口。

半无限，就意味着观察空间内的所有图形都将投影在观察平面的窗口上，这样不仅投影很多，而且远离投影中心的图形在观察平面上将透视成一个斑点，以至于在观察平面上不能仔细分辨这些投影。另外，靠近投影中心的物体投影只有很小一部分落在观察窗口内，大部分将落

在窗口外。因此,我们常常要求观察空间是有限的而不是无限的,如图 4 - 35 所示,用一个后截面和前截面来确定如何把半无限的裁剪体变成有限的裁剪体。这两个平面与观察平面是平行的。

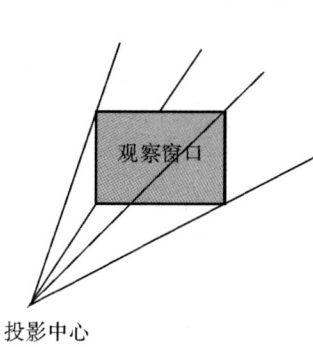

图 4 - 34 透视投影观察空间

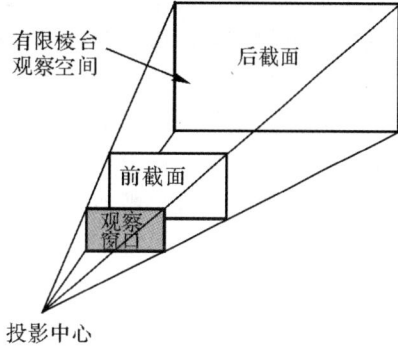

图 4 - 35 透视投影有限观察空间

对于平行投影,可以用投影方向和观察平面上的窗口来定义它的观察体,图 4 - 36 所示为平行投影的无限观察空间。同样,实际应用中常常是有限的观察空间,图 4 - 37 所示为正投影有限观察空间。

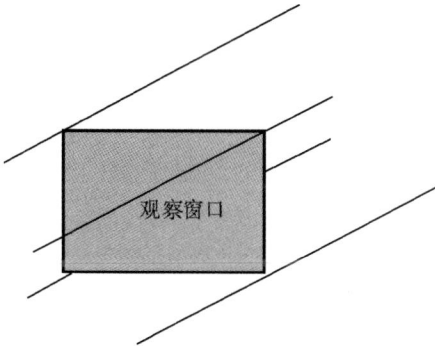

图 4 - 36 平行投影观察空间

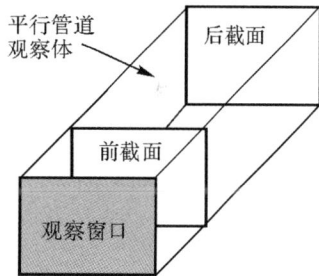

图 4 - 37 正投影有限观察空间

4.6.2 三维观察流程

在世界坐标系中的物体可能是相当大的,为了显示重点部分,在三维物体的观察过程中,我们需要在世界坐标系中设定一个观察空间,在投影平面上给出投影,并在设备坐标系中给出视口。图 4 - 38 所示表示了三维观察变换的过程。观察空间的规范化有利于裁剪的实现,提高裁剪效率。

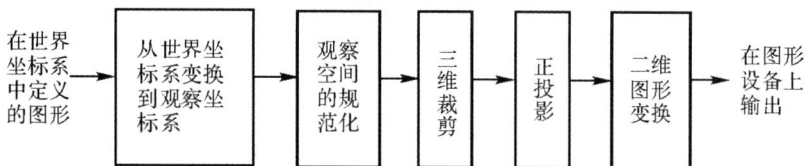

图 4 - 38 三维观察流程

4.7 OpenGL 中的三维图形变换

变换是图形制作和图形显示中的重要内容，OpenGL 提供了丰富的图形变换功能的函数。根据变换的不同性质，OpenGL 中的图形变换分为四类：视点变换、模型变换、投影变换、视区变换。这些图形变换函数都是通过矩阵操作来实现的。在 OpenGL 编程过程中，坐标变换是一个贯穿始终的操作。程序员必须在头脑中对整个坐标变换过程有一个清晰的想象，才能将所建的场景模型正确地显示在屏幕上。

OpenGL 的坐标变换过程类似于用照相机拍摄照片的过程。使用照相机的步骤如下：

(1) 竖起三角架，将照相机对准场景（视图变换）。

(2) 将要拍的场景置于所要求的位置上（造型变换）。

(3) 选择照相机透镜或调整焦距（投影变换）。

(4) 确定最终的照片需要多大。例如，放大照片（视口变换）。

OpenGL 的坐标变换过程如下：

(1) 指定视图和造型变换，两者结合称为视图造型变换。这个变换将输入的顶点从世界坐标变换到视觉坐标。

(2) 指定投影变换，使对象从视觉坐标变换到裁剪坐标。这个变换定义一个视图体（Viewing Volume），在视图体外的对象被裁剪掉。

(3) 通过对坐标值除以 w，执行透视除法，变换到规格化设备坐标。

(4) 通过视口变换将坐标变换到窗口坐标。

4.7.1 OpenGL 中的矩阵操作函数

1. 指定特定矩阵作为当前矩阵

void glLoadMatrix{fd}(const TYPE * m)

参数说明：m 为一个单精度或双精度浮点数指针，指向一个按列存储的 4×4 的矩阵。

例如：glFloat m[]={a1,a2,a3,…,a14,a15,a16}

glLoadMatrix(m);

以上程序将栈顶矩阵设置为

$$T = \begin{bmatrix} a_1 & a_5 & a_9 & a_{13} \\ a_2 & a_6 & a_{10} & a_{14} \\ a_3 & a_7 & a_{11} & a_{15} \\ a_4 & a_8 & a_{12} & a_{16} \end{bmatrix}$$

2. 矩阵相称函数

void glMultMatrix{fd}(const TYPE * m)

功能：用栈顶的矩阵乘以这个函数所提供的矩阵，并把结果作为当前矩阵入栈。m 为一个单精度或双精度浮点数指针，指向一个按列存储的 4×4 的矩阵。

3. 入栈函数

void glPushMatrix(void)

功能：把栈顶矩阵压入堆栈，即原来的栈顶矩阵复制为两个矩阵，一个在栈顶，另一个在栈顶下面的第二个矩阵。

4．出栈函数

void glPopMatrix(void)

功能：当前矩阵出栈，它下面的矩阵作为当前矩阵。

4.7.2　OpenGL 模型变换

OpenGL 中有三个用于模型变换的函数：glTranslate * ()，glRotate * () 和 glScale * ()，它们分别通过平移、旋转和缩放来操作变换一个指定的对象，图 4 - 39 所示为一个变换场景。

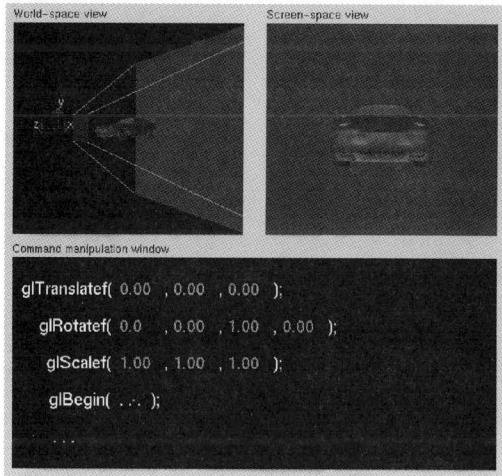

图 4 - 39　变换场景

1. glTranslate * ()

函数形式如下：

void glTranslate * (TYPE x,TYPE y,TYPE z);

该函数以平移矩阵乘当前矩阵。x,y,z 指定沿世界坐标系 x,y,z 轴的平移量。图 4-40 所示为 x,y,z 取值分别为 0.3,0.2,0.1 时的场景。

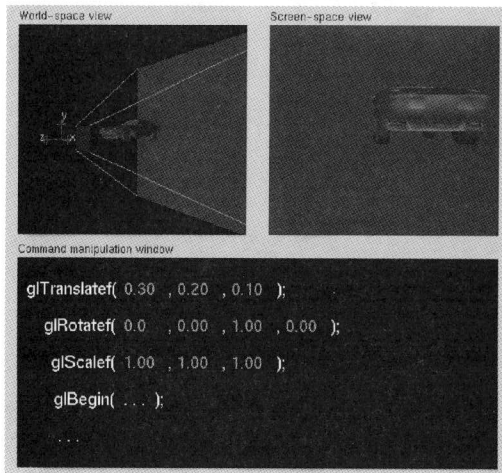

图 4 - 40　平移变换

2. glRotate * ()

函数形式如下：

void glRotate * (TYPE angle,TYPE x,TYPE y,TYPE z);

该函数以旋转矩阵乘当前矩阵,其中：angle 指定旋转的角度(以度为单位)；x,y,z 指定旋转轴向量的三个分量(该向量位于世界坐标系中)。图 4 - 41 所示为 angle,x,y,z 取值分别为 30,0.2,0.2,0.2 时的场景。

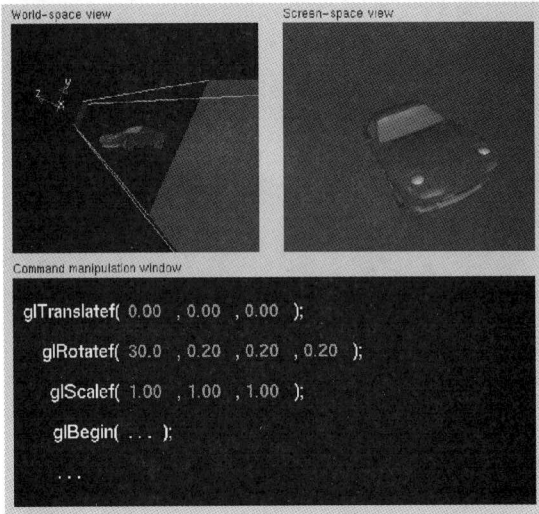

图 4 - 41　旋转变换

3. glScale * ()

函数形式如下：

void glScale * (TYPE x,TYPE y,TYPE z);

该函数以缩放矩阵乘当前矩阵,x,y,z 指定沿 x,y 和 z 轴的比例因子。图 4 - 42 所示为 x,y,z 取值分别为 0.5,0.5,0.9 时的场景。

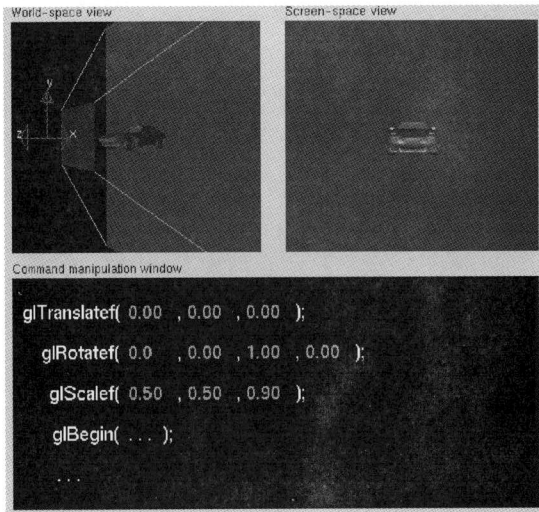

图 4 - 42　比例变换

4.7.3　OpenGL 视点变换

世界坐标系,也称为全局坐标系。它是一个右手坐标系,可以认为该坐标系是固定不变的。在初始态下,其 x 轴为沿屏幕水平向右,y 轴为沿屏幕垂直向上,z 轴则为垂直屏幕面向外指向用户。当然,如果在程序中对视点进行了转换,就不能再认为是这样的了。视觉坐标系,也称为局部坐标系。它是一个左手坐标系,该坐标系是可以活动的。在初始态下,其原点及 x,y 轴分别与世界坐标系的原点及 x,y 轴重合,而 z 轴则正好相反,即为垂直屏幕面向内。

视点变换也可以称为视图变换,是指改变对象观察点的位置和方向。类似放置照相机的三角架,通过对相机的平移和旋转,把相机指向拍摄对象。视图变换改变视点的位置和方向,也就是改变视觉坐标系,图 4-43 所示为一视点变换虚拟场景。在世界坐标系中,视点和物体的位置是一个相对的关系,对物体做一些平移、旋转变换,必定可以通过对视点作相应的平移、旋转变换来达到相同的视觉效果。

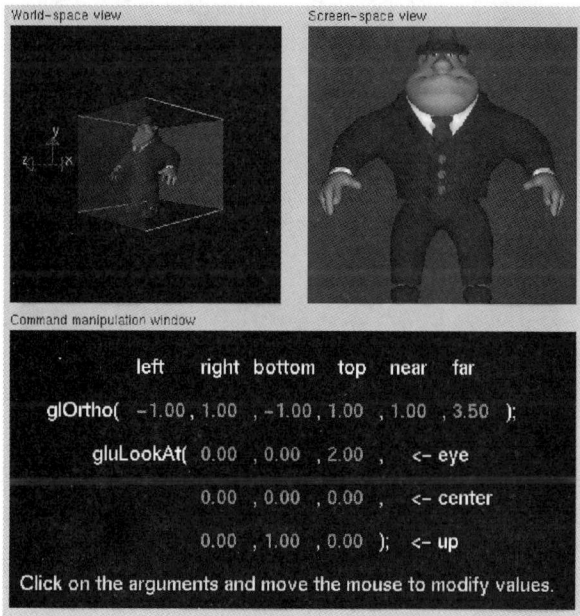

图 4-43　视点变换虚拟场景

完成视图变换可以有以下几种方法。

1. 利用一个或几个造型变换命令[即 glTranslate * () 和 glRotate * ()]

由于这些命令也是在 GL_MODELVIEW 状态下执行的,因而移动视点的变换和移动物体的变换很容易混淆。为了便于建立清晰的物体和场景模型,可以认为只有其中一个变换在起作用,比如认为只有模型变换的话,那么 glTranslate * () 和 glRotate * () 将统一被视为对物体的变换。

2. 利用实用库函数 gluLookAt() 设置视觉坐标系

在实际的编程应用中,用户在完成场景的建模后,往往需要选择一个合适的视角或者不停地变换视角,以对场景作观察。实用库函数 gluLookAt() 就提供了这样的一个功能。函数形式如下:

void gluLookAt (GLdouble eyex,GLdouble eyey,GLdouble eyez,

        GLdouble centerx,GLdouble centery,GLdouble centerz,

        GLdouble upx,GLdouble upy,GLdouble upz);

该函数定义一个视图矩阵,其中 eyex,eyey,eyez 指定视点的位置;centerx,centery, centerz 指定参考点的位置;upx,upy,upz 指定视点向上的方向。图 4 - 44 所示为 eyex,eyey, eyez,centerx,centery,centerz,upx,upy,upz 参数分别为 0.5,0.5,1.5,0.1,0.4,0.6,0.7,1,0 时的场景。

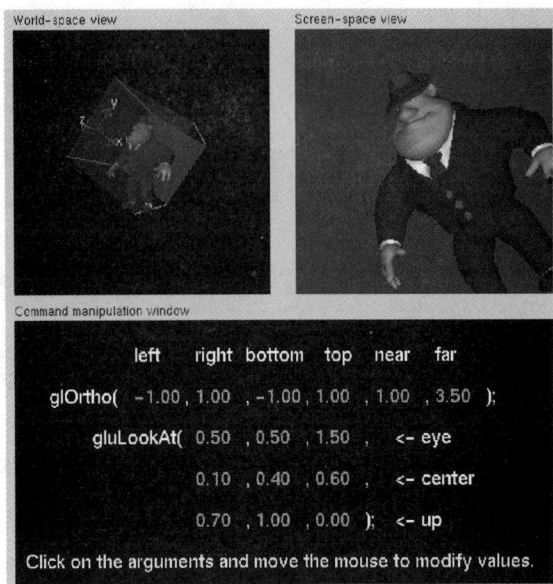

图 4 - 44　视点变换

3. 创建封装旋转和平移命令的实用函数

有些应用需要用简便方法指定视图变换的定制函数。例如,在飞机飞行中指定滚动、俯仰和航向旋转角,或对环绕对象运动的照相机指定一种利用极坐标的变换。

4.7.4　OpenGL 投影变换

投影变换就是要确定一个取景体积,其作用有两个:确定物体投影到屏幕的方式,即是透视投影还是正交投影;确定从图像上裁剪掉哪些物体或物体的哪些部分。

1. 透视投影

透视投影的示意图如图 4 - 45 所示,其取景体积是一个截头锥体,在这个体积内的物体投影到锥的顶点,用 glFrustum() 函数定义这个截头锥体。这个取景体积可以是不对称的,计算透视投影矩阵 M,并乘以当前矩阵 C,将结果替换为当前矩阵,即 $C = CM$。glFrustum() 函数的形式如下:

void glFrustum (GLdouble left,GLdouble right,

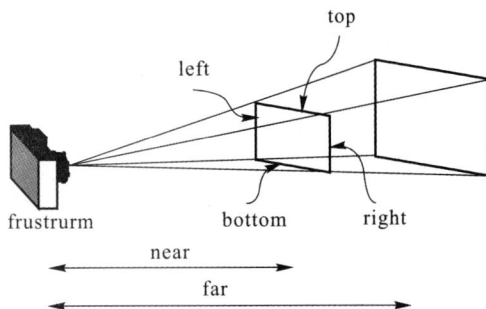

图 4 - 45　透视投影

GLdouble bottom,GLdouble top,GLdouble near,GLdouble far);

　　该函数以透视矩阵乘当前矩阵,left,right 指定左、右垂直裁剪面的坐标;bottom,top 指定底和顶水平裁剪面的坐标;near,far 指定近和远深度裁剪面的距离,两个距离一定是正值。

　　图 4-46 所示为透视投影虚拟场景。

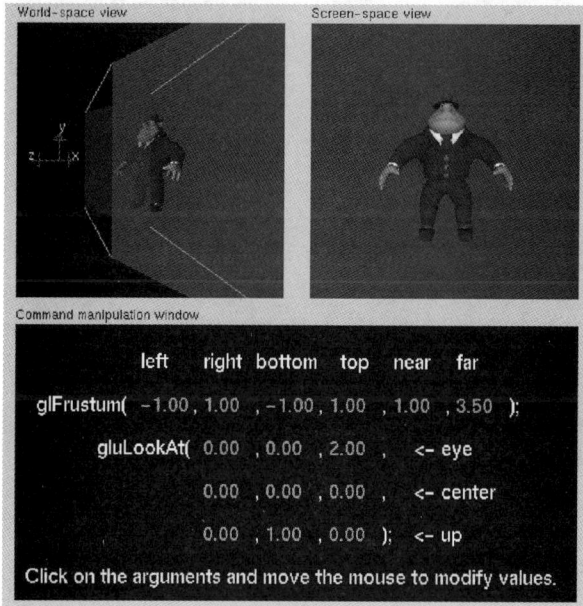

图 4-46　透视投影虚拟场景

2.正交投影

　　正交投影的示意图如图 4-47 所示,其取景体积是一个各面均为矩形的六面体,用 glOrtho() 函数创建正交平行的取景体积,计算正交平行取景体积矩阵 M,并乘以当前矩阵 C,使 $C=CM$。glOrtho() 函数的形式如下:

　　void　glOrtho(Gldouble　left,Gldouble　right,Gldouble　bottom,Gldouble　top,Gldouble　near, Gldouble far);

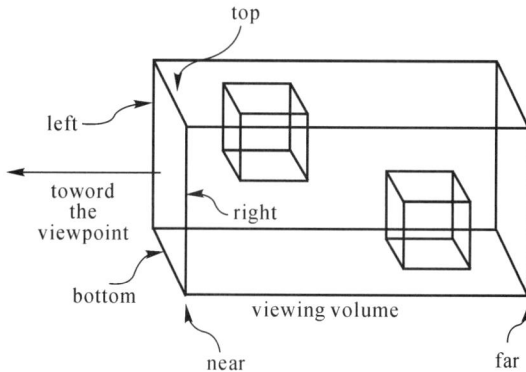

图 4-47　正交投影

该函数以正交投影矩阵乘当前矩阵。图 4-48 所示为正交投影虚拟场景。

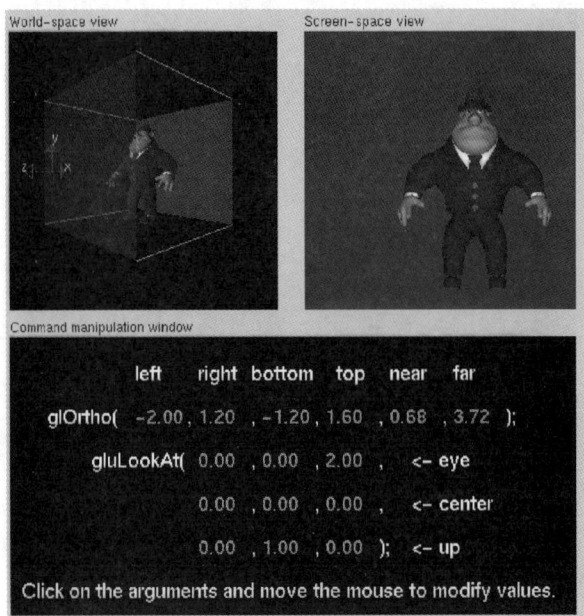

图 4-48　正交投影虚拟场景

4.7.5　OpenGL 视区变换

视口就是窗口中矩形绘图区。用窗口管理器在屏幕上打开一个窗口时,已经自动地把视口区设为整个窗口的大小,可以用 glViewport( ) 函数设定一个较小的绘图区。利用这个函数还可以在同一窗口上同时显示多个视图,达到分屏显示的目的。glViewport( ) 函数的形式如下:

void glViewport(Glint x,Glint y,Glsize width,Glsize height);

该函数设置视口的大小,x,y 指定视口矩形的左下角坐标(以像素为单位),缺省值为(0,0);width,height 分别指定视口的宽和高。

4.7.6　OpenGL 裁剪变换

除了视图体的 6 个裁剪面(左、右、底、顶、近和远)外,还能定义最多 6 个附加的裁剪面来进一步限制视图体,如图 4-49 所示。

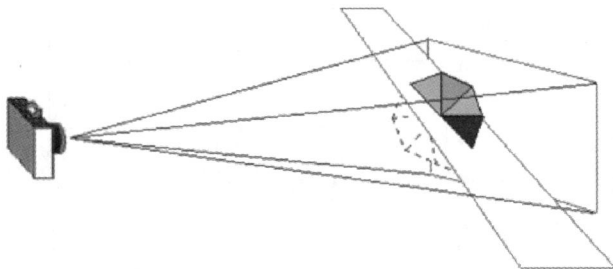

图 4-49　附加裁剪面

　　附加裁剪面可用于显示物体的剖面图,每个裁剪面通过指定方程 $Ax + By + Cz + D = 0$ 的系数确定。裁剪体进行造型和视图变换时,裁剪面自动进行相应的变换。最后的裁剪体成为视图体和附加裁剪面所定义的全部半空间的交。

　　glClipPlane( ) 函数用于定义附加裁剪面,其形式如下:

void glClipPlane(Glenum plane, const Gldouble * equation);

　　其中:plane 用符号名 GL_CLIP_PLANEi 指定裁剪面,其中 i 为 0 ～ 5 之间的整数,指定 6 个裁剪面中的一个;equation 指定 4 个值的数值,存放平面方程的 4 个参数。

　　在定义每个附加裁剪面之前,必须发出激活命令:

glEnable(GL_CLIP_PLANEi);

　　用如下命令可激活一个平面:

glDisable(GL_CLIP_PLANEi);

　　有些 OpenGL 允许设置的裁剪面个数多于 6 个,可利用下面命令来查询支持裁剪面的数目:

glGetIntegerv(GL_MAX_CLIP_PLANES, GLint * p);

　　该函数返回后,参数指针 p 所指向的整数值即为该系统所支持裁剪面的数目。

第5章 三维物体的表示

　　曲线和曲面是计算机图形学研究的重要内容之一,它们在实际工作中有广泛的应用。例如,实验、统计数据如何用曲线表示?设计、分析和优化的结果如何用曲线、曲面表示?汽车、飞机和虚拟景物、人物等具有曲面外形的模型怎样进行设计,才能使之美观或者物理性能最佳?

　　近几十年来,由于工程实际问题中不断提出对曲线和曲面设计新的要求,有关曲线和曲面的研究也层出不穷。1963年,美国波音飞机公司的弗格森(Ferguson)将曲线和曲面表示成参数矢量函数形式,并用三次参数曲线构造组合曲线,用四个角点的位置矢量及其两个方向的切矢量定义三次曲面。1964年,美国麻省理工学院的孔斯(Coons)用封闭曲线的四条边界定义一块曲面。同年,舍恩伯格(Schoenberg)提出了参数样条曲线和曲面的形式。1971年,法国雷诺(Rcnault)汽车公司的贝赛尔(Bézier)发表了一种控制多边形定义曲线和曲面的方法。同期,法国雪铁龙汽车公司的德卡斯特里奥(De Casteljau)也独立地研究出与Bézier类似的方法。1972年,德布尔(De Boor)给出了B样条的标准计算方法。1974年,美国通用汽车公司的戈登(Gorden)和里森弗尔德(Riesenfeld)将B样条理论用于形状描述,提出了B样条曲线和曲面。1975年,美国锡拉丘兹(Syracuse)大学的佛斯普里尔(Verzprill)在其博士论文提出了有理B样条方法。20世纪80年代后期,美国的皮格尔(Piegl)和蒂勒(Tiller)将有理B样条发展成非均匀有理B样条(Non-uniform Rational B-Splines,NURBS)方法,并已成为当前自由曲线和曲面描述的最广为流行的技术。用NURBS可统一表示初等解析曲线、曲面及其有理与非有理Bézier、非有理B样条曲线和曲面。

　　1991年,国际标准化组织颁布了关于工业产品数据交换的国际标准,将非均匀有理B样条作为定义工业产品几何形状的唯一数学描述方法。

　　曲线是构建曲面与造型的基础,高阶曲面连续很大程度上依赖于曲线之间的连接质量。汽车行业将曲面分为A、B、C三个等级,其中,A级曲面既能满足空气动力学、几何光滑的要求,又能满足曲面造型审美需求,代表了最高的曲面质量,汽车的外表面以及内饰件的表面一般为A级曲面。为了达到"A级曲面",必须满足相邻曲面的间隙在0.005 mm以下,比头发丝直径还细(有些高端汽车厂商甚至要求达到0.001 mm水平)、切率改变在0.16°以下、曲率改变在0.005°以下等条件,即至少达到G2以上曲面连续,这样才能保证车身外形是光顺和流畅的(曲线曲面连续性是判定曲线曲面连接质量的标准,G0/G1/G2/G3是连续光滑等级,数字越大,曲面越光滑)。达到G2曲面连续性的无线耳机外形设计如图5-1所示。

　　我国自主计算机辅助设计软件技术也逐步与世界水平平齐。我国自主研发的中望3D拥有自主三维几何建模内核,并且经过多年全球工业场景大规模验证与打磨,核心技术拥有自主知识产权。G3高阶曲面连续是目前三维CAD软件都在追求的最高曲面连续能力,但其技术开发难度极大,能做到软件在全球范围内都属凤毛麟角。目前,中望3D全面支持G3曲线连续、G2曲面连续与局部G3曲面连续,曲面建模能力接近国外主流三维CAD软件产品,能够基本满足汽车外形及其他现代产品设计的需求。

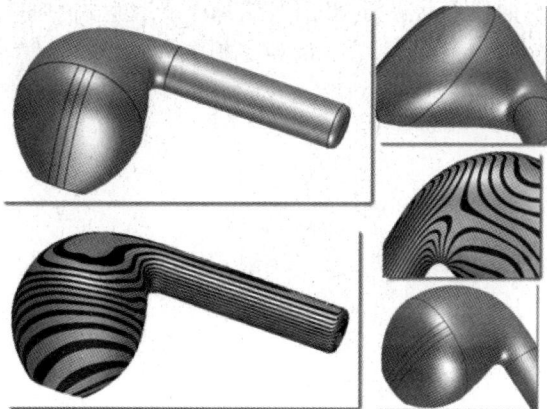

图 5-1　达到 G2 曲面连续性的无线耳机外形设计

　　为了满足高质量、高精度的曲面设计要求,高阶曲线曲面连续技术已成为现代高质量产品设计必备的核心技术,是衡量一款三维 CAD 软件建模能力的重要指标,同时也是几何计算机辅助设计的技术攻关难点。在学习计算机图形学时,需要严谨的科学态度和扎实的理论基础。拥有扎实的基础数学素养,掌握各类曲线、曲面的产生方式,并理解复杂曲线与复杂曲面的设计,是追求高精尖技术的重要基石。因此,在学习这一章节时,需要做到理论与实践相结合,通过大量的练习来提高对曲线和曲面的理解和应用能力。

5.1　曲线和曲面的表示

　　三维曲线和曲面显示可以由给定的一组数学函数生成,也可以由用户给定的一组数据点生成。对曲线而言,函数式描述通常嵌入到生成曲线的多边形逼近中;对曲面而言,函数式描述通常嵌入到生成曲面的多边形网格逼近中。由于使用三角形网格逼近的多边形曲面可以确保任一多边形的顶点在一个平面上,而有四个或者四个以上顶点的多边形,其顶点可能会不在一个平面上,因而人们更多利用三角形网格表示曲面的近似。由函数式描述产生的显示曲面的例子有二次曲面和超二次曲面。

　　当用一组离散的坐标点来指定物体形状时,要根据应用要求来得到最贴近这些设计的函数式描述。样条表示是这一类曲线和曲面的范例。通常用样条表示来设计新物体形状、数字化一张图和描述动画路径等。通过用诸如最小二乘法的回归技术将离散数据集拟合成指定的曲线函数。曲线拟合方法可用来显示反映数据值的图。

　　曲线和曲面方程能表示为参数形式或非参数形式。对计算机图形应用而言,参数表示一般更方便些。

5.1.1　曲线的表示及要求

用一个数学表达式来表示一条曲线,有以下优点:
(1)曲线的一些性质,如斜率、曲率半径等容易确定,且也容易发现和推演相应的几何解释。
(2)图形的计算如交点、交线及平行等容易处理。

(3)曲线的数学表达式很容易转化成其他的表示方法。

(4)可以很方便地对曲线形状进行交互控制,如改变表达式中的某一系数等。

曲线的数学表示有参数法和非参数法两种。其中,非参数方式可以是显函数或隐函数形式,如空间曲线

$$\begin{cases} x = x \\ y = f(x) \\ z = g(x) \end{cases}$$

就是以非参数显式方程给出的。而以下式子是隐式给出的:

$$\begin{cases} f(x,y,z) = 0 \\ g(x,y,z) = 0 \end{cases}$$

另外,空间曲线也可以用参数形式表示,如

$$\begin{cases} x = x(u) \\ y = y(u) \\ z = z(u) \end{cases}$$

就是以参数 u 的方程组给出了一条空间曲线。其中参数 u 在 $[u_0, u_1]$ 的区间变化。曲线有两个明确的端点作为它的边界点,一个在 u_0 处,一个在 u_1 处。曲线上的点,随着参数 u 从 u_0 变化到 u_1,其移动方向称为曲线的正向,如图 5-2 所示。

若把参数曲线上任一点的坐标看成空间矢量 $\boldsymbol{P}(u)$ 的分量,即曲线被表示为参数 u 的矢函数:

$$\boldsymbol{P}(u) = [x \ y \ z] = [x(u) \ y(u) \ z(u)]$$

它的每个坐标分量都是以参数 u 为变量的标量函数,称这种形式为矢函数形式的参数方程。这样表示的曲线位于 $\boldsymbol{P}(u_0)$ 到 $\boldsymbol{P}(u_1)$ 之间。曲线上任一点的切矢也可以用矢函数的形式表示为

$$\boldsymbol{P}(u) = \frac{\mathrm{d}P}{\mathrm{d}u} = \left[\frac{\mathrm{d}x}{\mathrm{d}u} \quad \frac{\mathrm{d}y}{\mathrm{d}u} \quad \frac{\mathrm{d}z}{\mathrm{d}u} \right]$$

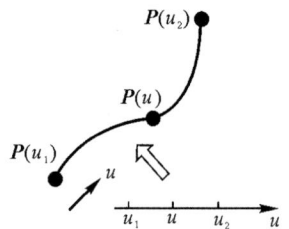

图 5-2 曲线参数化中的对应关系

或

$$\boldsymbol{P}^u(u) = [x^u(u) \ y^u(u) \ z^u(u)]$$

曲线在 $u = u_0$ 处的切矢量可以表示为 $\boldsymbol{P}^u(u)_u = u_0$ 或 $\boldsymbol{P}^u(u_0)$。

参数表示法与非参数表示法相比,其优点如下:

(1)由于参数曲线上的一个点是由参数的一个单值确定的,所以曲线的参数形式与坐标轴无关,也即曲线的形状仅取决于一些点的相对位置,而与这些点所用的坐标系无关,这一性质称为几何不变性。这些控制曲线形状的点称为控制点。

(2)一般情况下,要变换一条与坐标轴有关的曲线,必须变换曲线上每一点的坐标。而对于与坐标轴无关的曲线,仅需将确定曲线形状的那些控制点进行交换即可,大大地简化了变换运算,方便了实现各种线性变换。

(3)曲线上点、导数等的计算简单,无须解方程组。能处理斜率为无限大的情形而在计算时不会出错或中断。这是因为斜率

$$k = \frac{\mathrm{d}y}{\mathrm{d}x} = \frac{\mathrm{d}y/\mathrm{d}u}{\mathrm{d}x/\mathrm{d}u}$$

当 $\mathrm{d}x/\mathrm{d}u = 0$ 时,即切矢的第一个分量为零时,就表示斜率为无限大。

（4）参数形式比非参数形式提供更多控制曲线的自由度。如平面上的曲线

$$y = ax^3 + bx^2 + cx + d$$

有 4 个系数，改变这 4 个系数，就可以改变曲线的形状和位置，我们称有 4 个自由度。而若曲线形如

$$x = a_x u^3 + b_x u^2 + c_x u + d_x$$
$$y = a_y u^3 + b_y u^2 + c_y u + d_y$$

则该平面曲线有 8 个可以运用的系数，即有 8 个自由度。改变曲线的形状和位置等有更大的灵活性。

（5）便于曲线的分段描述。

（6）易于处理多值问题。

（7）易于规定曲线的范围或边界。

（8）参数方程可以表示任意维空间中的曲线，且能把二维空间中的一条曲线拓广到三维、四维或者更高维空间，而不损害它在低维空间中的形状和几何性质。

上述诸优点中，居支配地位的是几何不变性。

5.1.2 曲面表示

曲面表示成双参数 u, w 矢函数形式：

$$\boldsymbol{r} = \boldsymbol{r}(u, w) = [x(u, w) \quad y(u, w) \quad z(u, w)]$$

它的参数方程为

$$\begin{cases} x = x(u, w) \\ y = y(u, w) \\ y = y(u, w) \end{cases} \quad u_0 \leqslant u \leqslant u_1, \quad w_0 \leqslant w \leqslant w_1$$

曲面的范围常用两个参数的变化区间所表示的 u, w 参数平面上的一个矩形区域 $u_0 \leqslant u \leqslant u_1, w_0 \leqslant w \leqslant w_1$ 给出。这样就相应得到具有四条边界的曲面，即矩形曲面。曲面也可以用 uOw 参数平面的某一区域 Ω，用 $(u, w) \in \Omega$ 给出。在正常情况下，参数域内的点与曲面上的点构成一一对应的映射关系，如图 5-3 所示。

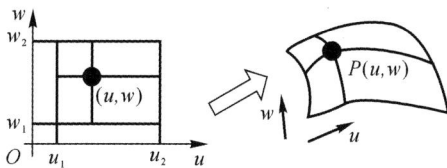

图 5-3 曲面参数化中的对应关系

给定一个具体的曲面方程，称之为一个曲面的参数化。它既决定了所表示的曲面的形状，也决定了该曲面上的点与其参数域内的点的一种对应关系。同样地，曲面的参数化不是唯一的。

双参数 u, w 的变化范围往往取为单位正常正方形，即 $0 \leqslant u \leqslant 1, 0 \leqslant w \leqslant 1$，这样讨论曲面方程时，即简单方便，又不失一般性。

设曲面 $\boldsymbol{r} = \boldsymbol{r}(u, w)$ 上一点 P_0，其坐标为 (u_0, w_0)，如果令参数 $u = u_0$，而让 w 变动，就得到曲面上的一条过 P_0 点以单参数 w 为参数的一条空间曲线

$$\boldsymbol{r} = \boldsymbol{r}(u_0, w) = [x(u_0, w) \quad y(u_0, w) \quad z(u_0, w)]$$

称它为过 P_0 点的 w 线。

类似 $r = r(u, w_0)$ 表示曲面上的一条 u 线。这里 u 线和 w 线统称为坐标曲线。所有参数曲线构成参数曲线网,其特点是:

(1)$0 \leqslant u, w \leqslant 1$。

(2)在 u 线上,w 值是常数;在 w 线上,u 值是常数。

(3)u 线和 w 线组成坐标网格的夹角不一定为直角。

(4)u 线和 w 线组成空间曲面网格,可以用来构造整张曲面。

计算曲面上任意曲线及其切矢:设已知曲面的方程为

$$r = r(u, w) = \begin{bmatrix} x(u, w) & y(u, w) & z(u, w) \end{bmatrix} \quad 0 \leqslant u, w \leqslant 1$$

其中,双参数 u, w 又是另一参数 t 的函数 $u = u(t), w = w(t)$,求曲面上的曲线方程及其切矢。

将 u, w 代入矢量方程,得

$$r = r[u(t) \quad w(t)] = \{x[u(t), w(t)] \quad y[u(t), w(t)] \quad z[u(t), w(t)]\}$$

上式是单参数方程,当 t 变动时,就得到一条曲线,这正是曲面上的曲线方程。曲面上曲线的切矢是

$$\frac{\mathrm{d}r(t)}{\mathrm{d}t} = r_u \frac{\mathrm{d}u}{\mathrm{d}t} + r_w \frac{\mathrm{d}w}{\mathrm{d}t} = \begin{bmatrix} x_u \frac{\mathrm{d}u}{\mathrm{d}t} + x_w \frac{\mathrm{d}w}{\mathrm{d}t} & y_u \frac{\mathrm{d}u}{\mathrm{d}t} + y_w \frac{\mathrm{d}w}{\mathrm{d}t} & z_u \frac{\mathrm{d}u}{\mathrm{d}t} + z_w \frac{\mathrm{d}w}{\mathrm{d}t} \end{bmatrix}$$

其中,r_u, r_w 为坐标轴曲线的切矢。

5.1.3　形状描述的要求

按照曲线、曲面的描述方式不同,曲线、曲面主要包括下列类型:

(1)规则曲线和规则曲面。圆、抛物线、螺旋线等曲线和球、圆柱、圆锥等曲面都很容易用数学方程式表示出来,这类曲线和曲面分别称为规则曲线和规则曲面。

(2)自由曲线和自由曲面。曲线和曲面的形状相当自由又不规则,如飞机机翼、汽车车身、人体外形、卡通形象等,很难用数学式表示,这样的曲线和曲面分别称为自由曲线和自由曲面。自由曲线和自由曲面一般通过少数分散的点生成,然后根据应用要求得到最贴近这些点(即少数分散的点)的函数式描述。

经典数学建立了直线、圆、平面等这些规则几何形状描述和设计原则及方法。但为了得到更逼真、更易处理的物体的描述,必须研究那些复杂而特别的几何形状及性质,如光滑性、光顺及连续性等,找出一个合适的数学表达式来满足这些要求。这些问题主要体现在下面两个方面:

(1)给定一些点,用什么方法来确定过这些点或靠近这些点的曲线或曲面。这些曲线或曲面满足光滑性等一些要求。一个典型的例子就是汽车车身的设计。汽车车身有大量的不同的空间曲面及曲线,这些曲面或曲线难以用经典的几何形状来描述。为了描述它们,通过测量曲面或曲线上的一些点,利用这些点用一定的方法来描述这个曲线或曲面,从而计算车身的面积等参数。

(2)设计出一个曲面或曲线后,如何通过交互的方式修改这些曲面或曲线,以满足各种要求,提供给设计者多种可供选择的形状。

为了解决这些复杂形状的设计问题,对曲线或曲面的设计就有以下一些要求。

1.控制曲线的点

以交互方式控制曲线形状,通常要给出一些点,这些点是曲线经过的点,或尽量靠近曲线

的点,这些点称为控制点。这些点可以是实际测量得到的,也可以是通过实际问题的理论计算得到的。连接这些控制点而形成的不封闭的多边形称为控制多边形。常用的有三种类型的点:

控制点:用来确定曲线和曲面的位置与形状,而相应的曲线和曲面不一定经过的点。

型值点:用来确定曲线和曲面的位置与形状,而相应的曲线和曲面一定经过的点。

插值点:为提高曲线和曲面的输出精度,在型值点之间插入的一系列点。

2.全局或局部控制

一个控制点可能只控制曲线的局部形状,也可能控制整条曲线的形状,也即修改一个控制点,可能只影响曲线的局部形状,也可能影响整条曲线。我们常希望的是局部控制。

3.平滑性

给定一系列控制点,总是要求曲线能平滑经过这些控制点,有些设计方法不是平滑经过这些给出的控制点,而是"放大"由控制点所控制的曲线形状的一些不规则处,使曲线围绕控制点产生振荡,这通常不是我们所需要的。

4.连续性

复杂的曲线通常不能由单条曲线来模拟,而要用首尾衔接的多条曲线模拟,称为组合曲线(Composite),这样常常形成拐角。为了消去这种拐角,建立两条曲线连接时,设计者常常又要控制接头处的连续性的阶。零阶连续性(C^0)意指两条曲线简单地相连,也即在接头处两曲线的函数值相等;一阶连续性(C^1)要求两条曲线在交点处一阶导数相等,二阶连续性(C^2)要求二阶导数也相等。还有一种情况就是两条曲线在接点处的切矢方向相同,而值可能不等,这种情况称为光顺连续。

5.坐标轴无关性(几何不变性)

这是指曲线的表示不依赖于坐标系的选择,或者在旋转和平移变换下不变的性质。当在不同的坐标系中给出相对位置相同的控制点时,由这些控制点利用同一方法设计出来的曲线,形状必须保持一致,如控制点旋转 90° 后,曲线也应旋转 90° 而不改变形状,这对于曲线的几何变换等有极大的好处。

6.统一性

能统一表示各种形体,不仅能表示那些复杂特别的曲线,也能表示一般的初等解析曲线,如直线、圆弧等,从而在计算机上建立统一的数据库和算法,以便于形状信息传递及产品数据交换。

7.几何直观

表示的方法要求有明显的几何意义,使设计人员能从表达式中直接领会曲线的形状和交互控制的方法。

有了以上这些概念和要求,就可以讨论表示曲线的一些基本技术了。这些基本技术是围绕着插值或逼近这两个概念来讨论的。给定一组有序的数据点,这些点可以是从某个形状上测量得到的,也可以是设计人员给出的。要求构造一条曲线顺序通过这些数据点,这称为对这些数据点进行插值,所构造的曲线称为插值曲线。但在某些情况下,测量所得或者设计员给出的数据点本身就很粗糙,要求构造一条曲线严格通过给定的一组数据点就没有什么意义。更合理的提法应是,构造一条曲线使之在某种意义下最为靠近给定的数据点,这称为对这些数据点进行逼近,所构造的曲线称为逼近曲线。逼近和插值往往是交织在一起的。我们统一用拟合来指这两种情况。拟合的方法或手段有很多,而参数三次曲线是得到曲线之间光滑连接的最低次参数曲线。

5.2 三 次 样 条

在制造船体和汽车外形等工艺中传统的设计方法是,首先由设计人员按外形要求,给出外形曲线的一组离散点值 $\{x_i,y_i\}$, $i=0,1,\cdots,n$,施工人员准备好有弹性的样条(一般用竹条或有弹性的钢条)和压铁,将压铁放在点 $\{x_i,y_i\}$ 的位置上,调整竹条的形状,使其自然光滑,这时竹条表示一条插值曲线,我们称为样条函数。从数学上看,这一条近似于分段的三次多项式,在节点处具有一阶和二阶连续微商。样条函数的主要优点是它的光滑程度较高,保证了插值函数二阶导数的连续性,对于三阶导数的间断,人类的眼睛已难以辨认了。样条函数是一种隐式格式,最后需要解一个方程组,它的工作量大于多项式拉格朗日型或牛顿型等显式插值方法。

5.2.1 三次样条函数定义

设在区间 $[a,b]$ 上给定一个分割 $\Delta:a=x_0<x_1<\cdots<x_n=b$,若有函数 $y(x)$ 在区间 $[a,b]$ 适合下列条件:

(1) 在每一个子区间 $[x_{i-1},x_i]$ $(i=0,1,2,\cdots,n)$ 上, $y(x)$ 是 x 的三次多项式函数。

(2) $y(x)$ 在整个区间 $[a,b]$ 上二次连续可导。

则称 $y(x)$ 是关于区间 $[a,b]$ 上关于分割 Δ 的三次样条函数,其中 $x_i(i=0,1,2,\cdots,n)$ 称为节点。

若已知插值条件为

$$\frac{x \mid x_0x_1x_2\cdots x_n}{y \mid y_0y_1y_2\cdots y_n}$$

若上述 $y(x)$ 在 $[a,b]$ 还满足插值条件 $y(x_i)=y_i(i=0,1,2,\cdots,n)$,则称 $y(x)$ 是关于区间 $[a,b]$ 上关于分割 Δ 的三次样条函数。

由样条函数描述的曲线称为样条曲线。当要求每个插值点(型值点)处三阶或更高阶的导数也连续时,就要用高次样条。在工程上一般常用三次样条曲线。通常有两种方式来表达插值三次样条函数:用型值点的一阶导数表示插值三次样条曲线和用型值点的二阶导数表示插值三次样条曲线。这里主要介绍用型值点的一阶导数表示插值三次样条曲线。

1. 在区间 $[0,1]$ 上带一阶导数的插值

为了能更好地理解用型值点处的一阶导数表示插值三次样条曲线的方法,先来解决在区间 $[0,1]$ 上带一阶导数的插值问题。

设自变量为 $u,0\leqslant u\leqslant 1$,已知两个端点的函数值和一阶导数值分别为 y_0,y_1,y_0',y_1' 。根据埃尔米特(Hermite)插值,可在两个端点之间构造一段三次曲线。

设该三次曲线段的方程为

$$y(u)=a_0+a_1u+a_2u^2+a_3u^3 \tag{5-1}$$

对 u 求导后有

$$y'(u)=a_1+2a_2u+3a_3u^2 \tag{5-2}$$

将已知 4 个条件代入式(5-1)和式(5-2),即可解得方程的 4 个系数,则有

$$y(u)=y_0+y_0'u+(3y_1-3y_0-2y_0'-y_1')u^2+(2y_0-2y_1+y_0'+y_1')u^3 \quad (5-3)$$

又可改写为

$$y(u)=y_0(2u^3-3u^2+1)+y_1(-2u^3+3u^2)+y_0'(u^3-2u^2+u)+y_1'(u^3-u^2)$$
$$(5-4)$$

令

$$\left.\begin{array}{l}F_0(u)=2u^3-3u^2+1\\F_1(u)=-2u^3+3u^2\\G_0(u)=u^3-2u^2+u\\G_1(u)=u^3-u^2\end{array}\right\} \quad (5-5)$$

则曲线段方程为

$$y(u)=y_0F_0(u)+y_1F_1(u)+y_0'G_0(u)+y_1'G_1(u) \quad (5-6)$$

其中 $F_0(u),F_1(u),G_0(u),G_1(u)$ 称为埃尔米特函数或者三次混合函数,且有 $F_0(u)+F_1(u)\equiv 1$。

这 4 个混合函数后面我们经常要用到。F_0 与 F_1 专门控制端点的函数值对曲线形状的影响,而与端点的导数值无关;G_0 与 G_1 则专门控制端点的一阶导数值对曲线形状的影响,而与端点的函数值无关。或者说,F_0 与 G_0 控制左端点的影响,F_1 与 G_1 则控制右端点的影响。

2. 在区间 $[x_{i-1},x_i]$ 上带一阶导数的插值

在区间 $[x_{i-1},x_i](i=0,1,2,\cdots,n)$ 上,设已知两端点的函数值和一阶导数值分别为 y_{i-1},y_i,m_{i-1},m_i,为了解决带一阶导数的插值问题,先进行变量转换。

令

$$u=\frac{x-x_{i-1}}{x_i-x_{i-1}}x=\frac{x-x_{i-1}}{h_i}, \quad 0\leqslant u\leqslant 1$$

其中

$$h_i=x_i-x_{i-1}, \quad i=0,1,2,\cdots,n$$

则有

$$y_u'=y_x'\frac{\mathrm{d}x}{\mathrm{d}y}=y_x'h_i$$

第 i 段曲线可写成

$$y_i(u)=y_{i-1}F_0(u)+y_iF_1(u)+h_i[m_{i-1}G_0(u)+m_iG_1(u)] \quad (5-7)$$

表示为矩阵形式为

$$y_i(u)=[F_0(u)F_1(u)G_0(u)G_1(u)]\begin{bmatrix}y_{i-1}\\y_i\\h_im_{i-1}\\h_im_i\end{bmatrix}=$$

$$[1\quad u\quad u^2\quad u^3]\begin{bmatrix}1&0&0&0\\-3&3&0&0\\3&-6&3&0\\-1&3&-3&1\end{bmatrix}\begin{bmatrix}y_{i-1}\\y_i\\h_im_{i-1}\\h_im_i\end{bmatrix}, \quad i=0,1,2,\cdots,n \quad (5-8)$$

式(5-7)或式(5-8)确定的函数 $y(x)$,它本身及其一阶导数 $y'(x)$ 在 $[x_0,x_n]$ 上的连续性,是由各段的插值条件保证了的,不论 $m_0,m_1,\cdots,m_n$ 取什么值,$y(x)$ 和 $y'(x)$ 总是连续

的;若任意地选取 $m_0,m_1,\cdots,m_n$,就不能保证 $y''(x)$ 在 $[x_0,x_n]$ 上连续了。所以,为了保证各内节点处的 $y''(x)$ 也连续,m_i 就必须适合某些条件。

3. 连续性条件

当构造样条函数时,只给了型值点的数据,斜率是未知数。为了计算型值点处的斜率 $m_i(i=0,1,2,\cdots,n)$,可以利用前后相连曲线在型值点处的二阶导数相连续的条件

$$y''_i(x_i)=y''_{i+1}(x_i), \quad i=0,1,2,\cdots,n-1$$

对式(5-7)的 x 求导两次后,得到

$$y''_i(x)=y_{i-1}F''_0(u)\frac{1}{h_i}+y_iF''_1(u)\frac{1}{h_i}+m_{i-1}G''_0(u)\frac{1}{h_i}+m_iG''_1(u)\frac{1}{h_i} \qquad (5-9)$$

由于

$$\left.\begin{array}{l} F''_0(u)=12u-6 \\ F''_1(u)=-12u+6 \\ G''_0(u)=6u-4 \\ G''_1(u)=6u-2 \end{array}\right\} \qquad (5-10)$$

因此对于第 i 段曲线的末点($u=1$),有

$$y''_i(x)=\frac{6}{h_i}y_{i-1}-\frac{6}{h_i}y_i+\frac{2}{h_i}m_{i-1}+\frac{4}{h_i}m_i \qquad (5-11)$$

对于第 $i+1$ 段曲线的末点($u=0$),有

$$y''_{i+1}(x)=-\frac{6}{h_{i+1}}y_i+\frac{6}{h_{i+1}}y_{i+1}-\frac{2}{h_{i+1}}m_i-\frac{4}{h_{i+1}}m_{i+1} \qquad (5-12)$$

为了让两段曲线的二阶导数在 $x=x_i$ 连续,必须令式(5-11)与式(5-12)两式的右边相等,由此经过简单计算之后得出

$$\frac{h_{i+1}}{h_i+h_{i+1}}m_{i-1}+2m_i+\frac{h_i}{h_i+h_{i+1}}m_{i+1}=3\left[\frac{h_{i+1}}{h_i+h_{i+1}}\frac{y_i-y_{i-1}}{h_i}+\frac{h_i}{h_i+h_{i+1}}\frac{y_{i+1}-y_i}{h_{i+1}}\right]$$

$$(5-13)$$

为了简化此式引入记号

$$\lambda_i=\frac{h_{i+1}}{h_i+h_{i+1}}, \quad \mu_i=1-\lambda_i, \quad c_i=3\left[\lambda_i\frac{y_i-y_{i-1}}{h_i}+\mu_i\frac{y_{i+1}-y_i}{h_{i+1}}\right]$$

则式(5-13)又可写为

$$\lambda_im_{i-1}+2m_i+\mu_im_{i+1}=c_i \qquad (5-14)$$

该式为三次样条函数的 m 关系式,或三次样条函数的 m 连续性方程。上述关系式是包含 $m_0,m_1,\cdots,m_n$ 这 $n+1$ 个未知量的线性方程,而方程的个数仅有 $n-1$ 个,因此不能唯一确定这些 $m_i(i=0,1,2,\cdots,n)$;要完全确定它们,还必须添加两个条件。

4. 端点条件

所需的两个条件通常由边界节点 x_0 与 x_n 处的附加要求来提供,所以称为端点条件。

已知曲线在首末端点处的斜率 m_0,m_n,这时式(5-13)的第一个方程为

$$2m_1+\mu_im_2=c_1-\lambda_1m_0 \qquad (5-15)$$

第 $n-1$ 个方程为

$$\lambda_{n-1}m_{n-2}+2m_{n-2}=c_{n-1}-\mu_{n-1}m_n \qquad (5-16)$$

则方程组就化成关于 $n-1$ 个未知量 $m_1,\cdots,m_{n-1}$ 的 $n-1$ 个线性方程,即可求出唯一的解。

　　5. $m_i(i=0,1,2,\cdots,n)$ 方程组的求解

　　由式(5-13)和端点条件得到求 $m_i(i=0,1,2,\cdots,n)$ 方程组,可写为矩阵形式:

$$\begin{bmatrix} 2 & \mu_0 & & & & \\ \lambda_1 & 2 & \mu_1 & & & \\ & \lambda_2 & 2 & \mu_2 & & \\ & \ddots & \ddots & \ddots & & \\ & & \lambda_{n-1} & 2 & \mu_{n-1} & \\ & & & \lambda_{n-1} & 2 & \mu_n \end{bmatrix} \begin{bmatrix} m_0 \\ m_1 \\ m_2 \\ \vdots \\ m_{n-1} \\ m_n \end{bmatrix} = \begin{bmatrix} c_0 \\ c_1 \\ c_2 \\ \vdots \\ c_{n-1} \\ c_n \end{bmatrix} \qquad (5-17)$$

　　式(5-16)的系数矩阵为三对角带状阵,可以用追赶法求解。

　　在求得所有 m_i 后,分段三次曲线即可由式(5-7)或式(5-8)确定,整条三次样条曲线的表达式为

$$y(x)=y(x_i), \quad i=0,1,2,\cdots,n$$

　　在小挠度的情况下,三次样条函数是一种很好的拟合工具,构造的曲线可达到二阶连续,能够解决许多生产实际的问题。因此在航空器、船舶的制造中有一定的应用。但对于端点具有大挠度的曲线及封闭曲线它就不适用了,具有一定的局限性。也就是说,它还存在以下问题:

　　(1) 不能解决具有垂直切线的问题。

　　(2) 不具有局部修改性。

　　(3) 不能解决多值问题。

　　(4) 不具有几何不变性。

　　由于以上种种原因,三次样条曲线的应用受到了一定的限制。

5.3　Bézier 曲线和曲面

　　在产品零件设计中,许多自由曲面是通过自由曲线来构造的。对于自由曲线的设计,设计人员经常需要大致勾画出曲线的形状,用户希望有一种方法能不再采用一般的代数描述,而采用直观的具有明显几何意义的操作,使得设计的曲线能够逼近真实曲线的形状。在前面介绍的方法中,采用的都是插值方法,用户不能够灵活地调整曲线形状。但在产品的设计中,曲线的设计是经过多次修改和调整来完成的,已有的方法完成这样的功能并不容易。贝赛尔(Bézier)方法的出现改善了上述设计的不足,使用户能够方便地实现曲线形状的修改。

5.3.1　Bézier 曲线的定义与性质

　　一条 Bézier 曲线由两个端点和若干个不在曲面上但能够决定曲线形状的点来确定。图5-4表示了一条3次 Bézier 曲线,它由两个端点 V_0、V_3 和两个不在曲线上的点 V_1、V_2 来确定。V_0、V_1、V_2、V_3 构成了一个与3次 Bézier 曲线相对应的开口多边形,称为特征多边形。这4个点称为特征多边形顶点。一般地,n 次 Bézier 曲线由 $n+1$ 个顶点构成的特征多边形来确定。特征多边形大致勾画出了对应曲线的形状。

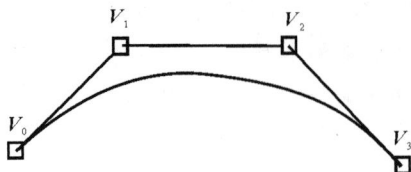

图 5-4 3 次 Bézier 曲线

采用特征多边形顶点的位置矢量与伯恩斯坦基函数的线性组合表达曲线

$$r(u) = \sum_{i=0}^{n} J_{n,i}(u) V_i \qquad (5-18)$$

其中：n 为 Bézier 曲线的次数；i 为特征多边形顶点的序号，$0 \leqslant i \leqslant n$；$u$ 为参数，$0 \leqslant u \leqslant 1$。
V_i 是特征多边形顶点的位置矢量，$J_{n,i}(u)$ 是伯恩斯坦基函数

$$J_{n,i}(u) = C_n^i u^i (1-u)^{n-i} \qquad (5-19)$$

C_n^i 是组合数

$$C_n^i = \frac{n!}{i!\,(n-i)!} \qquad (5-20)$$

当 $n=3$ 时，得到 3 次伯恩斯坦基函数

$$\left.\begin{aligned}
J_{3,0}(u) &= C_3^0 u^0 (1-u)^3 = (1-u)^3 \\
J_{3,1}(u) &= C_3^1 u^1 (1-u)^2 = 3u(1-u)^2 \\
J_{3,2}(u) &= C_3^2 u^2 (1-u)^1 = 3u^2(1-u)^1 \\
J_{3,3}(u) &= C_3^3 u^3 (1-u)^0 = u^3
\end{aligned}\right\} \qquad (5-21)$$

因此，由式(5-20)可把 3 次 Bézier 曲线表示为

$$r(u) = \sum_{i=0}^{3} J_{3,i}(u) V_i = \begin{bmatrix}(1-u)^3 & 3u(1-u)^2 & 3u^2(1-u) & u^3\end{bmatrix}\begin{bmatrix}V_0 \\ V_1 \\ V_2 \\ V_3\end{bmatrix}, \quad 0 \leqslant u \leqslant 1$$

$$(5-22)$$

可以把式(5-21)改成矩阵形式：

$$r(u) = \begin{bmatrix}1 & u & u^2 & u^3\end{bmatrix}\begin{bmatrix}1 & 0 & 0 & 0 \\ -3 & 3 & 0 & 0 \\ 3 & -6 & 3 & 0 \\ -1 & 3 & -3 & 1\end{bmatrix}\begin{bmatrix}V_0 \\ V_1 \\ V_2 \\ V_3\end{bmatrix}, \quad 0 \leqslant u \leqslant 1 \qquad (5-23)$$

由上可知，只要给定特征多边形的 4 个顶点矢量 V_0, V_1, V_2, V_3，即可构造一条 3 次 Bézier 曲线。如果计算曲线上的点，只要确定 u 值即可。对于曲线设计来说，采用这种特征多边形顶点的方法，比起采用特征多边形边矢量方法要方便得多了，更具有直观性。

5.3.2 Bézier 曲线的递推算法

前面给出的 Bézier 的伯恩斯坦基函数和矩阵形式的表达式，它们是作为 Bézier 理论研究的基础。若用它们来计算 Bezier 的一系列点，计算量较大，而且在计算任意次数的 Bézier 曲线

时不具有通用性。下面介绍 Bézier 的递推算法,即德卡斯特里奥算法。

对于一给定参数 $u \in [0,1]$,已知控制点 $P_i,i=0,1,\cdots,n$,构成 n 条边的控制多边形,求其在 Bézier 曲线上对应的点 $C(u)$。

(1) 对多边形进行定比分割,分割比例为 $u:(1-u)$,得到第一级递推的中间顶点 $P_i^1,i=1,2,\cdots,n$。

(2) 对上述得到的这些中间顶点构成的控制多边形执行同样的定比分割,得到第二级递推的中间顶点 $P_i^2,i=1,2,\ldots,n$。如此继续,直到 n 次分割得到一个中间顶点 $P_i^n,i=1,2,\cdots,n$,即为所求的 Bézier 曲线上对应的点 $C(u)$。图 5-5 显示了对一段 3 次 Bézier 曲线进行递推的过程。

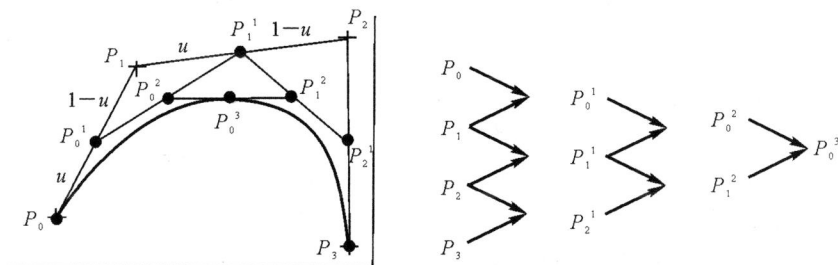

图 5-5　Bézier 曲线递推算法

5.3.3　Bézier 曲线的几何性质

1. 端点性质

如图 5-6 所示,有

$$\left. \begin{array}{l} r(0)=V_0 \\ r(1)=V_n \end{array} \right\} \tag{5-24}$$

即曲线的端点通过特征多边形的首末点。

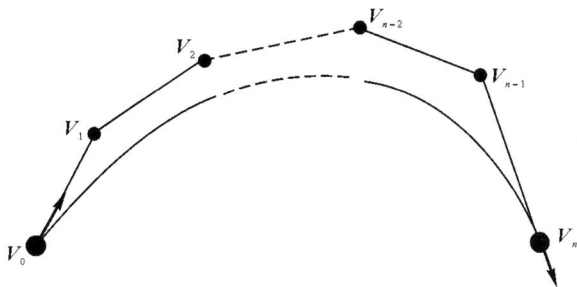

图 5-6　Bézier 曲线的端点性质

$$r'(u)=\sum_{i=0}^{n} J'_{n,i}(u)V_i = n\sum_{i=0}^{n} V_i [J_{n-1,i-1}(u) - J_{n-1,i}(u)] \tag{5-25}$$

$$\left. \begin{array}{l} r'(0)=n(V_1-V_0) \\ r'(1)=n(V_n-V_{n-1}) \end{array} \right\} \tag{5-26}$$

类似的有

$$r''(0) = n(n-1)\left[(V_2 - V_1) - (V_1 - V_0)\right]$$
$$r''(1) = n(n-1)\left[(V_n - V_{n-1}) - (V_{n-1} - V_{n-2})\right] \Bigg\} \qquad (5-27)$$

上面说明,Bézier 曲线的起点和终点分别是它的特征多边形的第一个顶点和最后一个顶点,曲线在起点处和终点处分别同特征多边形的第一条边和最后一条边相切,且切矢量的模长分别为第一条边长和最后一条边长的 n 倍。

2. 对称性

如果保持 Bézier 曲线的各顶点 V_i 的位置不变,只把它们的次序完全颠倒,那么得到的新多边形顶点记为 $V_i^* = V_{i-1}(i=0,1,\cdots,n)$,由它们构成的新的 Bézier 曲线为

$$r^*(u) = \sum_{i=0}^{n} J_{n,i}(u) V_i^* = \sum_{i=0}^{n} J_{n,i}(u) V_{i-1} \qquad (5-28)$$

令 $i = n - j$,则式(5-28)可写成

$$r^*(u) = \sum_{j=0}^{n} J_{n,j}(1-u) V_j = r(1-u) \qquad (5-29)$$

这说明所得的是同一条曲线,只不过曲线的走向相反。

3. 凸包性质

对于某个 u 值,$r(u)$ 是特征多边形各顶点 $V_i(i=0,1,\cdots,n)$ 的加权平均,权因子依次是 $J_{n,i}(u)$。这个事实反映到几何图形上,就是对任何 $u \in [0,1]$,$r(u)$ 必落在由其特征多边形顶点张成的凸包内,即 Bézier 曲线完全包含在这一凸包之中。这个凸包性质有助于设计人员根据多边形顶点的位置事先估计相应曲线的存在范围。

4. 包凸性

当 3 次 Bézier 曲线的特征多边形为凸时,相应的 3 次 Bézier 曲线也是凸的。可以证明,对于平面 n 次 Bézier 曲线,当其多边形为凸时,Bézier 曲线也是凸的。

5. 几何不变性

曲线的形态由特征多边形的顶点唯一确定,而与坐标系无关。

6. 变差减少性质

Bézier 曲线和任一直线相交的次数不会超过被逼近的多边形和同一直线相交的次数。也就是说,波动的次数少了,光滑的程度提高了。

总之,伯恩斯坦基多项式在很大程度上继承了被逼近函数的几何特性。这样一个优良的逼近性质,使得伯恩斯坦基多项式特别适用于几何设计。这是因为在这个领域里,逼近式的大范围几何特性比逼近的接近性更为重要。Bézier 曲线在逼近其特征多边形的过程中,一般来说继承了伯恩斯坦基多项式良好的几何逼近性质。这样,就有可能通过调整特征多边形的顶点来有效控制 Bézier 曲线的形状。

7. 最大影响点

如图 5-7 所示,移动 n 次 Bézier 曲线的第 i 个控制顶点 V_i,将对曲线上参数为 $u = \dfrac{i}{n}$ 的那点 $r\left(\dfrac{i}{n}\right)$ 处发生最大的影响,这是因为相应的基函数 $J_{n,i}(u)$ 在 $u = \dfrac{i}{n}$ 处达到最大值。

这个性质对于交互设计 Bézier 曲线非常有用,设计人员可以调整最希望改动曲线附近对应的控制顶点达到修改曲线的目的。

应当指出,虽然高次 Bézier 曲线的特征多边形仍然在某种程度上象征着曲线的形状,但随着次数的增高,两者之间的关系有所减弱。

Bézier 曲线虽然有许多良好的性质,但也存在明显的缺点,例如:

(1) 缺乏灵活性。一旦确定了特征多边形的顶点数(m 个),也就决定了曲线的阶次($m-1$ 次),无法更改。

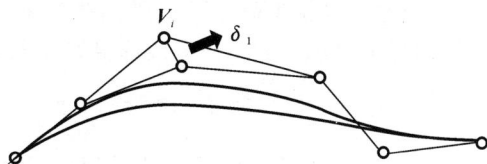

图 5-7　Bézier 曲线的最大影响点

(2) 控制性差。当顶点数较多时,曲线的阶次将较高,此时,特征多边形对曲线形状的控制将明显减弱。

(3) 不易修改。由曲线的混合函数可看出,其值在开区间 $(0,1)$ 内均不为零。因此,所定义之曲线在 $(0 < t < 1)$ 的区间内的任何一点均要受到全部顶点的影响,这使得对曲线进行局部修改成为不可能。

5.3.4　Bézier 曲面的定义及其性质

Bézier 曲面是 Bézier 曲线的直接推广。Bézier 曲面有两种定义方法,一种是张量积方法,另一种是由一系列线型插值定义的方法,这里以双 3 次 Bézier 曲面为例说明采用张量积构造 Bézier 曲面。

设在三维空间给出 16 个点,构成一张双 3 次 Bézier 曲面的特征多边形网格,在 u,w 方向上分布,点的位置矢量 $\boldsymbol{V}_{i,j}(i,j=0,1,2,3)$ 表示,形成一个 4×4 的顶点矩阵:

$$\boldsymbol{V}=\begin{bmatrix}\boldsymbol{V}_{0,0} & \boldsymbol{V}_{0,1} & \boldsymbol{V}_{0,2} & \boldsymbol{V}_{0,3}\\ \boldsymbol{V}_{1,0} & \boldsymbol{V}_{1,1} & \boldsymbol{V}_{1,2} & \boldsymbol{V}_{1,3}\\ \boldsymbol{V}_{2,0} & \boldsymbol{V}_{2,1} & \boldsymbol{V}_{2,2} & \boldsymbol{V}_{2,3}\\ \boldsymbol{V}_{3,0} & \boldsymbol{V}_{3,1} & \boldsymbol{V}_{3,2} & \boldsymbol{V}_{3,3}\end{bmatrix} \tag{5-30}$$

双 3 次 Bézier 曲面的构造过程如下:

先对顶点矩阵 $\boldsymbol{V}$ 中每一列的 4 个顶点构成一条以 u 为参数的 3 次 Bézier 曲线,共可得到 4 条 3 次 Bézier 曲线:

$$\left.\begin{array}{l}\boldsymbol{S}_0(u)=\sum_{i=0}^3 J_{3,i}(u)\boldsymbol{V}_{i,0}\\[1mm]\boldsymbol{S}_1(u)=\sum_{i=0}^3 J_{3,i}(u)\boldsymbol{V}_{i,1}\\[1mm]\boldsymbol{S}_2(u)=\sum_{i=0}^3 J_{3,i}(u)\boldsymbol{V}_{i,2}\\[1mm]\boldsymbol{S}_3(u)=\sum_{i=0}^3 J_{3,i}(u)\boldsymbol{V}_{i,3}\end{array}\right\},\quad 0\leqslant u\leqslant1 \tag{5-31}$$

给定一个 u 值,令 $u=u^*$,那么可以在 4 条曲线上分别得到相应的点 $\boldsymbol{S}_0(u^*),\boldsymbol{S}_1(u^*),\boldsymbol{S}_2(u^*),\boldsymbol{S}_3(u^*)$,以这 4 个点位顶点形成特征多边形,从而又定义了一条以 w 为参数的 3 次 Bézier 曲线:

$$\boldsymbol{Q}(w)=\sum_{j=0}^3 J_{3,j}(w)\boldsymbol{S}_j(u^*),\quad 0\leqslant w\leqslant1 \tag{5-32}$$

将 $Q(w)$ 设想成母线,4 条曲线 $S_0(u)$,$S_1(u)$,$S_2(u)$,$S_3(u)$ 为基线,当 u^* 从 0 变化到 1 时,相当于 $Q(w)$ 的特征多边形沿着 4 条基线滑动,形成一张双 3 次 Bézier 曲面:

$$r(u,w) = \begin{bmatrix} S_0(u) & S_1(u) & S_2(u) & S_3(u) \end{bmatrix} \begin{bmatrix} J_{3,0}(w) \\ J_{3,1}(w) \\ J_{3,2}(w) \\ J_{3,3}(w) \end{bmatrix} \tag{5-33}$$

将 $S_0(u)$,$S_1(u)$,$S_2(u)$,$S_3(u)$ 代入式(5-33),并展开:

$$r(u,w) = \begin{bmatrix} J_{3,0}(u) & J_{3,1}(u) & J_{3,2}(u) & J_{3,3}(u) \end{bmatrix} V \begin{bmatrix} J_{3,0}(w) \\ J_{3,1}(w) \\ J_{3,2}(w) \\ J_{3,3}(w) \end{bmatrix} =$$

$$\begin{bmatrix} (1-u)^3 & 3u(1-u)^2 & 3u^2(1-u) & u^3 \end{bmatrix} \begin{bmatrix} V_{0,0} & V_{0,1} & V_{0,2} & V_{0,3} \\ V_{1,0} & V_{1,1} & V_{1,2} & V_{1,3} \\ V_{2,0} & V_{2,1} & V_{2,2} & V_{2,3} \\ V_{3,0} & V_{3,1} & V_{3,2} & V_{3,3} \end{bmatrix} \begin{bmatrix} (1-w)^3 \\ 3w(1-w)^2 \\ 3w^2(1-w) \\ w^3 \end{bmatrix} =$$

$$\begin{bmatrix} 1 & u & u^2 & u^3 \end{bmatrix} \begin{bmatrix} 1 & 0 & 0 & 0 \\ -3 & 3 & 0 & 0 \\ 3 & -6 & 3 & 0 \\ -1 & 3 & -3 & 1 \end{bmatrix} \begin{bmatrix} V_{0,0} & V_{0,1} & V_{0,2} & V_{0,3} \\ V_{1,0} & V_{1,1} & V_{1,2} & V_{1,3} \\ V_{2,0} & V_{2,1} & V_{2,2} & V_{2,3} \\ V_{3,0} & V_{3,1} & V_{3,2} & V_{3,3} \end{bmatrix} \begin{bmatrix} 1 & -3 & 3 & -1 \\ 0 & 3 & -6 & 3 \\ 0 & 0 & 3 & -3 \\ 0 & 0 & 0 & 1 \end{bmatrix} \begin{bmatrix} w \\ w^1 \\ w^2 \\ w^3 \end{bmatrix} =$$

$$\boldsymbol{UMVM}^{\mathrm{T}}\boldsymbol{W}^{\mathrm{T}}, \quad 0 \leqslant u,w \leqslant 1 \tag{5-34}$$

其中,V 是一个以矢量为元素的方阵,当取各矢量的 x 分量,y 分量,z 分量时,就得到 3 个以数量为元素的 4 阶方阵,可用下列参数方程表示:

$$\left. \begin{array}{l} x(u,w) = \boldsymbol{UMV}_x\boldsymbol{M}^{\mathrm{T}}\boldsymbol{W}^{\mathrm{T}} \\ y(u,w) = \boldsymbol{UMV}_y\boldsymbol{M}^{\mathrm{T}}\boldsymbol{W}^{\mathrm{T}} \\ z(u,w) = \boldsymbol{UMV}_z\boldsymbol{M}^{\mathrm{T}}\boldsymbol{W}^{\mathrm{T}} \end{array} \right\} \tag{5-35}$$

在理解了双 3 次 Bézier 曲面的表达式后,可以直接得出一般形式的 Bézier 曲面表达式:

$$r(u,w) = \begin{bmatrix} J_{m,0}(u) & J_{m,1}(u) & \cdots & J_{m,m}(u) \end{bmatrix} V \begin{bmatrix} J_{n,n}(u) \\ J_{n,n}(u) \\ \vdots \\ J_{n,n}(u) \end{bmatrix}, \quad 0 \leqslant u,w \leqslant 1 \tag{5-36}$$

其中,m,n 分别表示方向 u 和 w 方向的次数。当 $m=n=3$ 时,即为双 3 次 Bézier 曲面,它恰好是一般形式的 Bézier 曲面的一个实例。

除了变差减小性质外,Bézier 曲线的其他所有特性都可以推广到 Bézier 曲面。

(1)特征网格的 4 个角点与 Bézier 曲面的 4 个角点重合,而特征网格的其他顶点一般不落在曲面上。这个结论可以通过计算 4 个角点处的值得到

$$r(0,0) = V_{0,0}, \quad r(0,1) = V_{0,3}$$
$$r(1,0) = V_{3,0}, \quad r(1,1) = V_{3,3}$$

（2）特征网格的最后一圈的顶点决定了曲面的 4 条边界线，而特征网格的内部顶点不影响曲面的边界曲线形状。例如双 3 次的 Bézier 曲面，通过计算，曲面的 4 条边界如下：

$$r(u,0)=\sum_{i=0}^{3}J_{3,i}(u)V_{i,0}, \quad r(u,1)=\sum_{i=0}^{3}J_{3,i}(u)V_{i,3}$$

$$r(0,w)=\sum_{j=0}^{3}J_{3,j}(w)V_{0,j}, \quad r(1,w)=\sum_{j=0}^{3}J_{3,j}(w)V_{3,j}$$

Bézier 曲面边界的跨界切矢只与定义该边界的顶点及与它相邻的一排顶点有关。曲面边界的跨界曲率只与定义该边界的顶点及相邻的两排顶点有关。

（3）几何不变性。

（4）对称性。

（5）凸包性质。

（6）移动一个顶点 $V_{i,j}$，将对曲面上参数为 $u=i/m,w=j/n$ 的那个点 $V(i/m,j/n)$ 影响最大。

Bézier 方法以逼近原理为基础，人们可以方便地勾画出特征多边形的形状，从而得到逼近的曲线或曲面。这种设计方法给用户提供了一种直观的几何设计工具，特别适合于曲线、曲面的形状设计，这是因为初始设计时人们还不能精确描绘曲线或者曲面的形状，只能大致勾画出基本形状，并通过逐步调整顶点满足设计要求。

Bézier 曲线和曲面虽然使用非常方便，但也存在缺点：Bézier 不具备局部性，即特征多边形的任意顶点的修改都会影响整条曲线的形状；当曲线、曲面的形状复杂时，需要增加特征多边形的顶点个数，从而使曲线、曲面的幂次增高。

5.4　B 样条曲线和曲面

B 样条方法具有表示与设计自由型曲线、曲面的强大功能，它不仅是形状数学描述的主流方法之一，而且已经成为关于工业产品几何定义国际标准的有理 B 样条方法的基础。

5.4.1　B 样条基函数的递推定义及其性质

B 样条曲线是由 B 样条基函数和特征顶点线性组合而唯一确定的，因此，首先需要了解 B 样条基函数的定义和性质。B 样条基函数的定义方法不是唯一的，这里介绍一种比较简单的由 DE Boor 和 Cox 分别导出的 B 样条的递推定义。

在区间 $[a,b]$ 上，取分割 $a=x_0\leqslant x_1\leqslant\cdots\leqslant x_n=b$ 为节点，构造 B 样条基函数为

$$\left.\begin{aligned}&N_{i,0}(x)=\begin{cases}1, & x_1\leqslant x\leqslant x_n\\0, & \text{其他}\end{cases}\\&N_{i,k}(x)=\frac{x-x_i}{x_{i+k}-x_i}N_{i,k-1}(x)+\frac{x_{i+k+1}-x}{x_{i+k+1}-x_{i+1}}N_{i+1,k-1}(x)\\&\frac{0}{0}=0\end{aligned}\right\} \quad (5-37)$$

其中，B 样条基函数 $N_{i,k}(x)$ 的第一个下标 i 表示序号，第二个下标 k 表示基函数的次数。该递推公式表明，欲确定第 i 个 k 次 B 样条基函数 $N_{i,k}(x)$，需要用到 $x_i,x_{i+1},\cdots,x_{i+k+1}$ 共 $k+2$

个节点。区间 $[x_i, x_{i+k+1}]$ 称为 $N_{i,k}(x)$ 的支撑区间,也就是说,$N_{i,k}(x)$ 仅在这个区间内的值不为零。

推导一阶 B 样条。当 $k=0$ 时,由公式(5-37)可直接给出零次 B 样条:

$$N_{i,0}(x) = \begin{cases} 1, & x_1 \leqslant x \leqslant x_n \\ 0, & \text{其他} \end{cases} \qquad (5-38)$$

零次 B 样条基如图 5-8 所示。

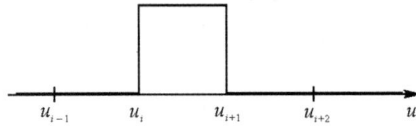

图 5-8　零次 B 样条基

在区间 $[a,b]$ 上,它只在一个区间上 $[x_i, x_{i+1}]$ 上不为零,其他子区间上均为零。$N_{i,0}(x)$ 称为平台函数。

推导二阶 B 样条。由公式(5-37)的 $N_{i,0}(x)$ 移位得

$$N_{i+1,0}(x) = \begin{cases} 1, & x_{i+1} \leqslant x \leqslant x_{i+2} \\ 0, & \text{其他} \end{cases} \qquad (5-39)$$

当 $k=1$ 时,将两个零次 B 样条 $N_{i+1,0}(x)$ 和 $N_{i,0}(x)$ 代入递推公式(5-39),有

$$N_{i,1}(x) = \begin{cases} \dfrac{x-x_i}{x_{i+1}-x_i}, & x_i \leqslant x \leqslant x_{i+1} \\[2mm] \dfrac{x_{i+2}-x}{x_{i+2}-x_{i+1}}, & x_{i+1} \leqslant x \leqslant x_{i+2} \\[2mm] 0, & \text{其他} \end{cases} \qquad (5-40)$$

一次 B 样条基如图 5-9 所示。

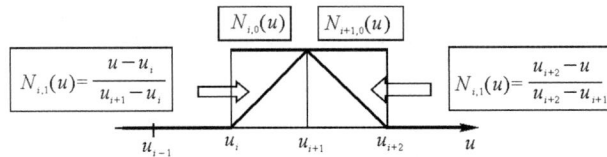

图 5-9　一次 B 样条基

$N_{i,1}(x)$ 只在两个子区间 $[x_i, x_{i+1}]$,$[x_{i+1}, x_{i+2}]$ 上非零,且各段均是为 x 的一次多项式,是由 $N_{i+1,0}(x)$ 和 $N_{i,0}(x)$ 递推所得。类似地可由两个零次 B 样条 $N_{i+1,0}(x)$ 和 $N_{i+2,0}(x)$ 递推得到一次 B 样条曲线 $N_{i+1,1}(x)$。

$$N_{i+1,1}(x) = \begin{cases} \dfrac{x-x_{i+1},}{x_{i+2}-x_{i+1}} & x_{i+1} \leqslant x \leqslant x_{i+2} \\[2mm] \dfrac{x_{i+3}-x}{x_{i+3}-x_{i+2}}, & x_{i+2} \leqslant x \leqslant x_{i+3} \\[2mm] 0, & \text{其他} \end{cases} \qquad (5-41)$$

推导三阶 B 样条。由两个一次 B 样条 $N_{i+1,1}(x)$ 和 $N_{i+1,0}(x)$ 递推得到二次 B 样条 $N_{i,2}(x)$。

$$N_{i,2}(x)=\begin{cases} \dfrac{x-x_i}{x_{i+2}-x_i}\dfrac{x-x_i}{x_{i+1}-x_i}, & x_i\leqslant x\leqslant x_{i+1} \\[3mm] \dfrac{x-x_i}{x_{i+2}-x_i}\dfrac{x_{i+2}-x}{x_{i+2}-x_{i+1}}+\dfrac{x_{i+3}-x}{x_{i+3}-x_{i+1}}\dfrac{x-x_{i+1}}{x_{i+2}-x_{i+1}}, & x_{i+1}\leqslant x\leqslant x_{i+2} \\[3mm] \dfrac{(x_{i+3}-x)^2}{(x_{i+3}-x_{i+1})(x_{i+3}-x_{i+2})}, & x_{i+2}\leqslant x\leqslant x_{i+3} \\[3mm] 0, & 其他 \end{cases} \tag{5-42}$$

二次 B 样条基如图 5-10 所示。

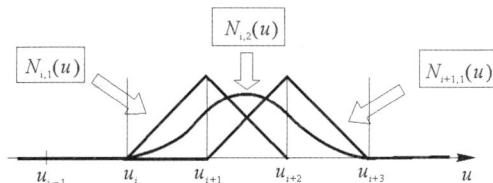

图 5-10　二次 B 样条基

B 样条基有如下性质：

(1) 递推性。

(2) 局部支撑性。

$$N_{i,k}(x)\begin{cases} >0, & x\in[x_i,x_{i+k+1}] \\ =0, & x\notin[x_i,x_{i+k+1}] \end{cases}$$

(3) 规范性。

$$\sum_i N_{i,k}(x)=1$$

(4) 可微性。在节点区间内是无限次连续可微的，在节点处是 $k-r$ 次连续可微的，其中 r 是该节点的重复度。

5.4.2　B 样条曲线

设有一组节点序列 $\{x_i\}(0,1,2,\cdots,n)$，由其确定的 B 样条基函数 $N_{i,k}(x)$，有一组节点序列 $\{V_i\}(0,1,2,\cdots,n)$ 构成特征多边形，将 $N_{i,k}(x)$ 与 V_i 线性结合，得到 k 次 $(k+1)$ 阶 B 样条曲线，其方程为 $r(x)=\sum_{i=0}^{n}N_{i,k}(x)V_i(a\leqslant x\leqslant b)$，其中 $r(x)$ 是参数 x 的 k 次分段多项式。

B 样条曲线除了具有变差减小性、几何不变性以外，还有一些其他的性质。

局部性：由于 B 样条的局部性，k 阶 B 样条曲线上参数为 $x\in[x_i,x_{i+k+1}]$ 的一点 $r(x)$ 至多与 k 个控制顶点 $V_j(j=i-k+1,\cdots,i)$ 有关，与其他控制顶点无关；移动该曲线的第 i 个控制顶点 V_i 至多影响到定义在区间 (x_i,x_{i+k+1}) 上那部分曲线的形状，其余的曲线段不发生变化。

可微性或参数连续性：B 样条曲线在每一曲线段内部它是无限次可微的，它在节点的曲线段端点处是 $k-r$ 次可微的，这里的 r 是节点的重复度。

凸包性：B 样条曲线凸包性定义在各曲线段特征顶点的凸包的并集之内。与 Bézier 曲线相比有更强的凸包性。

B 样条曲线一般是按定义基函数的节点序列是否等距分为均匀 B 样条曲线和非均匀 B 样条曲线。当节点序列 $X = [x_0, x_1, \cdots, x_{n+k+1}]$ 时，B 样条曲线按节点序列中节点分布情况不同，又分为 4 种类型：均匀 B 样条曲线、准均匀 B 样条曲线、分段 Bézier 曲线和非均匀 B 样条曲线。设给定特征多边形顶点 $V_i(i = 0, 1, \cdots, n)$，曲线的次数 k，于是有：

(1) 均匀 B 样条曲线。节点序列中节点为沿参数轴均匀或等距分布，所以节点区间长度 $\Delta_i = x_{i+1} - x_i = 常数 > 0, i = 0, 1, \cdots, n + k$。这样的节点序列定义了均匀 B 样条基。

(2) 准均匀 B 样条曲线。其节点序列中两端点具有重复度 $k+1$，即 $x_0 = x_1 = \cdots = x_k$，$x_{n+1} = x_{n+2} = \cdots = x_{n+k+1}$，而所有内节点均匀分布，具有重复度 1。

(3) 一般分段 Bézier 曲线。其节点序列中两端点具有重复度与类型 2 相同，为 $k+1$。所不同的是，所有内节点重复度为 k。

(4) 非均匀 B 样条曲线。这时对任意分布的节点序列 $X = [x_0, x_1, \cdots, x_{n+k+1}]$，只要在数学上成立都可选取。这样的节点序列上定义了一般非均匀 B 样条基。前三种类型都可作为特例被包含在这种类型中。这里主要讨论均匀 B 样条曲线。

5.4.3 均匀 B 样条曲线

在自由曲线、曲面的造型过程中，B 样条方法占有非常重要的位置，均匀 B 样条曲线、曲面是较简单和常用的，特别是二次、三次均匀 B 样条曲线、曲面在工程上广为使用。下面我们来作进一步的讨论。

均匀与非均匀是按定义 B 样条基的节点是否等距来区分的，均匀 B 样条基最简单的形式是：若 $x_{i+1} - x_i = h(i = 0, 1, \cdots, n-1)$，特别是取节点为 $x_i = i(i = 0, 1, \cdots, n)$ 时，有 $i(i = 0, 1, \cdots, n)$ 个节点，令 $x_i - x_{i-1} = 1, x - x_i = u$，当参数 $u \in [0, 1]$ 时，有

$$N_{i,3}(u) = \begin{cases} \dfrac{1}{6}u^3, & i = 0 \\[2mm] \dfrac{1}{6}(-3u^3 + 3u^2 + 3u + 1), & i = 1 \\[2mm] \dfrac{1}{6}(3u^3 - 6u^2 + 4), & i = 2 \\[2mm] \dfrac{1}{6}(-u^3 + 3u^2 - 3u + 1), & i = 3 \end{cases} \tag{5-43}$$

$N_{i,3}(u)$ 通常是用同一区间的不同基表示的。

3 次均匀 B 样条曲线段的和式形式为

$$\boldsymbol{r}_i(u) = \sum_{j=0}^{3} N_{j,3}(u)\boldsymbol{V}_{i+j} \tag{5-44}$$

矩阵的表达形式为

$$\boldsymbol{r}_i(u) = \begin{bmatrix} 1 & u & u^2 & u^3 \end{bmatrix} \frac{1}{6} \begin{bmatrix} 1 & 4 & 1 & 0 \\ -3 & 0 & 3 & 0 \\ 3 & -6 & 3 & 0 \\ -1 & 3 & -3 & 1 \end{bmatrix} \begin{bmatrix} \boldsymbol{V}_i \\ \boldsymbol{V}_{i+1} \\ \boldsymbol{V}_{i+2} \\ \boldsymbol{V}_{i+3} \end{bmatrix}, \quad 0 \leqslant u \leqslant 1 \tag{5-45}$$

其中，$\boldsymbol{V}_i, \boldsymbol{V}_{i+1}, \boldsymbol{V}_{i+2}, \boldsymbol{V}_{i+3}$ 为特征多边形的顶点。

3 次均匀 B 样条曲线具有的几何性质如下：

（1）端点性质。两端点的位置矢量为

$$\left.\begin{aligned} \boldsymbol{r}_i(0) &= \frac{1}{6}(\boldsymbol{V}_i + 4\boldsymbol{V}_{i+1} + \boldsymbol{V}_{i+2}) = \boldsymbol{V}_{i+1} + \frac{1}{6}\left[(\boldsymbol{V}_i - \boldsymbol{V}_{i+1}) + (\boldsymbol{V}_{i+2} - \boldsymbol{V}_{i+1})\right] \\ \boldsymbol{r}_i(1) &= \frac{1}{6}(\boldsymbol{V}_{i+1} + 4\boldsymbol{V}_{i+2} + \boldsymbol{V}_{i+3}) = \boldsymbol{V}_{i+2} + \frac{1}{6}\left[(\boldsymbol{V}_{i+1} - \boldsymbol{V}_{i+2}) + (\boldsymbol{V}_{i+3} - \boldsymbol{V}_{i+2})\right] \end{aligned}\right\} \tag{5-46}$$

两端点的切矢为

$$\left.\begin{aligned} \boldsymbol{r}'_i(0) &= \frac{1}{2}(\boldsymbol{V}_{i+2} - \boldsymbol{V}_i) \\ \boldsymbol{r}'_i(1) &= \frac{1}{2}(\boldsymbol{V}_{i+3} - \boldsymbol{V}_{i+1}) \end{aligned}\right\} \tag{5-47}$$

两端点的二阶导矢为

$$\left.\begin{aligned} \boldsymbol{r}''_i(0) &= (\boldsymbol{V}_i - 2\boldsymbol{V}_{i+1} + \boldsymbol{V}_{i+2}) \\ \boldsymbol{r}''_i(1) &= (\boldsymbol{V}_{i+1} - 2\boldsymbol{V}_{i+2} + \boldsymbol{V}_{i+3}) \end{aligned}\right\} \tag{5-48}$$

（2）凸包性。比 Bézier 曲线更强的凸包性质，3 次 B 样条的每一曲线段必定落在决定该曲线段的 4 个顶点张成的凸包之内，而整条 B 样条曲线必定落在这种由相邻的 4 个特征顶点所组成的凸包的并集之中。

（3）局部性。移动 3 次均匀 B 样条曲线一个顶点最多只会影响相邻 4 段 B 样条曲线段，而其他曲线段的形状不会发生变化。

（4）变差不减性。

（5）几何不变性。

（6）可微性或参数连续性。

5.4.4　B 样条曲面

B 样条曲面与 Bézier 曲面类似，很容易把 B 样条曲线推广到 B 样条曲面。它可看作是两个参数方向的 B 样条曲线的张量积。

定义一张 $k \times l$ 次张量积 B 样条曲面，其方程为

$$\boldsymbol{r}(u,w) = \sum_{i=0}^{m}\sum_{j=0}^{n} N_{i,k}(u) N_{j,l}(u) \boldsymbol{V}_{i,j}, \quad 0 \leqslant u, \quad w \leqslant 1 \tag{5-49}$$

其中，$\boldsymbol{V}_{i,j}(i=0,1,\cdots,m; j=0,1,\cdots,n)$ 是 $(n+1) \times (m+1)$ 阵列，构成一张特征网格；$N_{i,k}(u)$，$N_{j,l}(u)$ 分别是定义在节点矢量 $\boldsymbol{U} = [u_0, u_1, \cdots, u_{m+k+1}]$，$\boldsymbol{W} = [w_0, w_1, \cdots, w_{n+l+1}]$ 上的 B 样条基函数。

B 样条曲面的性质：

（1）曲面是由控制顶点唯一确定的。

（2）曲面一般不通过控制顶点。

（3）类似 Bézier 曲线性质向 Bézier 曲面的推广。除变差减少性外，B 样条曲线的其他性质都可推广到 B 样条曲面。

（4）与 B 样条曲线分类一样，自由曲面沿任一参数方向所取的节点序列不同，可以分为均匀、准均匀、分片 Bézier 与非均匀 B 样条曲面这 4 种类型。

5.5　NURBS 曲线和曲面

B样条技术在自由曲线、曲面的设计和表示方面显示出其优点,但在表示初等曲面时却遇到了麻烦。在很多应用领域(例如飞机、造船、汽车等工业中,圆弧、椭圆弧、抛物线、圆锥面等)经常出现,这些形状都表示精确且往往要求很高。传统的B样条技术只能精确地表示抛物线、抛物面,对其他的二次曲线、曲面,只能近似表示。因此,在一个造型系统内,无法用一种统一的形式表示曲面。非均匀有理B样条技术正是在这样的背景下逐步发展成熟起来的。

一般将非均匀有理B样条技术简称为 NURBS。NURBS 曲线、曲面能够被迅速接受的主要原因在于:

(1)NURBS 技术可以精确表示规则曲线和曲面(例如圆锥曲线、二次曲面、旋转曲面等)。传统孔斯方法、Bézier 方法、非有理 B 样条方法都做不到这一点,它们往往需要进行离散化,使造型不便并且影响精度。

(2)可以把规则曲面和自由曲面统一起来,因而便于用统一的算法进行处理和使用统一的数据库进行存储,程序量可明显减少。

(3)由于增加了额外的自由度(权因子),若使用得当,有利于曲线、曲面形状的控制和修改,使设计者更方便地实现设计意图。

(4)NURBS 技术是非有理 Bézier 和 B 样条形式的推广,大多数非有理形式的性质和计算技术可以容易地推广到有理形式。

5.5.1　NURBS 曲线的定义和性质

NURBS 曲线有三种表达方式,包括有理分式表示、有理基函数表示和齐次坐标表示。这里主要介绍有理基函数表示:

$$r_u = \sum_{i=0}^{n} VR_{i,k}(u)$$
$$R_{i,k}(u) = \frac{\omega_i N(u)}{\sum_{i=0}^{n} \omega_j N(u)}$$

其中,$R_{i,k}(u)(i=0,1,\cdots,n)$ 称为 k 次有理基函数。它具有 k 次规范 B 样条基函数 $N(u)$ 类似的性质。

(1)局部支撑性质。$R_{i,k}(u)=0, u \notin [u_i, u_{i+k+1}]$。

(2)规范性。$R_{i,k}(u)=1$。

(3)非负性。对于所有的 i,k,u 值,都有 $R_{i,k}(u) \geq 0$。

(4)可微性。若分母不为零,则在节点区间内是无限次连续可微的,在节点处是 $k-r$ 次连续可微的,其中 r 是该节点的重复度。

(5)若 $\omega_i = 0$,则 $R_{i,k}(u)=0$。

(6)若 $\omega_i \to +\infty$,则 $R_{i,k}(u)=1$。

(7)若 $\omega_j \to +\infty, j \neq i$,则 $R_{i,k}(u)=0$。

(8)当 $\omega_i = c, i=0,1,\cdots,n(n$ 为常量)时,k 次有理基函数则退化成为 k 次规范 B 样条基函数。

使用 NURBS 曲线的有理基函数形式可以更加清楚地说明 NURBS 曲线的几何性质。所以,在讨论 NURBS 曲线的性质之前,应该首先讨论有理基函数的几何性质。

(1) 局部性。基函数只有在 $[u_i, u_{i+k+1}]$ 区间非零。

(2) 非负性。对于所有的 i, k, u 值,都有 $R_{i,k}(u) \geqslant 0$。

(3) 可微性。$R_{i,k}(u)$ 在定义区域内各阶导数存在,在节点处是 $k-m$ 次连续可微的,其中 m 是该节点的重复度。

(4) 规范性。$R_{i,k}(u) = 1$。

(5) 当 $\omega_i = c$(c 为常量)时,有理 B 样条基则退化成为非均匀非有理 B 样条基。

根据上述有理非均匀 B 样条基的性质,可以容易地得到 NURBS 曲线的若干重要几何性质,它们类似于非有理 B 样条曲线的几何性质。

(1) 端点条件满足:

$$r(0) = V_0, r(1) = V_1, \quad r'(0) = [k\omega_i(V_1 - V_0)] / \omega_0 \omega_{k+1}$$

$$r'(1) = [k\omega_{n-1}(V_n - V_{n-1})] / \omega_n(1 - u_{n-k-1})$$

(2) 射影不变性。对曲线的射影变换,等价于对其控制顶点的射影变换。

(3) 凸包性。如果 $u \in [u_i, u_{i+1}]$,那么曲线 $r(u)$ 是位于三维控制顶点 $V_{i-k}, \cdots, V_i$ 的凸包之中。

(4) 曲线 $r(u)$ 在分段定义区间内部无限可微,在节点重复度为 m 的节点处 $k-m$ 次可微。

(5) 无内节点的有理 B 样条曲线为有理 B 样条 Bézier 曲线。

5.5.2　NURBS 曲面的定义和性质

类似于 NURBS 曲线,NURBS 曲面也可以写出 3 等价的表达形式,包括有理分式表示、有理基函数表示和齐次坐标表示。这里主要介绍有理基函数表示。

$$r(u, w) = \sum_{i=0}^{n_u} \sum_{j=0}^{n_w} V R_{i,k_u,j,k_w}(u, w) \tag{5-50}$$

其中,$R_{i,k_u,j,k_w}(u, w)$ 是双变量有理基函数。

$$R_{i,k_u,j,k_w}(u, w) = \frac{w_{i,j} N_{i,k_u}(u) N_{j,k_w}(w)}{\displaystyle\sum_{i=0}^{n_u} \sum_{j=0}^{n_w} w_{i,j} N_{i,k_u}(u) N_{j,k_w}(w)} \tag{5-51}$$

从式(5-51)可以明显看出,双变量有理基函数不是两个单变量函数的乘积,所以,一般地,NURBS 曲面不是张量积曲面,如图 5-11 所示。

图 5-11　NURBS 曲面

双变量有理基函数 $R_{i,k_u,j,k_w}(u,w)$ 具有与非有理 B 样条基函数 $N_{i,k_u}(u)N_{j,k_w}(w)$ 相类似的函数图形与性质。

(1) 局部性。当 $u \notin [u_i, u_{i+k_u+1}]$ 或 $u \notin [u_j, u_{j+k_w+1}]$ 时，$R_{i,k_u,j,k_w}(u,w)=0$。

(2) 规范性。$\sum\limits_{i=0}^{n_u} \sum\limits_{j=0}^{n_w} VR_{i,k_u,j,k_w}(u,w)=1$。

(3) 可微性。在每个子矩形域内所有偏导数存在,在重复度为 r 的节点处沿 u 向是 k_u-r 次可微的,在重复度为 w 的节点处沿 r 向是 k_w-r 次可微的。

(4) 双变量 B 样条基函数的推广,即当所有 $w_{i,j}=1$ 时,有

$$R_{i,k_u,j,k_w}(u,w)=N_{i,k_u}(u)N_{j,k_w}(w)$$

有理 B 样条曲面具有与非有理 B 样条曲面相类似的几何性质。也可以说,NURBS 曲线的大多数性质都可以推广到 NURBS 曲面,如:

(1) 局部性质是 NURBS 曲线局部性质的推广。

(2) 与非有理 B 样条一样的凸包性质。

(3) 仿射与透视变换下的不变性。

(4) 沿 u 向的重复度为 r 的节点处是参数 C^{k_u-r} 连续的,沿 w 向的重复度为 r 的节点处是参数 C^{k_w-r} 连续的。

(5)NURBS 曲面是非有理与有理 Bézier 曲面及非有理 B 样条曲面的合适推广。它们都是 NURBS 曲面的特例。NURBS 曲面不具有变差减少性质。

类似于曲线情况,权因子是附加的形状参数。它们对曲面的局部推拉作用可以精确地定量确定。

在 NURBS 曲面中,每个节点矢量的两端节点通常都取成重节点,重复度等于该方向参数次数加1,这样可以使 NURBS 曲面的 4 个角点恰恰就是控制网络的 4 角顶点,曲面在角点处的单向偏导矢恰好就是边界曲线在端点处的偏导矢。

由 NURBS 曲面的方程可知,欲给出一张曲面的 NURBS 表示,需要确定的数据包括:控制顶点及其权因子 $V_{i,j}$ 和 $w_{i,j}(i=0,1,\cdots,n;j=0,1,\cdots,n)$,$u$ 参数的次数 k_u,w 参数的次数 k_w,u 向节点矢量 U 与 w 向节点矢量 W。次数 k_u 与 k_w 也分别隐含于节点矢量 U 与 W 中。

第6章 真实感图形的生成与处理

　　真实感图形,顾名思义,就是看起来具有真实感的图形。而前面所讨论的图形主要是讨论其几何外形的。真实感图形不仅几何外形具有真实感,其表面色彩方面的视觉效果(颜色和明暗色调)也应具有真实感。

　　真实感图形设计是计算机图形学的一个重要组成部分。真实感图形设计需要数学、物理学、计算机学科和其他学科知识在计算机图形设备上生成像彩色照片那样的真实感图形。真实感图形设计技术在各个领域中有非常广泛的应用,利用计算机设计真实感图形有很大的实用价值。例如在产品外形设计中,常需制作实物模型来检查设计效果。特别是那些对外形美感要求较高的产品,往往需要根据模型反映的问题不断修改设计方案,以获得最佳造型效果。这就需要反复制作模型,耗费大量人力和物力。而采用计算机真实感图形设计技术,就可方便地在屏幕上显示产品各种角度的真实感视图,并在屏幕上直接对外形进行交互式的修改,应用设计技术可以代替实物模型的制作。同样,建筑师在建筑设计时,也可不必制作精致的模型,只需将他的设计通过各种真实感视图表现出来。这种技术大大节约了人力和物力,并使设计周期得以缩短,质量得到提高。

　　真实感图形技术广泛用于动画以及影视广告制作中,由于需要模拟真实的场景和画面,甚至包括许多实际上有很大危险性或不可实现的场景和画面,通过具有真实感的计算机图形技术就可以很方便地得到。真实感图形技术通过游戏引擎这类制作工具,能很方便地得到这些场景和画面。市面上大部分游戏所使用的游戏引擎大致分为两种类别,一种为商业游戏引擎,比较著名的有 Unity,Unreal 等,另一种为游戏开发商的自研游戏引擎,例如 Ubisoft 的 Anvil,Infinity Ward 的 IW 引擎等。Steam 上发布的游戏所使用的游戏引擎见表 6-1。

表 6-1　Steam 上发布的游戏所使用的游戏引擎(截至 2024 年)

游戏引擎	游戏数量/个	占 Steam 游戏百分比/(%)
Unity	47 356	56.46
Unreal	13 623	16.24
GameMaker	49 65	5.92
RPGMaker	3 227	3.85
PyGame	2 621	3.12
RenPy	2 548	3.04
Godot	1 616	1.93
XNA	1 048	1.25

续表

游戏引擎	游戏数量/个	占 Steam 游戏百分比/(%)
Cocos	739	0.88
Adobe Air	445	0.53
其他引擎	5 693	6.79
已知引擎的游戏总数	83 881	

端游时代,东西方几乎同时起步,国内服务器游戏引擎甚至领先海外,而在客户端,也就是在图形、渲染、物理效果等方面较弱。手游时代,基于商业化考量及工具成熟度,国内厂商转向选择商用引擎。

目前,国内较为出名的商用游戏引擎为 Cocos,在全球移动游戏市场已经占据了 30% 的市场份额。而在游戏之外的在线教育领域,Cocos 的市场占有率一度高达 90%——由于出色的易用性,Cocos 成为各家教育机构制作"游戏化课件"的首选。

除此之外,Cocos 与华为鸿蒙、字节跳动深度合作,是全球首家支持 HarmonyOS 的游戏引擎,还以实验性功能支持在字节小游戏中使用平台提供的 PhysX 物理能力。国产图形软件在外企的激烈竞争下依然蓬勃发展。经过多年的技术积累与经营,打下了良好的引擎生态基础,国产游戏引擎也因此在全球范围写下了重要的一笔。国内厂商的通力合作,万众一心,也为各界从业者树立起良好的民族自信心,让国产软件能够走得更高更远。Cocos 游戏引擎展现的真实感图形如图 6-1 所示。

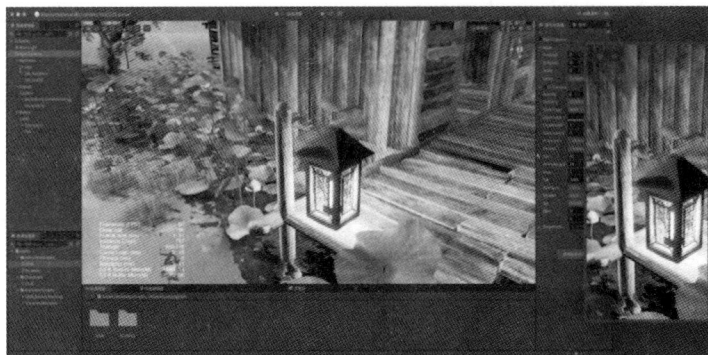

图 6-1 Cocos 游戏引擎展现的真实感图形

在游戏领域,近期火热的国产游戏《黑神话:悟空》(见图 6-2)被誉为"国内首部 3A 大作"。3A 概念起源于美国,往往代表着游戏行业的最高制作标准。有人说是"A lot of money"(大量金钱)、"A lot of resources"(大量资源)以及"A lot of time"(大量时间),还有人说是"A grade quality"(高质量)、"A level in"(高投入)、"A grade sales"(高销量)。总结下来,"3A 大作"就是研发周期长、资源投入大的高质量产品。国内游戏产业起步晚,人才、技术积累不够,具备国际视野和全球竞争力的研发公司有限,愿意沉下心来原创、研发、打磨产品的公司不多。面对 3A 产品的高额投入、超长研发周期以及回报的不确定性,有耐心、敢于尝试技术突破的公司更是少数。这导致了国内游戏行业一直缺乏在商业上成功的,优质的 3A 作品。而《黑神话:悟空》的火爆全球,为国内游戏行业注入了新的活力,也为游戏行业从业者带来更多信心。

图 6 - 2 　《黑神话:悟空》游戏画面

　　为游戏带来沉浸感的重要因素之一,就是逼真和唯美的游戏画面,这需要用到真感图形技术。游戏科学团队通过大量的实景扫描与精心创作,将中国古建筑与名胜古迹的精髓融入游戏场景中,为玩家带来了独一无二的沉浸式体验。随处可见的中国式建筑和佛教雕像为游戏增添了浓厚的东方韵味,再配合出色的光影效果,无论是阳光透过树林的微光,还是火光照亮岩洞的炽热感,都使玩家感受到光线与环境的完美融合,进一步增强了沉浸感。游戏也正在成为文化传播的重要载体,借由游戏带来的视听冲击让场景体验更为沉浸,更多的人开始注意到游戏背后的线下场景和历史文化故事。游戏中还原了山西晋城玉皇庙、重庆大足石刻等名胜古迹,融合了陕北说书等非遗文化,这些游戏中的传统文化体验已经有向线下延伸的趋势。为我国文化的发扬与传播带来十足的贡献。除此之外,真实感图形设计技术在飞行训练、战斗模拟、分子结构研究、医学等领域都有广阔的应用前景。

　　真实感图形的设计必须要考虑物体表面的颜色和明暗色调,以便用来表现物体的几何形状、空间位置以及表面构成的材料,因此我们需要光学物理的有关知识,用数字的方式表示光的大小、强弱和色彩组成以便借助于计算机进行处理。图 6 - 3 所示为创建一个真实感图形的原理。本章将从可见面判别算法、简单光照模型、明暗处理方法、透明的处理、阴影产生、整体光照模型与光线跟踪、纹理映射和颜色模型等几个方面展开介绍。

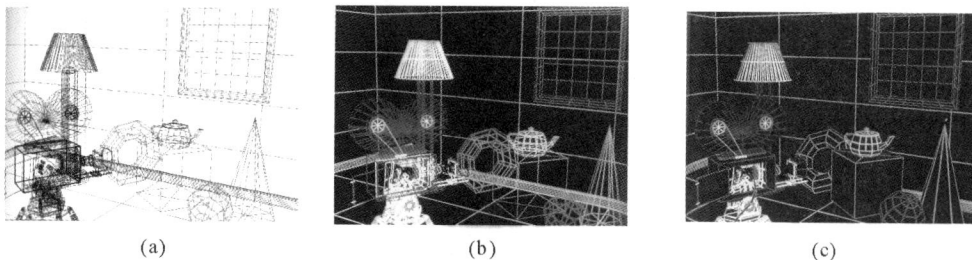

(a)　　　　　　　　　　(b)　　　　　　　　　　(c)

图 6 - 3 　创建真实感图形的原理

(a)集合元素组成的线框图;(b)线框图着色,产生层次感;(c)擦掉无用的辅助线条

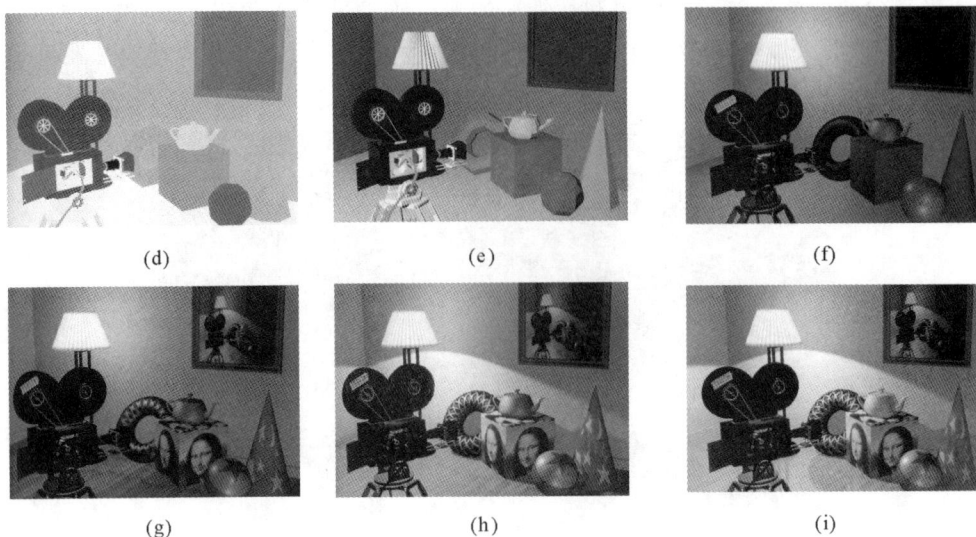

续图 6-3　创建真实感图形的原理

(d)对不同的表面着色；(e)颜色细化；(f)添加材质效果；(g)添加纹理；(h)打光；(i)光线的柔化处理

6.1　可见面判别算法

在世界坐标系下定义的物体，经过空间转换、裁剪，可以投影到观察平面，再变换或映射到视图区并显示出来。物体是通过线框图来表示的。而线框图是将物体的各个部分都显示出来而不管其是否看得见。图 6-4 所示为线框投影图,存在二义性。

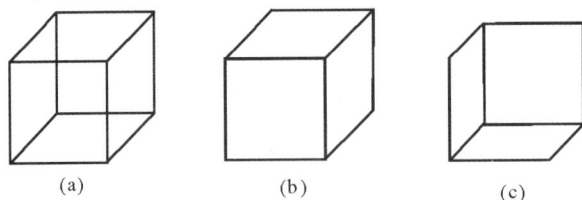

图 6-4　线框投影图的二义性

要消除上述二义性,在显示三维图形物体时,就要决定物体上每条棱边在视图中的位置和它的可见性,对不可见的就必须抹掉或加以区别。这种找出并消除物体中不可见的部分的过程,称为消隐图。若消除的是物体上不可见的线段,即棱边,则称为线消隐。若消除的是物体上不可见的面,就称为面消隐。隐藏面消除算法也称为可见面判别算法,下面将分别加以介绍。

6.1.1　隐藏线消除算法

假定三维形体是用线架模型表示的,空间长方体由 12 条边组成。当我们看这个长方体时,若将长方体的 12 条边都画出来,则很难判断哪些边是可见的,哪些边是不可见的,在这种情况下会产生体表示上的二义性,如图 6-5(a)所示。为了表示一种比较真实的显示效果,通常面向视点的所有边都是可见的,将这些边画出来。背向视点的所有边都是不可见的,不用将这些边画出来,或者画成虚线形式,如图 6－5(b)中虚线所画的三条边。以这种方式显示的物体和用眼睛看到的三维物体相同。将这种消除所有隐藏边的算法称为隐藏线消除算法。

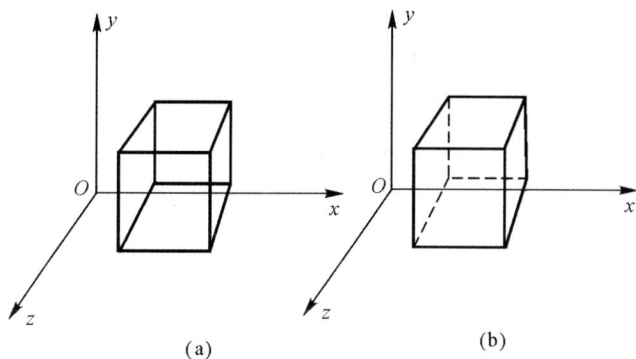

图 6－3　隐藏线消除示意图

6.1.2　隐藏面消除算法

假定空间三维形体是由一系列平面多边形面表示的。三维空间长方体是由 6 个面围成的。给定视点与观察方向后,对视点来讲,并不是所有的面都是可见的。因此,在显示长方体时,只需显示可见的面,无须显示隐藏的面,将这种消除隐藏面的算法称为隐藏面消除算法。如图 6－6(a)所示,$ABCD$ 面、$AEHD$ 面、$HGCD$ 面都是隐藏面,都应该消除。隐藏面消除后的图如图 6－6(b)所示。

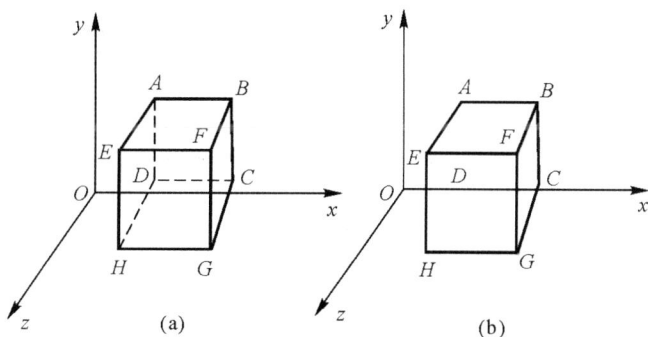

图 6－6　隐藏面消除示意图

隐藏面的消除与隐藏线消除有时是相互关联的。由隐藏线所围成的面是隐藏面,两个隐藏面所共有的线为隐藏线。

对一个多面体来说,所有面的法向量都指向体外。如果将一个面的法向量指向的一面称为正面,那么另一面为反面。一般通过观察方向与面的法向量之间的关系来判断一个面对于给定的视点和观察方向是否可见,如图 6－7(a)所示。

给定观察方向的向量后,结合每一个面的法向量,判断这两个向量之间的夹角,如果夹角小于 90°,那么说明该面背向视点,则该面为隐藏面,不可见。如果夹角等于 90°,那么该面退化为一条可见的直线。如果夹角大于 90°,那么说明该面朝向视点,该面可见,为可见面。例如，观察方向向量与 n_1 法向量的夹角大于 $90°$，则 n_1 所对应的平面可见。观察方向向量与 n_4 法向量的夹角小于 $90°$，则 n_4 所对应的平面不可见。消除隐藏面之前的长方体如图 6-5(a) 所示。消除隐藏面以后的长方体如图 6-7(b) 所示。

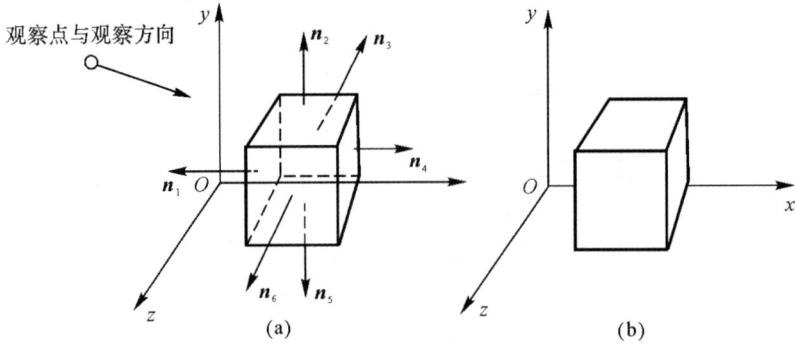

图 6-7　长方体隐藏面消除

隐藏面的消除算法有三维空间的隐藏面消除算法，也有二维图像空间的隐藏面消除算法。区域排序算法、Z Buffer 算法与扫描线算法都是属于二维图像空间的隐藏面消除算法。下面介绍最常用的 Z Buffer 隐藏面消除算法。

Z Buffer 隐藏面消除算法原理如下。首先针对显示器的像素点阵建立两种缓冲存储单元阵列：Z Buffer 与 C Buffer 阵列。Z Buffer 与 C Buffer 存储单元阵列中的每一个存储单元与显示器像素点阵中的一个像素唯一对应，如图 6-8 所示。

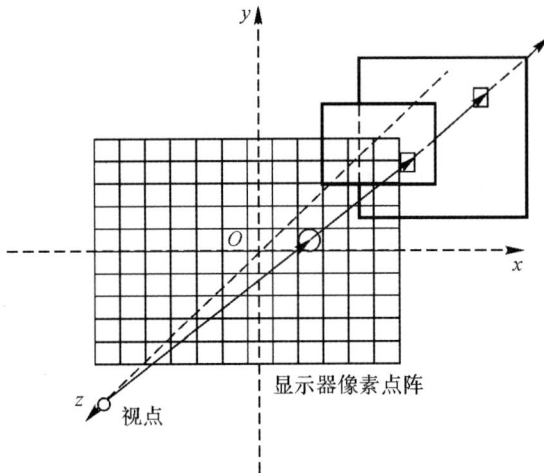

图 6-8　Z Buffer 隐藏面消除算法

从视点出发通过每个像素点发出一条射线，该射线与观察坐标系中多边形面有一个交点，用对应于该像素点的 Z Buffer 存储单元存放该交点的 z 坐标，用 C Buffer 中的对应存储单元存放该交点所在多边形面的颜色。因此，Z Buffer 也称为深度缓存，C Buffer 也称为颜色缓存。

显示器像素点阵与 Z Buffer，C Buffer 存储单元对应关系如图 6-9 所示。

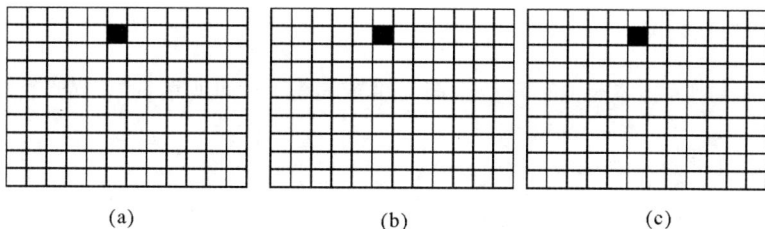

图 6-9　显示器像素点阵与 Z Buffer,C Buffer 存储单元对应关系

(a)显示器像素点阵；(b)Z Buffer 存储单元阵列；(c)C Buffer 存储单位阵列

设像素点阵的大小为$(ij;i=1,2,\cdots,m;j=1,2,\cdots,n)$,则 Z Buffer 与 C Buffer 缓存阵列的大小也分别为 ij。

算法的过程如下：

(1)置 Z Buffer 所有存储单元的值为最小的 z 值,置 C Buffer 所有存储单元的值为背景颜色。

(2)计算穿过每个像素点的射线与多边形交点的 z 坐标值,并判断该 z 坐标值与 Z Buffer 中相应存储单元值 Z Buffer(i,j) 的大小。如果 z 大于 Z Buffer(i,j),那么用 z 值替代 Z Buffer 存储单元值 Z Buffer(i,j),并用多边形在该点处的颜色值替代 C Buffer(i,j) 中的颜色值。否则,Z Buffer 与 C Buffer 存储单元中的值不变。

(3)对所有的像素点与所有多边形都作这种判断,最后就生成了空间三维物体的面消隐图形。

6.2　简单光照模型

当光照射到物体表面时,光线可能被吸收、反射和透射。被物体吸收的部分转化为热。反射、透射的光进入人的视觉系统,使我们能看见物体。为模拟这一现象,建立一些数学模型来替代复杂的物理模型,光照模型是在已知物体物理形态和光源性质的条件下,计算场景的光照效果的数学模型。

对简单光照模型而言,都是假定光源是点光源,当物体非透明且表面是光滑的时,只考虑物体表面的反射光。物体表面的反射光可以分为环境光、漫反射光和镜面反射光。

6.2.1　环境光

环境光是指光源间接对物体的影响,是在物体和环境之间多次反射,最终达到平衡时的一种光。我们近似地认为,同一环境下的环境光,其光强分布是均匀的,它在任何一个方向上的分布都相同。例如,透过厚厚云层的阳光就可以称为环境光。在简单光照模型中,我们用一个常数来模拟环境光,用式子表示为 $E_e=I_aK_a$。其中,E_e 是物体表面上的一点由于受到环境光照明而反射出来的光能,称为环境光反射强度。I_a 为物体在漫射照明时所受到的光能强度,称为环境光的强度。K_a 为环境光的漫反射系数,也就是物体表面对环境光的反射系数,$0 \leqslant K_a \leqslant 1$。

6.2.2　镜面反射光

在光源的照射下,物体表面可以产生高亮度或是亮点,即所谓的"高光"效应,这种现象称为镜面反射。

按照 Phong 模型提出的公式,镜面反射光的数学模型可表示为 $E_s = I_s K_s \cos^n \phi$,如图 6-10 所示。其中:E_s 为镜面反射光在观察方向上的光强;I_s 为点光源的强度;ϕ 为视点方向与镜面反射方向的夹角;K_s 为物体表面的反射率,也称为镜面反射系数;n 是一个与物体表面粗糙度有关的常数,用以模拟各种表面反射光的空间分布情况,表面越光滑,其值就越大。

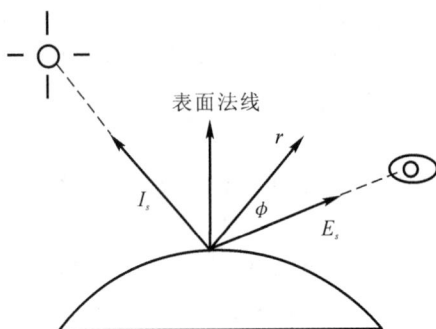

图 6-10　反射光计算　　　　图 6-11　漫反射光计算

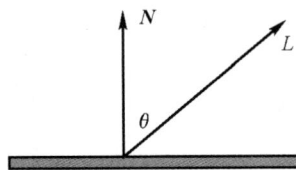

6.2.3　漫反射光

粗糙物体表面上反射光向各个方向散射,从各个视角观察到的光亮度是几乎相同的。通常所说的物体颜色实际上就是入射光线被漫反射后所表现出来的颜色。

漫反射光的数学模型可表示为 $E_d = I_d K_d \cos\theta$,如图 6-11 所示。其中,E_d 为表面漫反射光的亮度;I_d 为从点光源发出的入射光的强度;K_d 为入射光的漫反射系数;θ 是入射光与表面上点的法向量 N 之间的夹角。

图 6-12(a)(b) 所示分别为镜面反射和漫反射模型。

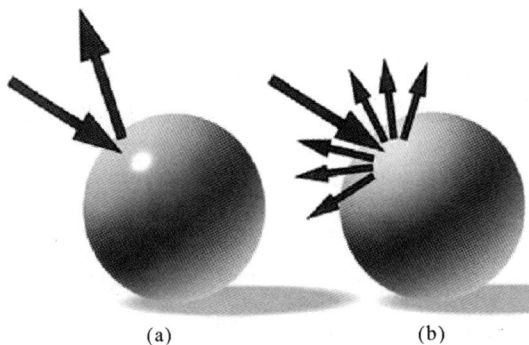

(a)　　　　　　(b)

图 6-12　镜面反射和漫反射模型

6.2.4　Phong 模型

综合上面介绍的光反射作用的各个部分,将前面所述的三种反射光的能量叠加在一起,就

可以得到一个比较完整的基本光照模型,即

$$E = E_e + E_d + E_s = I_a K_a + I_d K_d \cos\theta + I_s K_s \cos^n\phi$$

上式所进行的光强计算只是假定只有一个点光源。若在场景中有多个点光源,则可以在任一点光源处叠加各个光源所产生的光源效果。一个实用的光照模型如下:

$$E = E_e + E_d + E_s = I_a K_a + \sum I_{(d,i)} K_d \cos\theta_i + \sum I_{(s,i)} K_s \cos^n\phi_i$$

该公式又称为 Phong 模型。

由于辐射光线从一点光源出发在空间进行传播的时候,它的强度会随着距离的增大而减少,其与物体表面某点开始距离光源的空间路程的长度 d 的二次方成反比。因此,若要得到真实感的图形光照效果,在光照模型中就必须考虑光强的衰减。通常的图形软件包通过使用 d 的线性或二次函数的倒数来实现光强度的衰减。例如:

$$f(d) = \frac{1}{a + bd + cd^2}$$

使用该函数可将基本的光照模型表示如下:

$$E = I_a K_a + \sum f_{(d,i)} I_{(d,i)} K_d \cos\theta_i + \sum f_{(d,i)} I_{(s,i)} K_s \cos n\phi_i$$

Phong 光照模型是真实感图形学中提出的第一个有影响的光照模型,生成图像的真实度已经达到可以接受的程度。但是在实际的应用中,由于它是一个经验模型,还具有以下的一些问题:用 Phong 模型显示出的物体像塑料,没有质感;环境光是常量,没有考虑物体之间相互的反射光;镜面反射的颜色是光源的颜色,与物体的材料无关;镜面反射的计算在入射角很大时会产生失真;等等。图 6 - 13 所示为 Phong 光照模型示意图。

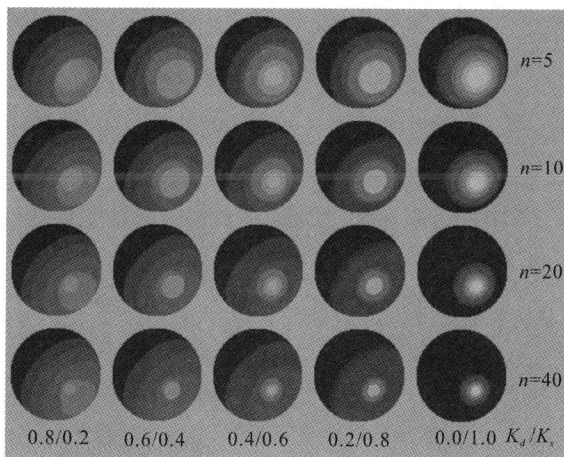

图 6 - 13　Phong 光照模型示意图

6.3　明暗处理方法

简单的光照模型主要用于物体表面某点处的光强度的计算。此外,还需要通过光照模型中的光强度计算来确定场景中物体表面的所有投影像素点的光强度,即面的明暗处理。在进行明暗处理后,可以使得所生成的物体图形具有层次感。下面介绍计算机图形学中几个较为常用的明暗处理方法。

6.3.1　Flat 明暗处理法

Flat 明暗处理法也称为恒定光强的明暗处理,这种方法主要适用于平面体的真实感图形的处理。它只是采用一种颜色来对多边形进行绘制,在多边形上任意一点,利用简单光照模型计算出该点的颜色,就把这点的颜色作为多边形的颜色。如果三维场景中光照条件满足以下要求,恒定光强的多边形绘制方式也可以得到一个比较真实的场景,如图 6-14 所示。

(1) 光源处于无穷远处(L 恒定)。

(2) 观察点距离物体表面足够远(V 恒定)。

(3) 多边形是景物的精确表示,而不是一个含有曲线景物的近似表示(n 恒定)。

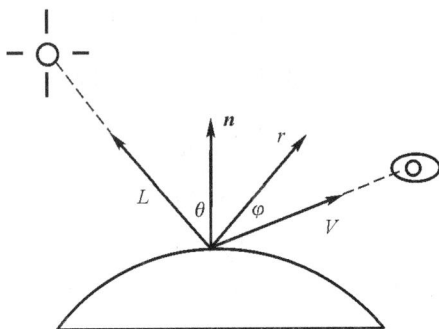

图 6-14　*Flat* 明暗处理法

当不满足上述的三个条件时,仍然可以采用小多边形面片根据平面明暗来合理地处理近似物体表面光照效果,也就是需要计算每个小面片中心的光强度值作为该面片的值。

但是当曲线面景物用小多边形面片来进行表示时,会出现以下问题:一方面,当把曲面细分,就会增大计算量;另一方面,如果采用的离散精度不够高,相邻的多边形交接处会出现马赫带效应,如图 6-15 所示,造成物体表面颜色过渡不自然。为了解决这个问题,可以采用对颜色进行插值的 Gouraud 方法,或采用对多边形顶点法矢量进行插值的 Phone 明暗处理方法。

图 6-15　马赫带效应

6.3.2　Gouraud 明暗处理法

Gouraud 明暗处理方法,又称亮度插值明暗处理,是由 Gouraud 所提出的一种光强插值模式。它是通过在面片上将光强度值进行线性插值来对该多边形面片进行绘制的。

Gouraud 算法基本思想：首先计算多个面公共顶点的法向量，再由每个顶点的法向量计算出每个小多边形顶点的光颜色、光强度值，通过对多边形顶点处的光颜色、光强度值进行线性插值，求出该小多边形内部所有点的颜色、光强度值。Gouraud 算法的法向量计算示意图如图 6-16 所示。

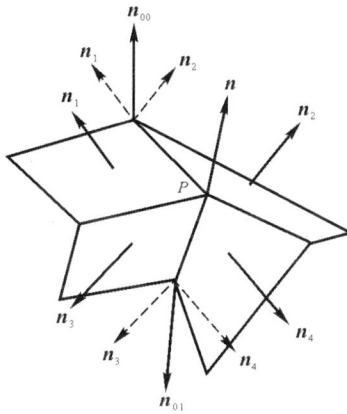

图 6-16　Gouraud 算法的法向量计算示意图

首先需要进行多个面的公共顶点的法向量计算。在图 6-16 中，在 4 个面的公共顶点 P 处，总共有 4 个法向量 n_1,n_2,n_3,n_4，如果按每个面的法向量计算 P 点的光强度，则在 P 点的周围明暗不均匀。为了解决这个问题，求 n_1,n_2,n_3,n_4 这 4 个法向量的和向量 n，则 n 向量就为 P 点的公共向量。同样，在两个相交边处也可采用相似的方法求其共有向量。根据求得的法向量，利用局部光照模型计算每个顶点的光颜色、光强度值，再利用每个顶点的光颜色、光强度值，通过线性插值方法计算每个面内点的光颜色、光强度值。

Gouraud 算法基本过程如下：

（1）先计算出各个小多边形顶点的法线向量。

（2）在给定光源与物体表面各特性参数基础上，用局部光照计算模型计算每个顶点的光颜色、光强度值。

（3）由两顶点的光颜色、光强度值，通过线性插值计算出两个顶点之间的边上的各点的光颜色、光强度值。

（4）针对每一条与多边形边相交的水平扫描线，再由小平面多边形边与该扫描线的交点的光颜色、光强度值，通过线性插值计算出该扫描线上位于多边形内部的各像素点的光颜色、光强度值。通过水平扫描线从上向下的移动，也就相应求出了小多边形平面上所有点的光颜色、光强度值。

针对平面多边形内部点的光颜色、光强度值采用线性插值计算：

$$I_a = I_1 \frac{y_2 - y_a}{y_2 - y_1} + I_2 \frac{y_a - y_1}{y_2 - y_1}$$

$$I_b = I_2 \frac{y_b - y_3}{y_2 - y_3} + I_3 \frac{y_2 - y_b}{y_2 - y_3}$$

$$I_c = I_a \frac{x_b - x_c}{x_b - x_a} + I_b \frac{x_c - x_a}{x_b - x_a}$$

线性插值的计算过程如图 6 - 17 所示。

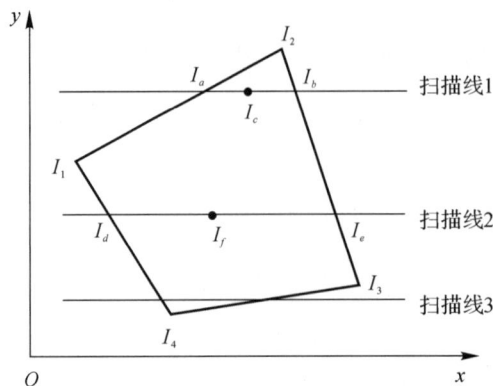

图 6 - 17　Gouraud 算法光强度双线性插值算法

其余点的光强度计算类似。如果在两个小平面相连接的边界处想保留光线明暗变化,则在公共边处分别按不同平面的法向量计算相应点的光强度。

Gouraud 算法的优点是计算量小。Gouraud 算法的缺点:高光区域有时会出现异常;当对曲面用不同的多边形进行分割时会产生不同的显示效果。Flat 和 Gouraud 算法效果比较如图 6 - 18 所示。

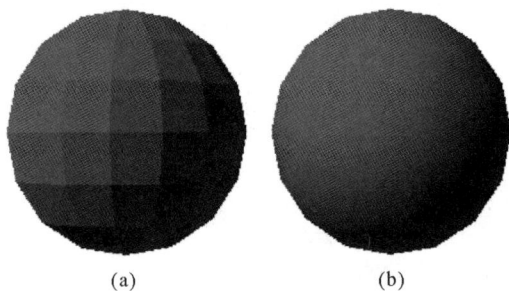

图 6 - 18　Flat 和 Gouraud 算法效果比较
(a)Flat 算法效果;(b)Gouraud 算法效果

6.3.3　Phong 算法向插值法

Phong 算法向插值法是沿着扫描线对其上的各个点的法矢量进行插值,这样就可以在与任何一个像素所对应的平面多边形的点上计算法向,从而计算该像素的光亮度值。

Phong 算法基本思想:通过对平面多边形各顶点的法向量进行双线性插值,计算出平面多边形内部各点的法向量,再由所有这些点的法向量通过局部光照模型计算平面多边形上所有点的光颜色与光强度值。

计算过程如下:

(1)计算平面多边形的单位法矢量。

(2)计算多边形各顶点处的单位法矢量。

(3)通过多边形各顶点的单位法矢量的双线性插值计算多边形内部点的单位法向量。

（4）通过平面多边形内部各点处的单位法向量，利用局部光照明模型计算多边形内部各点光颜色、光强度值。

Phong 算法的法向量双线性插值示意图如图 6-19 所示。

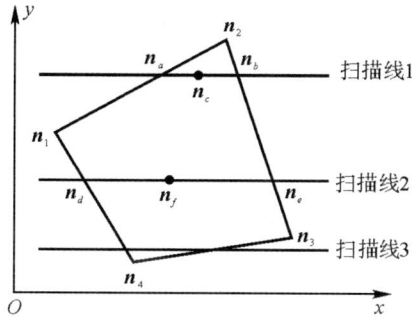

图 6-19　Phong 算法的法向量双线性插值

$$n_a = n_1 \frac{y_2 - y_a}{y_2 - y_1} + n_2 \frac{y_a - y_1}{y_2 - y_1}$$

$$n_b = n_2 \frac{y_b - y_3}{y_2 - y_3} + n_3 \frac{y_2 - y_b}{y_2 - y_3}$$

$$n_c = n_a \frac{x_b - x_c}{x_b - x_a} + n_b \frac{x_c - x_a}{x_b - x_a}$$

Phong 算法的优缺点：Phong 算法显示的图形比 Gouraud 算法更真实，能够产生正确的高光区域；由于是先计算出平面上各点的法向量，然后再计算各点的光强度，所以 Phong 算法计算量远大于 Gouraud 算法；针对某些多边形分割的曲面，Phong 算法不如 Gouraud 算法好。

除了这些传统的方法，还有一些明暗处理技术，如基于物理的渲染（Physically Based Rendering，PBR）和深度学习优化的光照模型等，这些技术在处理复杂场景和特殊效果时展现出更大的潜力。在实践中，选择合适的明暗处理方法通常需要根据具体的应用场景、性能要求和视觉效果进行综合考虑。可以通过实验和数据分析来验证不同方法的效果，从而选择最适合的技术方案。

6.4　透 明 处 理

通常而言，对于透明物体，其表面会同时产生反射光和折射光，所以我们可以透过这种材料看到后面，如图 6-20 所示。折射光由平面多边形背后的发光体所形成，这些物体的反射光穿过透明表面而增加表面的总光强。

模拟透明的最简单方法是忽略光线在穿过透明物体时所发生的折射。产生简单透明效果的方法通常有两种：插值透明方法与过滤透明方法。

1. 插值透明

如图 6-21 所示，多边形 1 是透明的，它位于观察者与不透明多边形 2 之间。像素颜色 I_λ 由 A，B 两点的颜色 $I_{\lambda 1}$ 和 $I_{\lambda 2}$ 的插值产生，在图中像素的颜色值表示为

$$I_\lambda = (1 - K_{t1}) I_{\lambda 1} + K_{t1} I_{\lambda 2}$$

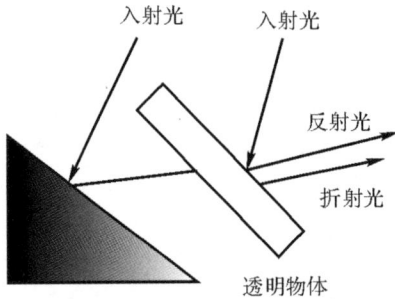

图 6-20　反射光和折射光

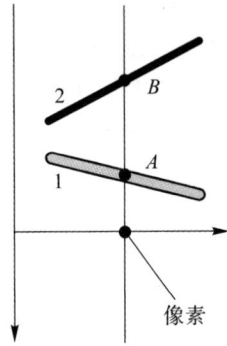

图 6-21　简单透明处理

其中，$0 \leqslant K_{t1} \leqslant 1$ 为多边形的投射系数，$K_{t1}=0$ 为完全不透明。通常只对两个多边形表面颜色的环境光分量和漫反射分量采用上式进行插值计算，得到的结果再加上多边形1的镜面反射分量作为像素的颜色值。

2. 过滤透明

将透明物体看做是一个过滤器，它有选择地允许某些光透过而屏蔽了其余的光。例如，在图 6-21 中像素的颜色值表示为

$$I_\lambda = I_{\lambda 1} + K_{t1} C_{t\lambda} I_{\lambda 2}$$

无论采用插值透明方法还是过滤透明方法，当多边形1之前还有另外的透明多边形时，上面的计算继续递归。

人们常常用深度缓冲器算法来实现透明效果。最简单的方法是：先处理不透明物体以决定可见不透明表面的深度，然后将透明物体的深度值与先前存在深度缓冲器中的值进行比较，若所有透明物体表面均可见，则计算出反射光强度并与先前存在帧缓冲器中的不透明面的光强度累加。

6.5　阴影的产生技术

当光源从一个方向照射到某物体上时，物体的某些表面会挡住一部分光线，这些表面相对于光源就是可见面，且对光源隐藏了在这些可见面背后的物体的表面，由此这些表面也可称为物体相对于光源的自隐面。设想这部分光线继续沿原来的方向前进，但起点已改成光线与物体自隐面的交点，那么这些设想的光线所能到达的空间就是该物体在指定光源下形成的阴影空间。可见，阴影空间只与光源和物体有关，而与观察者的位置无关。

但人们所看到的阴影与观察者的观察位置有关，如果只有一个光源，当观察者站在光源处这种特定情况时，观察方向与光线方向一致，观察者就看不到物体的阴影，而当观察方向逆着光线方向时，观察者看到的全是阴影。一般的情况是观察方向与光线不一致，因此存在着由光源、物体和视点共同决定的阴影。

在画面中设计客观存在的阴影可以强化画面上景物之间的远近深浅的效果，从而极大地提高画面的真实感。确定阴影区域在一些仿真应用中也是重要的，例如建筑物的采光设计、太阳能设施的配置等。设计阴影时，我们感兴趣的是湮没在阴影空间中而观察者又看得见的表

面,而不是阴影所占据的实际空间。画面上的阴影就是处于阴影中的表面,它们可以分成两类:自身阴影和投射阴影。自身阴影是由于物体自身的遮挡使光线不能到达其某些表面而形成的阴影,利用与求自隐面类似的方法可以求出这些阴影(假设视点在光源处)(例如面 ABC),如图6-22所示。投射阴影是由于较靠近光源的物体遮挡光线使离光源较远的物体上的部分或全部表面不能被光线照射而形成的阴影(例如 CBD 区域)。

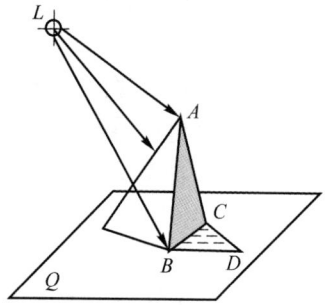

图 6 - 22　阴影

假设视点在光源处而求出的非自隐隐藏面(相对于光源的不可见面)即为投射阴影面。实际出现在画面上的阴影则是自身阴影和投射阴影相对于观察者的可见面。因此,画面中阴影的生成过程基本上相当于相对于光源和相对于观察者作两次消隐。

一种简单而直观的阴影产生方法是利用光线追踪法,从视点出发,作通过像素点的射线,找出与它相交的第一个物体及交点。这是一个可见点,从此点出发向光源作射线,如果这条射线与不透明物体相交,则此点在阴影中。另外的一些提高光线追踪算法的效率的方法,如预处理方法、阴影体方法和空间剖分法等,也可以用来产生阴影。

6.6　整体光照模型与光线跟踪

如果光照模型仅考虑光源的直接照射,而将光在物体间的传播效果模拟为环境光,那么这个模型称为局部光照模型。为了增加图形的真实感,必须考虑环境中漫反射、镜面反射等投射对物体表面所产生的整体光照效果,即整体光照模型。

前面介绍的明暗处理方法是基于插值的,不能用来表示物体表面的细节及模拟光的折射、反射和阴影等。而光线跟踪通过跟踪光线在场景中的反射和折射,能够更好地表现物体表面的细节。

6.6.1　Whitted 光照模型

局部光照模型(即简单光照模型)只考虑了直射光、环境光对单一物体表面照射情况,并在这种情况下计算物体表面的光颜色、光强度。在局部光照模型中,只考虑了单个物体的光强度计算,没有考虑在当前场景中经其他物体反射或者透射过来的光线对该物体表面的照射情况,并且没有计算这一部分光颜色、光强度。因此,局部光照模型很难表现自然界复杂场景中真实感图形。

为了增加图形显示的真实性,除了考虑各种类型光源对物体表面的直接照射外,必须考虑当前场景中来自于其他物体的漫射光、镜面反射光和透射光对该物体表面的照射,这样就会产生比较真实的照明效果,如阴影与透明效果等。将这种光照计算模型称为整体光照模型。

整体光照模型不但能够模拟物体的透明效果,而且能模拟光在景物之间的多重反射、阴影等效果。

Whitted 光照模型是一种整体光照模型,这一模型能很好地模拟光能在光滑物体表面之间的镜面反射和通过透明体产生的规则透射。整体光照明模型如图6-23(a)所示。

Whitted 光照模型基于如下分析[见图 6 - 23(b)]。物体表面射向视点方向的光强度 I 由三部分组成:

(1) 光源直接照射引起的反射光强度 I_c。

(2) 来自指向视点的 V 向量的镜面反射方向 R 的其他物体反射或折射来的光强度 I_s。

(3) 来自 V 的透射方向 t 的其他物体反射或折射来的光强度 I_t。

其中,V 方向是指向视点的方向。I_s 是来自 V 的镜面反射方向的其他物体反射或折射过来的光强度。I_t 是来自 V 的透射方向的其他物体反射或折射来的光强度。η_1 是 V 方向空间介质的折射率,η_2 是物体本身的折射率。因此,物体表面 P 点的整体光照模型光强度计算公式如下:

$$I = I_c + k_s I_s + k_t I_t$$

I_c:通过局部光照模型计算出的光强度,也可采用 Phong 模型计算。

I_s:为来自于其他物体的镜面反射方向的入射光强度。

K_s:为镜面反射系数,为 $0 \sim 1$ 之间的一个常数。

I_t:为来自于其他物体的折射方向光强。

K_t:为透射系数,是 $0 \sim 1$ 之间的常数。

Whitted 光照模型是一个递归的计算模型。

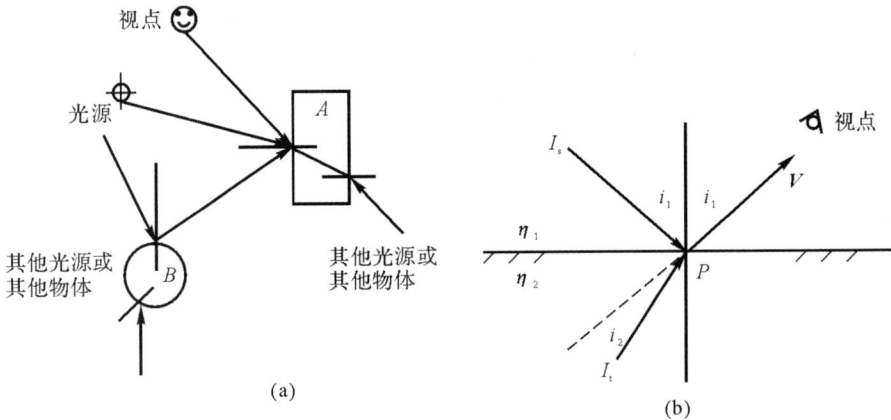

图 6 - 23　整体光照模型

6.6.2　光线跟踪的基本原理

光线跟踪(Ray Tracing)算法最早由 Apple 及 Goldstein 与 Nagel 在 1968 年提出。Apple 用光线的一个稀疏网格判定场景的明暗度,包括确定一点是否在阴影中。Goldstein 与 Nagel 最初用他们的算法模拟弹道发射与核粒子的轨迹,后来才将其用于计算机图形学中。Aplle 最早研究光线跟踪算法来计算阴影,而 Goldstein 与 Nagel 最先应用光线跟踪算法求布尔集合运算。Whitted 和 Kay 将光线跟踪算法扩展到计算物体表面高光反射与折射。

光线跟踪算法是一种在由多光源与多个物体组成的场景中对物体进行消隐与整体光强度计算的算法。该算法利用光线的可逆性,从视点出发,沿着视线进行追踪,模拟光的传播路径来确定反射、折射和阴影等,更好地表现物体表面的细节。它是沿着到达视点的光线的反方向跟踪,经过屏幕上每一像素,找出与视线所交的物体表面点,并继续跟踪,找出影响该点光强的所有光源,从而算出该点上精确的光照强度。

　　光线跟踪二叉树:树的节点代表物体表面与跟踪线的交点,节点间连线代表跟踪线。每个节点左侧代表反射产生的跟踪线,右侧代表透射产生的跟踪线,线末空箭头表示跟踪线射出场景。后续遍历光线跟踪树。在每个节点处,递归调用光照模型,算出跟踪射线方向的光强,并按照两个表面交点之间的距离进行衰减后,传递给父节点。最后求出屏幕像素处的亮度。光线跟踪算法原理如图 6 - 24 所示。

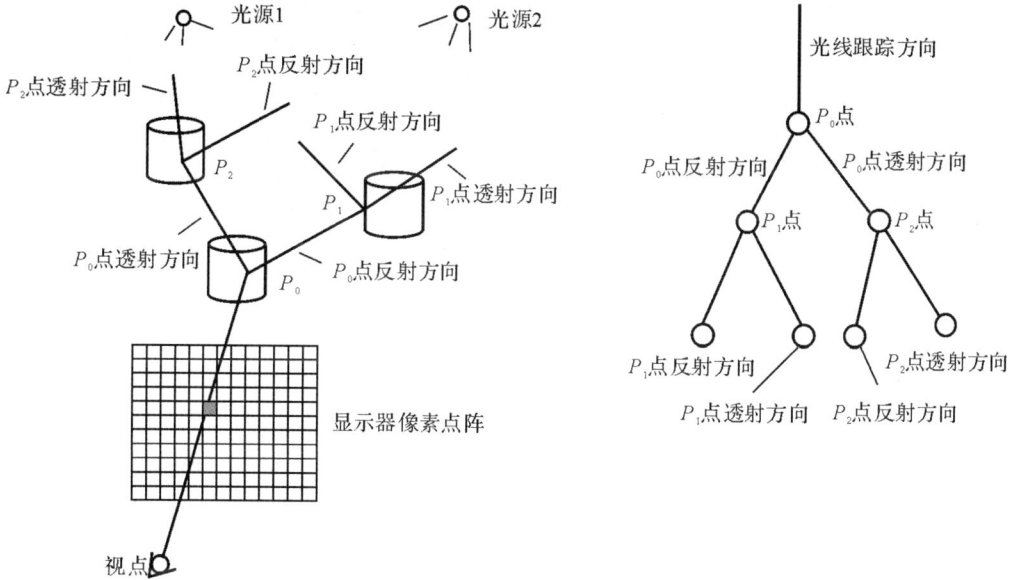

图 6 - 24　光线跟踪算法原理

　　整体光强度计算包括直接照射到物体表面上一点的漫射光源、直射光源、透射光源,还包括来自反射跟踪方向的其他物体传来的光强与沿着透射跟踪方向的其他物体传来的光强。

　　光线跟踪算法的应用主要包括以下几个方面:

　　(1) 由于考虑了场景中物体之间的反射与透射光的相互影响,因此能显示十分逼真的效果,并能够产生影子效果。

　　(2) 在物体显示的同时,自然完成消隐功能。

　　(3) 光线跟踪算法的缺点是计算量特别大,显示速度慢,但通过硬件的并行处理技术可加速光线跟踪算法。

　　(4) 光线跟踪算法可用于射线与三维物体的求交。

6.7　纹　理　处　理

　　用简单光照模型生成真实感图像,由于表面过于光滑和单调,反而显得不真实。现实世界中的物体,其表面往往有各种表面细节。从根本上说,纹理是物体表面的细小结构,它可以是光滑表面的花纹、图案等颜色纹理,这时的纹理一般都是二维图像纹理;当然它也有三维纹理,世界上大多数物体的表面均具有纹理。比如木质的家具表面、建筑面上的拼花图案等是颜色纹理,如图 6 - 25 所示;而橘子的褶皱表皮、老人的皮肤等这些由于不规则的细小凹凸而造成的纹理是几何纹理,如图 6-26 所示。颜色纹理可用纹理映射来描述;几何纹理则可用一个扰动函数来描述。

<table>
<tr><td>图 6-25　颜色纹理</td><td>图 6-26　几何纹理</td></tr>
</table>

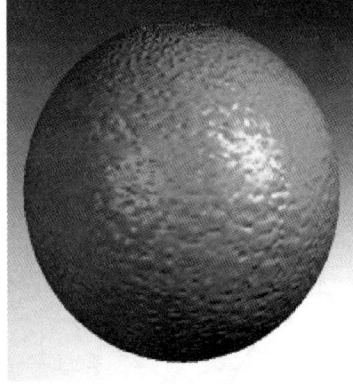

6.7.1　纹理映射

纹理映射的基本思想是:将一定的纹理函数映射到物体表面上,在对物体表面进行光亮度计算时可采用相应的纹理函数值作为物体表面的漫反射光亮度值代入光照模型进行计算。纹理映射过程实际上就是将任意的图形或图像覆盖到物体表面上,使得在物体表面形成真实的色彩花纹,如图 6-27 所示。

图 6-27　纹理映射

纹理映射涉及纹理空间、景物空间和图像空间(即屏幕空间),如图 6-28 所示。有两种方法可以实现三个空间的映射:其一是从纹素出发,映射至物体空间,再映射至屏幕空间,其二是从像素出发,映射至物体空间,再映射至纹理空间。

(1)从纹素出发,映射至物体空间,再映射至屏幕空间。一般使用参数线性函数来表示由纹理空间向物体空间的映射:

$$s = f_s(u,v) = a_s u + b_s v + c_s$$
$$t = f_t(u,v) = a_t u + b_t v + c_t$$

物体空间与像素空间的映射可以采用观察和投影变换的方法完成。

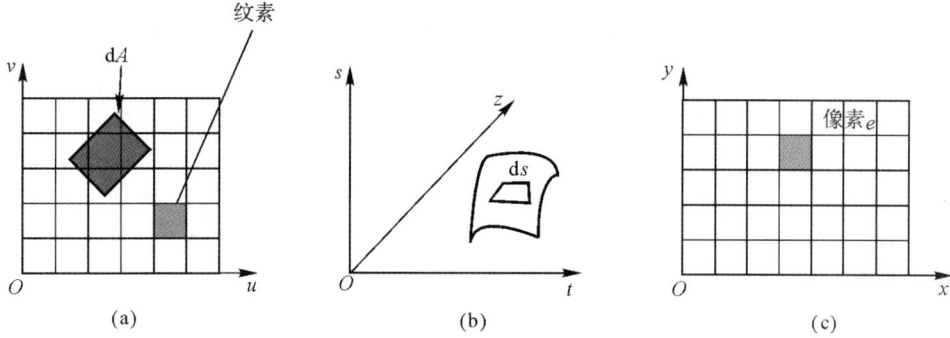

图 6-28　纹理空间、物体空间及图像空间
(a) 纹理空间；(b) 物体空间；(c) 图像空间

(2) 从像素出发,映射至物体空间,再映射至纹理空间,即把一个像素的 4 个角点映射至物体表面,再映射至纹理坐标的 4 个值,对这 4 个纹理值加权平均即为所求像素点的值。

6.7.2　扰动映射

前面的纹理映射技术只能在光滑的表面上描绘各种事先定义的花纹图案,不能表现由于表面的微观几何凹凸不平而呈现出来的粗糙质感。为了模拟表面细微的凹凸不平,Blinn 提出了凹凸纹理映射技术,即扰动映射技术。它是通过对景物表面各个采样点的位置作微小扰动来改变表面上的微观几何形状,从而引起景物表面的法向的扰动。通过选择适当的扰动函数,可以使得生成的图形具有不同的皱纹纹理效果。

物体表面的凹凸纹理效果不能通过映射的方式实现,可用扰动物体表面法向量方向的方法进行处理。

Blinn 在 1978 年提出了用扰动物体表面法向量方向的方法来模拟表面的凹凸纹理效果。该方法通过在物体表面原法线向量方向附加一个扰动函数,此扰动函数使物体表面的法线方向由原来的变化缓慢变得变化剧烈。在这种情况下,通过光照模型计算,就能产生有凹凸感的纹理效果。

设三维物体的原表面参数方程为 $Q(u,v)$,则对应参数点 (u,v) 的物体表面上点沿 u, v 方向的偏导矢分别为 $Q_u(u,v)$, $Q_v(u,v)$。若取扰动函数为 $P(u,v)$,用扰动函数对原曲面上点的法向量 $N(u,v)$ 进行扰动,则得到一个新的参数曲面 $S(u,v)$。

$$S(u,v) = Q(u,v) + P(u,v)\frac{N(u,v)}{|N(u,v)|}$$

其中,$N(u,v)$ 为原曲面 $Q(u,v)$ 上的点的法向量。用 $S(u,v)$ 分别对 u, v 参数求偏导数,则得

$$S_u(u,v) = Q_u(u,v) + P_u(u,v)\frac{N(u,v)}{|N(u,v)|} + P(u,v)\left(\frac{N(u,v)}{|N(u,v)|}\right)_u$$

$$S_v(u,v) = Q_v(u,v) + P_v(u,v)\frac{N(u,v)}{|N(u,v)|} + P(u,v)\left(\frac{N(u,v)}{|N(u,v)|}\right)_v$$

由于上面公式中等号右边第三项一般比较小,因此可省掉,则得下面公式:

$$S_u(u,v) = Q_u(u,v) + P_u(u,v)\frac{N(u,v)}{|N(u,v)|}$$

$$S_v(u,v) = Q_v(u,v) + P_v(u,v)\frac{N(u,v)}{|N(u,v)|}$$

通过对偏导数 $S_u(u,v)$ 与 $S_v(u,v)$ 求叉积,则得到扰动后曲面上点的新的法线向量 $N_{new}(u,v)$。

$$N_{new}(u,v) = S_u(u,v) \times S_v(u,v) = Q_u(u,v) \times Q_v(u,v) + \frac{P_u(u,v)(N(u,v) \times Q_v(u,v))}{|N(u,v)|} +$$

$$\frac{P_v(u,v)(Q_u(u,v) \times N(u,v))}{|N(u,v)|} + P_u(u,v)\frac{N(u,v)}{|N(u,v)|} \times P_v(u,v)\frac{N(u,v)}{|N(u,v)|} =$$

$$Q_u(u,v) \times Q_v(u,v) + \frac{P_u(u,v)(N(u,v) \times Q_v(u,v))}{|N(u,v)|} + \frac{P_v(u,v)(Q_u(u,v) \times N(u,v))}{|N(u,v)|} =$$

$$N(u,v) + \frac{P_u(u,v)(N(u,v) \times Q_v(u,v))}{|N(u,v)|} + \frac{P_v(u,v)(Q_u(u,v) \times N(u,v))}{|N(u,v)|}$$

以上公式的后两项称为原法线矢量的扰动因子。用新的法线矢量 $N_{new}(u,v)$ 代替原来的法线矢量 $N(u,v)$ 进行光照计算,就能在原来光滑的表面上显示凹凸不平的效果。任何有偏导数的函数都可用作扰动函数,不同的扰动函数会生成不同的纹理。

6.8 颜色模型

所谓颜色模型是指某个颜色空间中的一个可见光子集,它包含某个颜色域的所有颜色。例如,RGB 颜色模型就是三维直角坐标颜色系统的一个单位正方体。颜色模型的用途是在某个颜色域内方便地指定颜色,由于每一个颜色域都是可见光的子集,因此任何一个颜色模型都无法包含所有的可见光。现在大多数的彩色图形显示设备一般都是使用红、绿、蓝三原色,真实感图形学中的主要的颜色模型也是 RGB 模型,但是红、绿、蓝颜色模型用起来不太方便,它与直观的颜色概念如色调、饱和度和亮度等没有直接的联系。因此,除了讨论 RGB 颜色模型,还要介绍常见的 CMY,HSV 等颜色模型。

1. RGB 颜色模型

RGB 颜色模型通常使用于彩色阴极射线管等彩色光栅图形显示设备中,它是我们使用最多、最熟悉的颜色模型。它采用三维直角坐标系。红、绿、蓝三原色是加性原色,各个原色混合在一起可以产生复合色,如图 6-29 所示。RGB 颜色模型通常采用图 6-30 所示的单位正方体来表示。在正方体的主对角线上,各原色的强度相等,产生由暗到明的白色,也就是不同的灰度值。(0,0,0)为黑色,(1,1,1)为白色。正方体的其他 6 个角点分别为红、黄、绿、青、蓝和品红。需要注意的一点是,RGB 颜色模型所覆盖的颜色域取决于显示设备荧光点的颜色特性,是与硬件相关的。

2. CMY 颜色模型

以红、绿、蓝的补色青(Cyan)、品红(Magenta)、黄(Yellow)为原色构成的 CMY 颜色模型,常用于从白光中滤去某种颜色,又被称为减色系统。CMY 颜色模型对应的直角坐标系的子空间与 RGB 颜色模型所对应的子空间几乎完全相同,差别仅仅在于前者的原点为白,而后者的原点为黑。前者是在白色中减去某种原色来定义一种颜色,而后者是通过从黑色中加入原色来定义一种颜色。

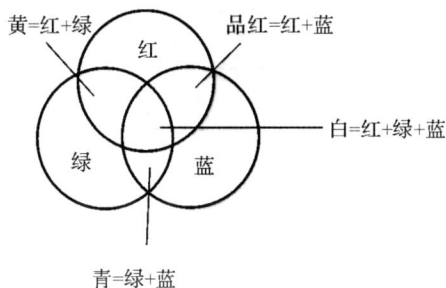

图 6 - 29　RGB 加色系统

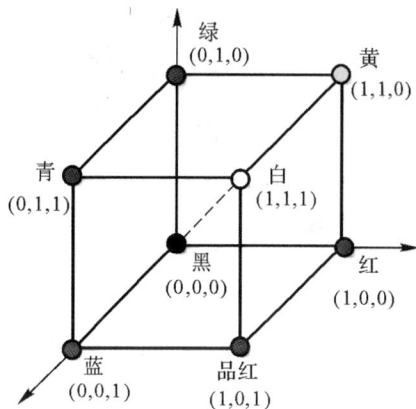

图 6 - 30　RGB 颜色模型

　　了解 CMY 颜色模型对于我们认识某些印刷硬拷贝设备的颜色处理很有帮助,因为在印刷行业中,基本上都是使用这种颜色模型。下面简单地介绍一下颜色是如何画到纸张上的。当在纸面上涂青色颜料时,该纸面就不反射红光,青色颜料从白光中滤去红光。也就是说,青色是白色减去红色。品红颜色吸收绿色,黄色颜料吸收蓝色。现在假如在纸面上涂了黄色和品红色,那么纸面上将呈现红色,因为白光被吸收了蓝光和绿光,只能反射红光了。如果在纸面上涂了黄色、品红和青色,那么所有的红、绿、蓝光都被吸收,表面将呈黑色,有关的结果如图6 - 31 所示。CMY 颜色模型如图 6 - 32 所示。

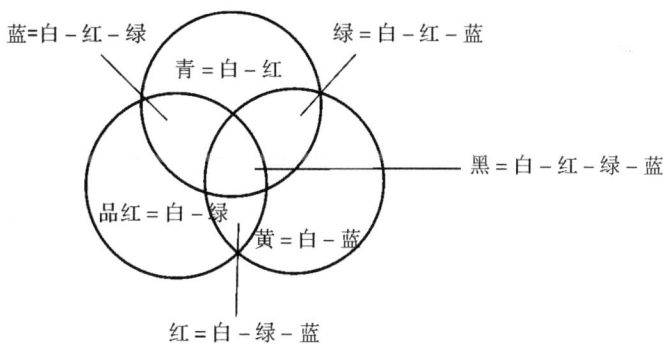

图 6 - 31　CMY 减色系统

3. HSV 颜色模型

　　RGB 和 CMY 颜色模型都是面向硬件的。比较而言,HSV 颜色模型是面向用户的,该模型对应于圆柱坐标系的一个圆锥形子集(见图 6 - 33)。圆锥的顶面对应于 V=1,它包含 RGB 模型中的 R=1,G=1,B=1 三个面,因而代表的颜色较亮。色彩 H 由绕 V 轴的旋转角给定,红色对应于 0°角度,绿色对应于 120°角度,蓝色对应于 240°角度。在 HSV 颜色模型中,每一种颜色和它的补色相差 180°。饱和度 S 取值从 0~1,由圆心向圆周过渡。由于 HSV 颜色模型所代表的颜色域是 CIE 色度图的一个子集,它的最大饱和度的颜色的纯度值并不是 100%。在圆锥的顶点处,V=0,H 和 S 无定义,代表黑色;圆锥顶面中心处 S=0,V=1,H 无定义,代表白色,从该点到原点代表亮度渐暗的白色,即不同灰度的白色。任何 V=1,S=1 的颜色都是纯色。

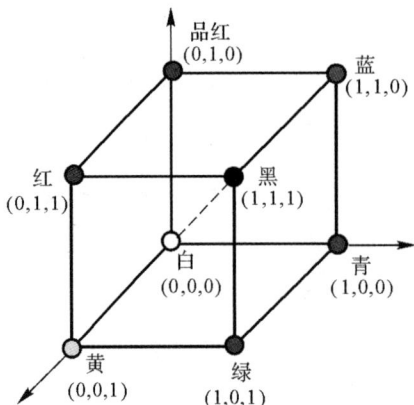

图 6-32 CMY 颜色模型

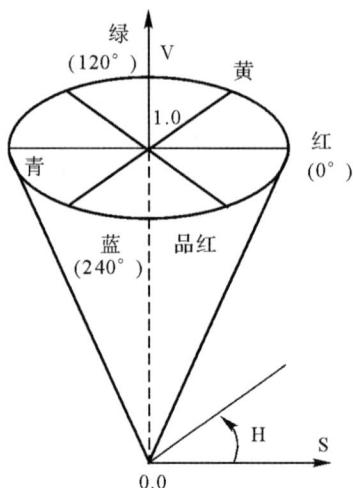

图 6-33 HSV 颜色模型

HSV 颜色模型对应于画家的配色的方法。画家用改变色浓和色深的方法来从某种纯色获得不同色调的颜色。其做法是:在一种纯色中加入白色以改变色浓,加入黑色以改变色深,同时加入不同比例的白色、黑色即可得到不同色调的颜色。

6.9 材 质

"材质"(Material)简单地说就是物体看起来是什么质地,材质可以看成是材料和质感的结合,如木质、金属质感、塑料质感等。材质体现了物体表面对各种颜色的反射效果,准确地说,指的是物体表面对射到表面上的色光的 RGB 分量的反射率。材质通常都包括环境光、漫射光、镜面光和自发光等成分,指的就是对不同的光线、不同颜色分量的反射程度。

OpenGL 用材料对光的红、绿、蓝三原色的反射率来近似定义材料的颜色。像光源一样,材料颜色也分成环境、漫反射和镜面反射成分,它们决定了材料对环境光、漫反射光和镜面反射光的反射程度。进行光照计算时,材料对环境光的反射率与每个进入光源的环境光结合,对漫反射光的反射率与每个进入光源的漫反射光结合,对镜面光的反射率与每个进入光源的镜面反射光结合。对环境光与漫反射光的反射程度决定了材料的颜色,并且它们很相似。对镜面反射光的反射率通常是白色或灰色(即对镜面反射光中红、绿、蓝的反射率相同)。镜面反射高光最亮的地方将变成具有光源镜面光强度的颜色。例如一个光亮的红色塑料球,球的大部分表现为红色,光亮的高光将是白色的。

OpenGL 中材质的定义与光源的定义类似,其函数为:

void glMaterial{if}[v](GLenum face,GLenum pname,TYPE param);

该函数定义光照计算中用到的当前材质。其中:face 可以是 GL_FRONT,GL_BACK,GL_FRONT_AND_BACK,它表明当前材质应该应用到物体的哪一个面上;pname 说明一个特定的材质;param 是材质的具体数值,若函数为向量形式,则 param 是一组值的指针,反之为参数值本身。非向量形式仅用于设置 GL_SHINESS。另外,参数 GL_AMBIENT_AND_

DIFFUSE 表示可以用相同的 RGB 值设置环境光颜色和漫反射光颜色。

材质的颜色与光源的颜色有些不同。对于光源,R,G,B 值等于 R,G,B 对其最大强度的百分比。若光源颜色的 R,G,B 值都是 1.0,则是最强的白光;若值变为 0.5,颜色仍为白色,但强度为原来的一半,于是表现为灰色;若 R=G=1.0,B=0.0,则光源为黄色。对于材质,R,G,B 值为材质对光的 R,G,B 成分的反射率。比如,一种材质的 R=1.0,G=0.5,B=0.0,则材质反射全部的红色成分,一半的绿色成分,不反射蓝色成分。也就是说,若 OpenGL 的光源颜色为(LR,LG,LB),材质颜色为(MR,MG,MB),那么,在忽略所有其他反射效果的情况下,最终到达眼睛的光的颜色为(LR * MR,LG * MG,LB * MB)。

同样,如果有两束光,相应的值分别为(R1,G1,B1)和(R2,G2,B2),则 OpenGL 将各个颜色成分相加,得到(R1+R2,G1+G2,B1+B2),若任一成分的和值大于 1(超出了设备所能显示的亮度),则约简到 1.0。

6.10　OpenGL 光照及材质模型

要绘制逼真的三维物体,必须作光照处理。OpenGL 可以控制光照与物体的关系,产生多种不同的视觉效果,下面分几部分介绍 OpenGL 的光照。

6.10.1　OpenGL 光照模型的基本概念

在屏幕上最终显示的像素颜色,不仅受到 glColor 命令指定的颜色影响,同时也要反映出在场景中光照的特性以及物体反射和吸收光的属性。OpenGL 的光是由红、绿、蓝组成的,光源的颜色由其所发出的红、绿、蓝颜色的组成比例决定,材料的属性用不同方向反射、入射的红、绿、蓝颜色的百分比表示。

OpenGL 的光照方程计算量较小,也比较精确。OpenGL 的光可来自多个光源,每个光源可以单独控制开关。光可能来自特定的方向、位置,也可能分散在整个场景,如墙壁的泛光。要绘制真实的三维物体,不仅与光源有关,很显然,还与物体本身有关,物体表面会吸收、反射光线(可能漫反射光线或在特定方向反射光线),而物体本身也可能发光。

光线由 4 个部分构成:发射光、泛光、漫反射光和镜面反射光,这 4 个成分单独计算,然后再累加起来。发射光(Emission)来自物体,不受光源的影响。泛光(Ambient)来自环境的泛光光源,在各方向均匀散布。漫反射光(Diffuse)来自一个方向,但在各个方向均匀反射的光。漫反射光一旦照射到表面上,无论在何处观察,亮度相同。镜面反射光(Specular)来自一个特定方向,以一个特定方向离开。镜面反射与反射物体的材料属性关系很大,光泽金属能产生很高的镜面反射,而地毯几乎没有镜面反射,在 OpenGL 中,这个属性是用光泽度(Shininess)来表示的。

材料颜色取决于反射的红、绿、蓝光的百分比。与光源的特性相似,材料也有泛光、反射、反射颜色。材料的泛光与每个入射光源的泛光组成成分相对应,漫反射与光源的漫反射相对应,镜面反射与光源镜面反射相对应。

6.10.2　光源的定义

光源有许多特性,如颜色、位置、方向等。不同特性的光源,作用在物体上的效果是不一样的。下面是定义光源特性的函数 glLight() 的原型：

void glLight{if}[v](Glenum light,Glenum pname,TYPE param);

该函数设置的光源参数包括：light,建立 light 指定的光源,light 用形式为 GL_LIGHTi 的符号常数表示 (0=<i<=8);pname,设置光源的特性,可定义的参数在表 6-2 中给出；param,设置 pname 特性的值,其各种缺省值和含义在表 6-2 中列出。

表 6-2　param 缺省值及含义

参数名	缺省值	解　释
GL_AMBIENT	(0,0,0,1)	光源泛光强度的 RGBA 值
GL_DIFFUSE	(1,1,1,1)	光源漫反射强度的 RGBA 值
GL_SPECULAR	(1,1,1,1)	光源镜面反射强度的 RGBA 值
GL_POSITION	(0,0,1,0)	光源的位置(x,y,z,w)
GL_SPOT_DIRCTION	(0,0,-1)	聚光灯的方向(x,y,z)
GL_SPOT_EXPONEN	0	聚光灯指数
GL_SPOT_CUTOFF	180	聚光灯的截止角度
GL_CONSTANT_ATTENUATION	1	衰减因子常量
GL_LINEAR_ATTENUATION	0	线形衰减因子
GL_QUADRIC_ATTENUATION	0	二次衰减因子

一个定义编号为 GL_LIGHT0 的光源的例子：

Glfloat light_ambient[] = {0.0,0.0,0.0,1.0};
Glfloat light_diffuse[] = {1.0,1.0,1.0,1.0};
Glfloat light_specular[] = {1.0,1.0,1.0,1.0};
Glfloat light_position[] = {1.0,1.0,1.0,1.0};
glLightfv(GL_LIGHT0,GL_AMBIENT,light_ambient);
glLightfv(GL_LIGHT0,GL_DIFFUSE,light_diffuse);
glLightfv(GL_LIGHT0,GL_SPECULAR,light_specular);
glLightfv(GL_LIGHT0,GL_POSITION,light_position);

图 6-34 所示为一个光源模型示例。

光源定义完毕后,须调用 glEnable() 打开该光源,否则该光源对场景中的物体不起作用。

1. 颜色

使用 GL_AMBIENT,GL_DIFFUSE 和 GL_SPECULAR 作为 pname 参数的值,调用 glLight() 函数指定光源中相应组成部分的强度。

GL_AMBIENT 用于指定环境泛光的 RGBA 强度。缺省情况下,GL_AMBIENT 的特性值为(0.0,0.0,0.0,1.0),表示没有环境泛光。

GL_DIFFUSE 用于指定漫反射的 RGBA 强度。缺省情况下,对于 GL_LIGHT0,GL_DIFFUSE 的特性值为(1.0,1.0,1.0,1.0),对于其他编号为 GL_LIGHT1,…,GL_LIGHT7 的光源,该特性值为(0.0,0.0,0.0,0.0)。

GL_SPECULAR 用于指定镜面反射光的 RGBA 强度。缺省情况下,对于 GL_LIGHT0,该特性的值为(1.0,1.0,1.0,1.0),对于其他光源,该特性值为(0.0,0.0,0.0,0.0)。为达到真实的光照效果,可以将 GL_SPECULAR 的特性值设置为与 GL_DIFFUSE 特性相同的值。

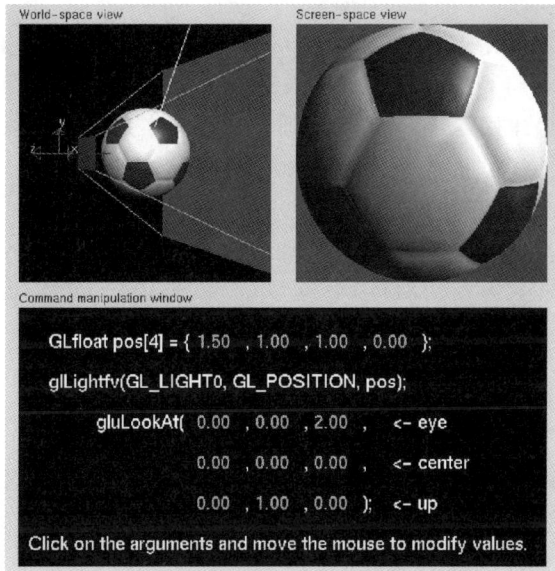

图 6 - 34　光源模型示例

2. 位置

使用 GL_POSITION 作为参数 pname 的值,调用 glLight()定义光源位置坐标。根据需要,可以为场景定义一个距场景无限远的光源或者定义一个离场景较近的光源,前者称为方向光源,后者称为位置光源。对于一个无限远的方向光源,光线在到达物体时可以看成是平行的,太阳就是一个典型的方向光源。下面语句定义的光源就是一个方向光源:

Glfloat light_position[] = {1.0,1.0,1.0,0.0};

GlLightfv(GL_LIGHT0,GL_POSITION,light_position);

在上面的例子中,由于光源位置的齐次坐标中的 w 分量值为 0,所以该光源位于无穷远处,由(1.0,1.0,1.0)到坐标原点的射线的方向为该光源的方向。缺省情况下,光源的位置为(0.0,0.0,1.0,0.0),它定义一个指向 z 轴负方向的方向光源。如果 w 为非 0 值,那么光源是位置光源,(x,y,z) 是该光源所在位置的坐标。

3. 衰减

光线的强度随光源距离的增加而减弱。对于方向光源,不进行衰减处理;对于位置光源,OpenGL 使用下面的衰减因子来衰减光线的强度。

衰减因子的计算公式为

$$k = \frac{1}{k_c + k_e + k_q d^2}$$

其中,d 为光源位置到物体顶点之间的距离;k_c 为常数衰减因子(GL_CONSTANT_ATTENUATION),默认值为 1.0;k_e 为线性衰减因子(GL_LINEAR_ATTENUATION),默认值为 0.0;k_q 为二次衰减因子(GL_QUADRATIC_ATTENUATION),默认值为 0.0。

用 GL_CONSTANT_ATTENUATION, GL_LINEAR_ATTENUATION 和 GL_QUADRATIC_ATTENUATION 作为 pname 参数的值,调用 glLight()函数设置上述三个衰

减因子。OpenGL 可对泛光、漫反射和镜面反射光线进行衰减。

4.聚光

在缺省情况下,光源的光线向四周发射。可以使用 GL_DOT_CUTOFF 作为 pname 参数的值,调用 glLight()函数将光线的发射范围限制在一个圆锥体内,从而达到类似于聚光灯的光照效果。glLight()函数的第三个参数为该圆锥顶角的半角,取值范围为 0°~90°,缺省时为90°。除指定发光角度外,还需指定聚光灯方向,即圆锥体的轴线矢量。

下面的代码定义光线的发光角度和聚光方向:

```
//设置聚光角度
glLightf(GL_LIGHT0,GL_SPOT_CUTOFF,45.0);
Glfloat spot_direction[] = {-1.0,-1.0,0.0};
//设置轴线矢量
glLightfv(GL_LIGHT0,GL_SPOT_DIRECTION,spot_direction);
```

缺省的光照方向为(0.0,0.0,-1.0),指向 z 轴负方向。

除了上面提到的两个属性外,聚光灯的属性还包括一个控制圆锥体内光强分布的指数因子 GL_SPOT_EXPONENT。在圆锥体轴线上的光强度最大,外沿处强度最小。这个因子越大,光束的强度越向轴线集中,缺省值为 0.0。

6.10.3 光照模式

除了定义光源外,还需为场景定义光照模式。OpenGL 的光照模式由三个部分组成:全局环境光的强度,观察点的性质,对物体的前、背面的光照处理方式。

1.全局环境光

场景中的每一个光源都可以向场景发射环境光。除此以外,还可以为场景指定无源的全局环境光。可以使用下面的语句指定这种全局环境光的强度:

```
Glfloat lmodel_ambient [] = {0.2,0.2,0.2,1.0};
glLightModelv(GL_LIGHT_MODEL_AMBIENT,lmodel_ambient);
```

在缺省情况下,全局环境光的强度就是{0.2,0.2,0.2,1.0}。它的作用是产生少量的白色环境光,因此即使不为场景定义光源,仍然能看见场景中的物体。

2.观察点性质

观察点的位置影响镜面反射产生的亮斑的计算。顶点上亮斑的亮度依赖于该处的法线、顶点到光源的方向和顶点到观察点的方向。

对于一个无穷远的观察点,它和任意顶点之间的方向保持恒定。使用一个非无穷远的观察点能产生更加逼真的效果,但由于要对每个顶点计算方向,因此会降低系统的性能。缺省时观察点为无穷远。定义观察点性质的函数是:

```
void glLightModeli(GL_LIGHT_MODEL_LOCAL_VIEWER,Glboolean param);
```

取 GL_TRUE 时,观察点为本地观察点;当参数 param 取 GL_FALSE 时,观察点为无穷远观察点。

3.光照面

在缺省情况下,光照计算针对所有的多边形,无论是面朝前的多边形还是面朝后的多边形都受光照的影响。如果只为面朝前的多边形设置光照,那么面朝后的多边形不能被正确地照亮。例如,对于一个球体,只有向前的面可见,这是因为它们是球体外面的面,而朝后的面看起来是什么样子是无关紧要的,因此不必为它进行光照计算。然而,如果将球体切开,那么它的内表面也是可见的,这时就必须使内表面也能被正确地光照。

下面的 OpenGL 函数设置了双面光照:

glLightModeli(GL_LIGHT_MODEL_TWO_SIDE,GL_TRUE);

这时,OpenGL 为面朝后的多边形求表面法线的逆。这就意味着多边形的两个面的表面法线均朝向观察者。作为结果,多边形的两个面均被正确地照亮。要关闭双面光照,需在前面的调用中加入 GL_FALSE 参数。

6.10.4　光照效果

在光照条件下屏幕上某一像素点的颜色由以下因素决定:

Emission:表示物体发射光,如果物体本身不是光源,则这一项为 0。

ambient,diffuse,specular:分别表示泛光、漫反射光、镜面反射光,其中每一项都是物体与光源的组合(相乘)。

shininess:表示物体的粗糙度。

n:表示顶点的法线方向。

l:表示视线方向。

s:表示入射光方向。

法向量是垂直于面的向量。在平展的面上,各个点有同一个法向量;在弯曲的面上,各个点具有不同的法向量。

几何对象的法向量定义了它在空间中的方向。进行光照处理时,法向量是一项重要的参数,因为法向量决定了该对象可以接收多少光照。

利用函数 glNormal * ()设置当前法向量:

void glNormal3{bsidf}(TYPE nx,TYPE ny,TYPE nz);

void glNormal3{bsidf}v(const TYPE * v);

其中:nx,ny,nz 指定法向量的 x,y 和 z 坐标,法向量的缺省值为(0,0,1);v 指定当前法向量的 x,y 和 z 三元组(即矢量形式)的指针。

用 glNormal * ()指定的法向量不一定为单位长度。如果利用命令 glEnable(GL_NORMALIZE)激活自动规格化法向量,那么经过变换后,就会自动规格化 glNormal * ()所指定的法向量。

利用 glNormal * ()设置当前法向量后,相继调用 glVertex * (),使指定的顶点被赋予当前的法向量。当每个顶点具有不同的法向量时,需要有一系列的交替调用,如下列构造多边形的语句,分别为该多边形顶点 n0,n1,n2,n3 指定了法向量 v0,v1,v2,v3:

glBegin(GL_POLYGON);
　　glNormal3fv(n0);
　　glVertex3fv(v0);
　　glNormal3fv(n1);
　　glVertex3fv(v1);
　　glNormal3fv(n2);
　　glVertex3fv(v2);
　　glNormal3fv(n3);

44444444444

```
        glVertex3fv(v3);
    glEnd();
```

6.10.5 材质属性

OpenGL 等多数图形系统可以定义不同性质的材料。OpenGL 通过材料对 R,G,B 的近似反光率来近似定义材料颜色。与光照一样,材质也分为环境、漫反射、镜面反射成分。它们决定材料对环境光、漫反射光和镜面反射光的反射程度。

将材料的特性与光源特性结合就是观察的最终显示效果。例如红色塑料球,大部分是红色,在光源形成的高光处,则出现光源的特性颜色。

大多数的材质属性与光源的属性类似。设置材质属性的 OpenGL 函数是:

void glMaterial{if}[v](GLenum face,GLenum pname,TYPE param);

其中:参数 face 可以是 GL_FRONT、GL_BACK 或 GL_FRONT_AND_BACK,指定当前材质作用于物体的哪一个面上(正面、背面或双面);pname 说明特定材质属性(很类似光源的定义)。表 6-2 列出了 pname 的取值、缺省值和所代表的意义。

表 6-2　pname 的取值、缺省值和所代表的意义

参数名	缺省值	解　释
GL_AMBIENT	(0.2,0.2,0.2,1.0)	材料泛射强度的 RGBA 值
GL_DIFFUSE	(0.8,0.8,0.8,1.0)	材料漫反射强度的 RGBA 值
GL_AMBIENT_DIFFUSE	(0.8,0.8,0.8,1.0)	材料的泛光,漫反射强度的 RGBA 值
GL_SPECULAR	(0.0,0.0,0.0,1.0)	材料镜面反射强度的 RGBA 值
GL_SHININESS	0.0	材料镜面反射指数
GL_EMISSION	(0.0,0.0,0.0,1.0)	材料发射光的颜色
GL_COLOR_INDEX	(0,1,0)	材料镜面反射光的色彩指数

图 6-35 所示为一材质模型示例。

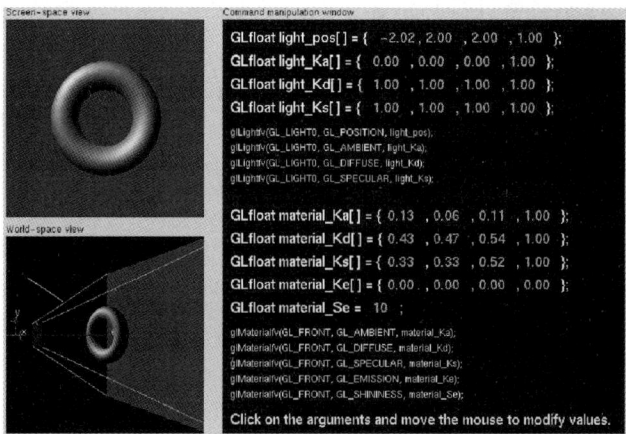

图 6-35　材质模型示例

1. 漫反射和泛射

材质的 GL_DIFFUSE 和 GL_AMBIENT 属性定义了物体对漫反射光和泛射光的反射率。漫反射的反射率对物体的颜色起着最重要的作用，它受入射的漫反射光颜色以及入射光与法线的夹角的影响，而不受观察点位置的影响。

泛射光的反射率影响物体的整体颜色，因为直射到物体上的漫反射光最亮，而没有被直射的物体的环境反射光最明显。一个物体的泛射光反射率受全局环境光和来自光源的环境光的双重影响。与漫反射一样，泛射光的反射率不受视点位置的影响。

在现实世界中，漫反射和泛射光反射率通常是相同的，因此 OpenGL 提供一种简便的方法为它们赋相同的值：

Glfloat mat_amb_diff [] = {0.1,0.5,0.8,1.0};

glMaterialfv(GL_FRONT_AND_BACK,GL_AMBIENT_AND_DIFFUSE,mat_amb_diff);

上面的语句将当前材质的漫反射和泛射光反射率设置为(0.1,0.5,0.8,1.0)。

2. 镜面反射

表面较为光洁的物体由于反射光线而会产生亮斑。例如，在阳光下看一个表面光洁的金属球，球体表面的某些部分会产生强烈的亮斑，当移动金属球时，亮斑也会随之移动，当移动至某些位置时，亮斑变得看不见了。

在 OpenGL 中，这种亮斑称为镜面反射光。设置物体对光的镜面反射特性可以限定亮斑的颜色、大小和亮度。控制亮斑颜色的方法是用 pname 作为 GL_SPECULAR 参数的值调用 glMaterial * ()函数。控制亮斑大小和亮度的方法是以 pname 作为 GL_SHININESS 参数的值调用 glMaterial * ()函数，这时参数 param 的取值范围为 0.0～128.0，这个值越大，亮斑的尺寸越小且亮度越高。

镜面反射光的强度还取决于视点的位置。当视点处于直接反射的角度时，亮斑的亮度达到最大值。

3. 发射光

前面讨论的两类材质属性都是被动地反射外界的光线，但某些物体(如灯泡)本身能够发射出光线。对于这类物体需要定义其光线发射特性。用 GL_EMISSION 作为 pname 参数的值，调用 glMaterial * ()函数指定一种 RGBA 颜色，使得物体看起来像发出某种颜色的光。

下面的示例代码说明关于材质的设置：

```
//建立材质数据库
GLfloat no_mat[]={0.0,0.0,0.0,1.0};
GLfloat mat_ambient[]={0.7,0.7,0.7,1.0};
GLfloat mat_ambient_color[]={0.8,0.8,0.2,1.0};
GLfloat mat_diffuse[]={0.1,0.5,0.8,1.0};
GLfloat mat_specular[]={1.0,1.0,1.0,1.0};
GLfloat no_shininess[]={0.0};
GLfloat low_shininess[]={5.0};
GLfloat high_shininess[]={100.0};
GLfloat mat_emission[]={0.3,0.2,0.2,0.0};
//1-1 仅有漫反射光,无环境光和镜面光
glPushMatrix();
```

```
glTranslatef(-3.75,3.0,0.0);
glMaterialfv(GL_FRONT,GL_AMBIENT,no_mat);
glMaterialfv(GL_FRONT,GL_DIFFUSE,mat_diffuse);
glMaterialfv(GL_FRONT,GL_SPECULAR,no_mat);
glMaterialfv(GL_FRONT,GL_SHININESS,no_shininess);
glMaterialfv(GL_FRONT,GL_EMISSION,no_mat);
draw();
glPopMatrix();
//1-2 有漫反射光,并且有低高光,无环境光
glPushMatrix();
glTranslatef(-1.25,3.0,0.0);
glMaterialfv(GL_FRONT,GL_AMBIENT,no_mat);
glMaterialfv(GL_FRONT,GL_DIFFUSE,mat_diffuse);
glMaterialfv(GL_FRONT,GL_SPECULAR,mat_specular);
glMaterialfv(GL_FRONT,GL_SHININESS,low_shininess);
glMaterialfv(GL_FRONT,GL_EMISSION,no_mat);
draw();
glPopMatrix();
//1-3 有漫反射光和镜面光,很亮的高光,无环境光
glPushMatrix();
glTranslatef(1.25,3.0,0.0);
glMaterialfv(GL_FRONT,GL_AMBIENT,no_mat);
glMaterialfv(GL_FRONT,GL_DIFFUSE,mat_diffuse);
glMaterialfv(GL_FRONT,GL_SPECULAR,mat_specular);
glMaterialfv(GL_FRONT,GL_SHININESS,high_shininess);
glMaterialfv(GL_FRONT,GL_EMISSION,no_mat);
draw();
glPopMatrix();
//1-4 有漫反射光和辐射光,无环境光和镜面反射光
glPushMatrix();
glTranslatef(3.75,3.0,0.0);
glMaterialfv(GL_FRONT,GL_AMBIENT,no_mat);
glMaterialfv(GL_FRONT,GL_DIFFUSE,mat_diffuse);
glMaterialfv(GL_FRONT,GL_SPECULAR,no_mat);
glMaterialfv(GL_FRONT,GL_SHININESS,no_shininess);
glMaterialfv(GL_FRONT,GL_EMISSION,mat_emission);
draw();
glPopMatrix();
```

第7章 计算机动画

  计算机动画技术的发展是和许多其他学科的发展密切相关的。计算机图形学、计算机绘画、计算机音乐、计算机辅助设计、电影技术、电视技术、计算机软件和硬件技术等众多学科的最新成果都对计算机动画技术的研究和发展起着十分重要的推动作用。20世纪50年代到60年代,大部分的计算机绘画艺术作品都是在打印机和绘图仪上产生的。一直到60年代后期,才出现利用计算机显示点阵的特性,通过精心地设计图案来进行计算机艺术创造的活动。近年来,随着计算机动画技术的迅速发展,它的应用领域日益扩大,带来的社会效益和经济效益也不断增长。计算机动画在现阶段主要应用于以下几个领域:电影业、电视片头和广告、科学计算和工业设计、模拟、教育和娱乐以及虚拟现实与3D web。

  近年来,国产动画作品如《大圣归来》(见图7-1)与《哪吒之魔童降世》(见图7-2),在国内外市场上取得了显著成就。这些作品深入挖掘传统文化元素,借助现代技术手段重新诠释经典故事,充分展现了中国文化的独特魅力,并激发了广大观众的爱国情怀与民族自豪感。这些动画作品的成功,不仅标志着中国动画技术的显著进步,更反映了创作者对于传统文化传承与创新的深刻理解和不懈追求。通过这些作品,观众在享受视听盛宴的同时,也深受文化认同感的激发。这种认同感进一步激励了新一代年轻人对中华优秀传统文化的关注与热爱,同时增强了民族自信心。

图7-1 《大圣归来》   图7-2 《哪吒之魔童降世》

  国产动画的这些成功案例向人们展示了动画不仅仅是一种娱乐形式,更是传承文化、弘扬精神的重要载体。动画创作者通过不懈地努力,不断探索与创新,将中华文化的深厚底蕴和独特魅力生动地呈现于银幕之上,向世界展示了一个自信、包容、进取的中国形象。这些作品在艺术创作上的突破,同时承担了传播中华优秀传统文化的责任。它们将现代技术与优秀传统文化的融合,不仅深度展示了中华文化的魅力,更弘扬了中国精神。这种文化自信和民族自豪感,引发了观众的共鸣,潜移默化地引导他们树立正确的价值观和积极向上的精神追求。通过欣赏和支持杰出的国产动画作品,人们能够树立对中华优秀传统文化的自信,认识到文化传承的重要性,增强爱国情怀和民族自豪感。这些思想的引导,帮助人们更加关注和热爱中华文化,积极参与到文化传承和创新的事业中,为中华文化的弘扬贡献自己的力量,为实现中华民族的伟大复兴贡献力量。

7.1 动画的概念和原理

所谓动画,是指利用人的视觉残留特性使连续播放的静态画面相互衔接而形成的动态效果。

7.1.1 动画的基本原理

所谓动画也就是使一幅图像"活"起来的过程。使用动画可以清楚地表现出一个事件的过程,或是展现一个活灵活现的画面。对动画公认的定义是:动画是一门通过在连续多格的胶片上拍摄一系列单个画面,从而产生运动视觉的技术。这种视觉是通过将胶片以一定的速率放映的形式而体现出来的。

实验证明:动画和电影的画面刷新率为 24 帧/s,即每秒放映 24 幅画面,则人眼看到的是连续的画面效果,如图 7-3 所示。

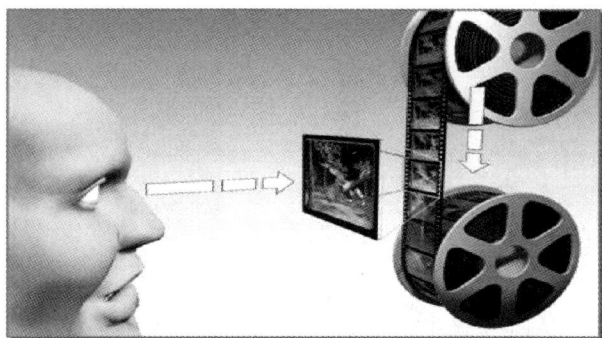

图 7-3 动画的基本原理

动画的帧可分为关键帧与中间帧。

关键帧:表示动作的极限位置的画面,如图 7-4 中 1~3 帧所示,一般由经验丰富的动画师完成;中间帧就是位于关键帧之间的过渡画面,属于对关键帧的时间插值,一般由助理动画师完成。它们按照一定的动作要求和时间关系进行设计。

传统动画片的生产过程主要包括以下的几个方面:

(1)脚本及动画设计;

(2)关键帧的设计;

(3)中间帧的生成;

（4）描线上色；

（5）检查、拍摄；

（6）后期制作。

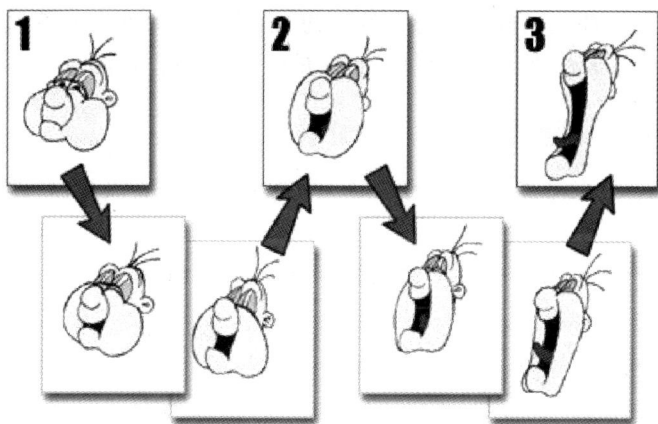

图 7-4　关键帧与中间帧

传统动画片的设计制作过程相当复杂。计算机技术发展起来以后，人们开始尝试用计算机进行动画创作。

7.1.2　计算机动画的概念

计算机动画是指采用连续播放静止图像的方法产生景物运动的效果，即使用计算机产生图形、图像运动的技术。计算机动画综合采用图形与图像的处理技术，借助于编程或动画制作软件生成一系列的景物画面，其中当前帧是前一帧的部分修改。计算机动画是采用连续播放静止图像的方法产生物体运动的效果。

20 世纪 60 年代，美国的 Bell 实验室和一些研究机构就开始研究用计算机实现动画片中间画面的制作和自动上色，即二维辅助动画系统（Computer Assisted Animation）。

20 世纪七八十年代，三维辅助动画系统也开始研制并投入使用。三维动画也称为计算机生成动画，其动画对象不是简单地由外部输入产生，而是根据三维数据在计算机内部根据设计需求自动生成。

一般地，动画制作软件系统主要包括以下几种：

（1）脚本系统（Scripting Systems）。脚本系统是早期的动画制作系统。

（2）程序动画（Procedural Animation）。采用一系列程序来定义在特定时段某一角色的运动，这些程序是采用角色的物理规则和动画的生成方法来生成的。

（3）表示动画（Representational Animation）。这种动画允许在动画过程中对象的形状发生变化。

（4）随机动画（Stochastic Animation）。这种动画采用随机过程来控制角色的运动。

（5）行为动画（Behavioral Animation）。这种动画系统中的物体或角色定义中给出了这些物体或角色对它们所处环境的反映规则。

7.2　计算机动画的基本原理

计算机动画是指用绘制程序生成一系列的景物画面。计算机动画所生成的是一个虚拟的世界,其中的虚拟景物建造、物体和虚拟摄像机的运动控制等取决于计算机动画系统的基本处理功能,这些功能的实现依赖于实现计算机动画的原理和关键技术。

7.2.1　计算机动画的基本类型

根据运动的控制方式可将计算机动画分为实时(Real-time)动画和逐帧动画(Frame-by-frame)两种。

实时动画:用算法来实现物体的运动控制。

逐帧动画:也称为帧动画或关键帧动画,即一帧一帧显示动画的图像序列而实现运动的效果。图7-5表示了逐帧动画。

图7-5　逐帧动画

在实时动画中,一种最简单的运动形式是对象的移动,它是指屏幕上一个局部图像或对象在二维平面上沿着某一固定轨迹作步进运动(几何变换)。

计算机处理对象的移动过程如下:

(1)先把对象绘制在背景上运动起点处;

(2)间隔一段时间后擦除起点处的对象,恢复背景;

(3)根据运动轨迹,采用几何变换计算出第二步的位置并把对象重现(绘制)在第二点处。

(4)如此反复,该对象就在背景上运动起来了。

根据运动的控制方式可将计算机动画分为实时(Real-time)动画和逐帧动画(Frame-by-frame)两种。

根据视觉空间的不同,计算机动画又有二维动画与三维动画之分。二维与三维动画的区别主要在于采用不同的方法获得动画中的景物运动效果。

例如,要设计一个旋转的地球,在二维处理中,需要一帧帧地绘制球面变化画面,即处理为视频的方式,这样的处理难以自动进行;在三维处理中,先建立一个地球的模型并把地图贴满球面,然后使模型步进旋转,每次步进自动生成一帧动画画面。

7.2.2　计算机动画的关键技术

计算机动画的关键技术体现在计算机动画制作软件及硬件上。计算机动画制作软件目前很多,不同的动画效果,取决于不同的计算机动画软、硬件的功能。虽然制作的复杂程度不同,但动画的基本原理是一致的。从计算机动画软件实现的角度来看,计算机动画技术主要包括以下几种类型。

1. 关键帧动画

计算机动画模仿传统的动画生成方法,先绘制出关键帧,然后再根据关键帧进行插值,绘出中间帧,因此称为关键帧动画。关键帧一般出现在动作变换的转折点处,对连续动作起着关键的控制作用。

关键帧技术通过对刚体物体的运动参数插值实现对动画的运动控制,主要方法包括:关键帧插值法(见图 7-6)、运动轨迹法和运动动力学法。

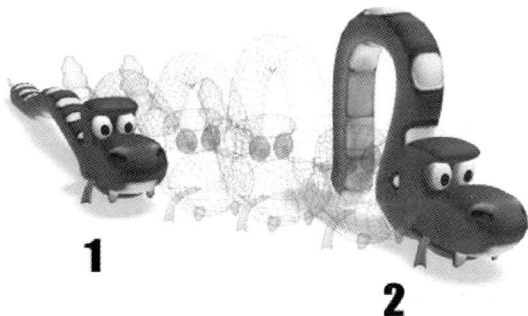

图 7-6　关键帧插值法

2. 运动轨迹法

基于运动学描述,通过指定物体的空间运动路径来确定物体的运动,并在物体的运动过程中允许对物体实施各种几何变换(缩放、旋转),但不引入运动的力。

例如:使用校正的衰减正弦曲线来指定球的弹跳轨迹:

$$y(x) = A \, |\sin(\omega x + \theta)| \, e^{-kx}$$

3. 运动动力学法

基于具体的物理模型,运动过程由描述物理定律的力学公式来得到。该方法综合考虑到物体的质量、惯性、摩擦力、引力、碰撞力等诸物理因素,如图 7-7 所示。

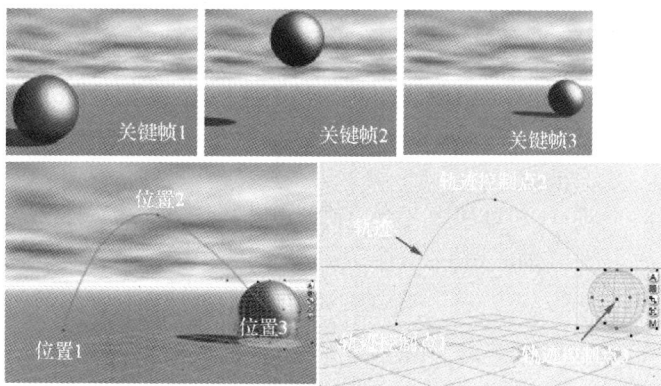

图 7-7　运动动力学法

其他因素还包括人体动画、基于物理特征的动画等。

7.3 基于 OpenGL 的动画实现

在计算机动画中,由于需要每秒产生 20~30 帧画面,因此对图形绘制速度有一定要求。当数据量很大时,绘图可能需要几秒甚至更长的时间,而且有时还会出现闪烁现象,为了解决这些问题,可采用双缓冲技术来绘图。

双缓冲即在内存中创建一个与屏幕绘图区域一致的对象,先将图形绘制到内存中的这个对象上,再一次性将这个对象上的图形拷贝到屏幕上,这样能大大加快绘图的速度。

OpenGL 支持双缓冲,可以通过一个函数调用来实现前、后缓冲区之间的交换。OpenGL 双缓冲技术使用如下:

在 Windows 编程环境下调用下面函数:

SwapBuffers(dc);

在控制台编程环境下调用下面函数:

glutSwapBuffers();

glutInitDisplayMode(GLUT_DOUBLE | GLUT_RGB);//指定一个双缓冲窗口,这使得所有绘图代码都在画面外缓冲区进行渲染。

计算机动画还需要进行窗口定时刷新:

glutPostRedisplay();//刷新当前窗口

glutTimerFunc(int interval, void * TimerFunc, 1);//登记一个回调函数,经过设定的时间值后由 GLUT 调用该函数。

以下代码完成在屏幕上绘制一个绕经过(0,0,0),(1,1,1)的矢量逆时针旋转的茶壶,每隔 50 ms 刷新一次:

```
#include <GL/glut.h>
double dIst=0;

void TimerLoop(int);
void Render (void);

void main(void) //主函数入口
{
        glutInitDisplayMode(GLUT_DOUBLE | GLUT_RGB);
        glutCreateWindow("Animation");
        glutDisplayFunc(Render);
        …………
        glutTimerFunc(50, TimerLoop, 1);
        …………
        glutMainLoop();
}
void Render (void)
{
        //计算旋转角度
```

```
        dIst +=10.0f;
        if(dIst >360.0f)
            dIst   =0.0f;

        //绘图
        glClear(GL_COLOR_BUFFER_BIT | GL_DEPTH_BUFFER_BIT);
        glColor3f(255,0,0);
        glPushMatrix();
        glRotatef(dIst,1.0f, 1.0f, 1.0f);
        glutSolidTeapot(0.4);
        glPopMatrix();
        glFinish();
        glutSwapBuffers();//在双缓冲模式下进行一次缓冲区交换
}


void TimerLoop(int value)
{
        glutPostRedisplay();//刷新当前窗口
        glutTimerFunc(50, TimerLoop，1);
}
```

程序运行结果如图 7 - 8 所示。

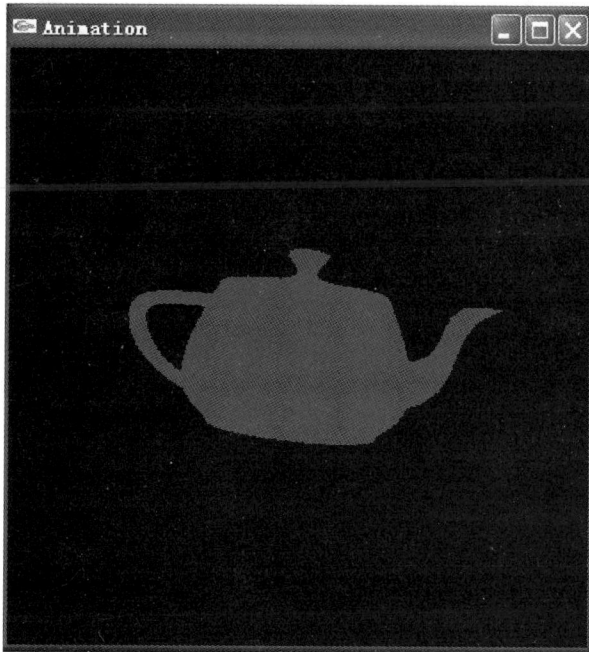

图 7 - 8　OpenGL 产生的动画

第8章　虚拟现实技术

本章介绍虚拟现实、增强现实等概念、研究内容、软/硬件系统组成、典型应用以及当前的主流开发技术,使读者对虚拟现实相关内容有较深入了解。

8.1　虚拟现实技术概述

科学技术的发展使得人们对信息的需求越来越多,人们对信息的接受和理解变得也愈重要,人们不再满足通过数字、图像的方式观察信息的处理结果,而迫切需要通过视觉、听觉、触觉、嗅觉以及形体、手势或口令,并直接参与到信息的处理环境中,获得身临其境的感觉。

虚拟现实(VR)技术作为当代科技革新的典范,正深刻地重塑着人类的生活与工作模式。我国在此领域已取得显著成就,孕育了众多创新企业与项目,彰显了我国在技术创新与应用开发方面的强大实力。

以华为公司推出的 VR Glass(见图 8-1)为例,其轻便的设计与卓越的性能已受到广泛关注。华为 VR Glass 不仅在娱乐与游戏领域有着广泛应用,其在教育、医疗等多个领域内的潜在应用前景也备受期待。在教育领域,

图 8-1　VR Glass

VR 技术能够使学生通过身临其境地体验,深入了解历史事件、科学实验等,极大地提升学习的趣味性与效率。此技术让知识更加生动有趣,教育过程更加引人入胜,有效激发了学生的求知欲与探索精神。

经典案例如"重走长征路"VR 项目,该项目利用虚拟现实技术,生动再现了红军长征的历史场景,让观众通过 VR Glass 沉浸式体验长征的艰辛历程,深刻感受到革命精神的伟大(见图 8-2)。从翻越雪山草地到四渡赤水,从强渡大渡河到胜利会师,每一段历史都栩栩如生,不仅加深了观众对中国革命历史的理解与认同,对青少年来说,这种体验更是一次生动的历史教育,有效激发了他们的爱国情怀。

图 8-2　VR 重走长征路

　　这些成就的取得,离不开我国广大科研人员与技术团队的不懈努力与创新。他们以高度的科学责任感与使命感,推动我国虚拟现实技术的发展与应用,体现了新时代中国科技工作者的风采与担当。这种创新精神与责任感,是新时代中国特色社会主义事业发展的重要动力。对于虚拟现实技术的发展,我们不仅需在科技领域不断取得突破,更应在社会各领域引导与激发广大人民群众的创新意识与爱国热情,为实现中华民族的伟大复兴贡献智慧与力量。总而言之,虚拟现实技术不仅代表着前沿科技的发展,更是传承与弘扬中国精神、讲述中国故事的重要途径。我们应继续发挥科技创新的力量,推动虚拟现实技术的广泛应用,不断增强国家的科技实力与文化软实力。通过虚拟现实,我们不仅见证了技术的无限潜力,更见证了民族精神的传承与发展模式的创新。这既是新时代赋予我们的历史使命,也是每一位中国科技工作者的荣耀职责。

8.1.1　虚拟现实基本概念

　　虚拟现实技术是一种可以创建和体验虚拟世界的计算机仿真系统,其通过多种专用设备使用户"投入"该环境中,实现用户与该环境的自然交互。虚拟现实是人类与计算机和极其复杂的数据进行交互的一种技术,它利用计算机生成一种模拟环境,可以提供多源信息融合的交互式的三维动态视景和实体行为的系统仿真。虚拟现实具有向用户提供视觉、听觉和触觉、味觉和嗅觉等感知功能的能力,人们能够在这个虚拟环境中观察、聆听、触摸、漫游、闻赏,并与虚拟环境中的实体进行交互,从而使用户亲身体验沉浸虚拟空间中的感受。

　　虚拟环境是相对于现实环境的,并有人的操作和参与而形成的一种虚构的、视觉上的、听觉上的、感觉上的存在,是一种物理意义上的人机交互和抽象组合,而这种存在是由计算机系统产生的。在现实环境中,人们可以直接地感受到实际的物体和存在,并与其进行交互和远程操作。而虚拟环境是一种利用显示技术虚构的环境,只是在感觉上能够体验到的一种境界,而非客观存在的环境,如图 8-3 所示。

　　虚拟现实中的"现实"是泛指在物理意义上或功能意义上存在于世界上的任何事物或环境,而"虚拟"是指用计算机生成的意思。因此,虚拟现实是指用计算机生成的一种特殊环境,人可以通过使用各种特殊装置将自己"投射"到这个环境中,并操作、控制环境,实现特殊的目的,即人是这种环境的主宰。

图 8-3　虚拟现实场景

　　从本质上说,虚拟现实就是一种先进的计算机用户接口,它通过给用户同时提供诸如视觉、听觉、触觉等各种直观而又自然的实时交互手段,最大限度地方便用户的操作。根据虚拟现实技术所应用的对象不同、目的不同,其作用可表现为不同的形式。

虚拟现实中的应用模拟形式主要有以下三种：

(1)对真实世界的模拟与仿真，如公共建筑物、花园、森林等。

(2)人类主观构想的环境世界，例如电影《生化危机》中的场景。

(3)表现真实世界中客观存在但人眼无法直接观看的环境对象，如物质世界中水分子、原子结构等。

虚拟现实是存在于计算机系统中的逻辑环境，通过输出设备模拟显示现实世界中的三维物体和它们的运动规律和方式。利用电脑模拟产生一个三维空间的虚拟世界，提供使用者关于视觉、听觉、触觉等感官的模拟，让使用者如同身临其境一般，可以及时、没有限制地观察三维空间内的事物。

生成虚拟现实需要解决以下三个主要问题：

(1)以假乱真的存在技术。怎样合成对观察者的感觉器官来说与实际存在相一致的输入信息，也就是如何产生与现实环境一样的视觉、触觉、嗅觉等。

(2)相互作用。观察者怎样积极和能动地操作虚拟现实，以实现不同的视点景象和更高层次的感觉信息。实际上也就是怎么可以看得更像，听得更真，等等。

(3)自律性现实。感觉者如何在不意识到自己动作、行为的条件下得到栩栩如生的现实感。在这里，观察者、传感器、计算机仿真系统与显示系统构成了一个相互作用的闭环流程。

概括地说，虚拟现实是人们通过计算机对复杂数据进行可视化操作与交互的一种全新方式，与传统的人机界面以及流行的视窗操作相比，虚拟现实在技术思想上有了质的飞跃。

8.1.2 虚拟现实技术的发展史

虚拟现实是 20 世纪末逐渐兴起的一门综合性信息技术，也称灵境技术、幻真或人工环境，是利用计算机发展中的高科技手段构造的，使参与者获得与现实一样的感觉的一个虚拟的境界。虚拟现实技术是经过社会各界需求以及学术实验室很长时间的研究后，逐步开发应用并进入公众视野中的。同时，虚拟现实技术的发展也与其他技术的日益成熟密不可分，它融合了数字图像处理、计算机图形学、人工智能、多媒体、传感器、网络以及并行处理等多个信息技术分支的最新发展成果。

虚拟现实的构想来源于早期人们对现实以外环境的构想与实践。19 世纪初，人们发明了照相技术，1833 年又发明了立体显示技术，使得人们借助一个简单的装置就可以看到实际场景的立体图像。1895 年世界上第一台无声电影放映机出现，1932 年又出现了彩色电影。1941 年出现了电视技术。同时，电视的出现引出了遥现(Telepresence)概念，即通过摄像机获得人同时在另一个地方的感觉。这些萌芽的概念为后来人们追求更加逼真的环境效果提供了一种非常直接的原动力。

然而，虚拟现实技术的发展进入快车道还是在计算机出现以后，加之其他技术的进展以及社会市场需求的提高，人们追求逼真交互等概念效果，于是经历了漫长的技术积累后，虚拟现实技术逐步成长起来，并日益显露出强大的社会效果。总结虚拟现实的发展过程，主要可分为以下 3 个阶段：

(1)虚拟现实技术的探索阶段。1956 年，在全息电影技术的启发下，Morton Heilig 开发出多通道仿真体验系统 Sensorama。Sensorama 是一个多通道体验的显示系统，用户可以感知到事先录制好的体验，包括景观、声音和气味等，如图 8-4 所示。

1960 年,Morton Heiling 研制的 Sensorama 立体电影系统获得了美国专利,此设备与 20 世纪 90 年代的 HMD(头盔显示器)非常相似,只能供一个人观看,是具有多种感官刺激的立体显示设备。

1968 年,Ivan Sutherland 研制成功了带跟踪器的头盔式立体显示器,如图 8-5 所示。

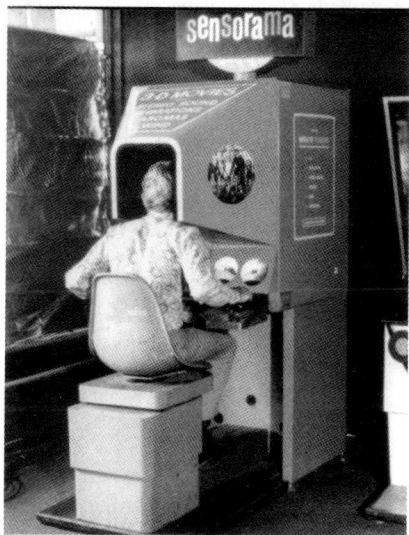

图 8-4　多通道仿真体验系统

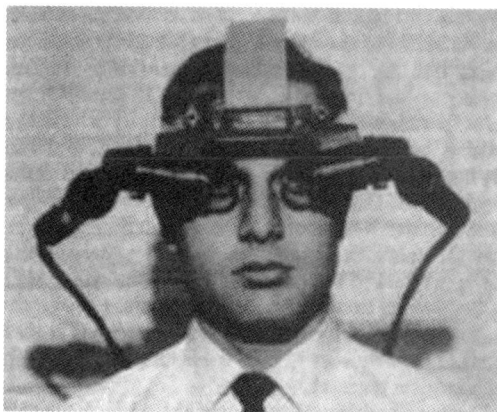

图 8-5　头盔式立体显示器

1972 年,Nolan Bushnell 开发出第一个交互式电子游戏 *Pong*。

1976 年,Myron Kruger 完成了 Videoplace 原型,它使用摄像机和其他输入设备创建了一个由参与者动作控制的虚拟世界。

(2)虚拟现实技术系统化阶段。20 世纪 80 年代,美国国家航空航天局(NASA)组织了一系列有关 VR 技术的研究,如:1984 年,NASA Ames 研究中心的 M. McGreevy 和 J. Humphries 开发出用于火星探测的虚拟环境视觉显示器;1987 年,Jim Humphries 设计了双目全方位监视器(BOOM)的最早原型。1990 年,在美国达拉斯召开的 Siggraph 会议上,明确提出 VR 技术研究的主要内容包括实时三维图形生成技术、多传感器交互技术和高分辨率显示技术,为 VR 技术的发展确定了研究方向。

(3)虚拟现实技术高速发展的阶段。1996 年 12 月,世界上第一个虚拟现实环球网在英国投入运行。这样,因特网用户便可以在一个由立体虚拟现实世界组成的网络中遨游,身临其境般地欣赏各地风光、参观博览会和在大学课堂听讲座等。

从 20 世纪 90 年代开始,VR 技术的研究热潮也开始向民间的高科技企业转移。著名的 VPL 公司开发出第一套传感手套"DataGloves",第一套 HMD"EyePhones"。进入 21 世纪后,VR 技术更是进入软件高速发展的时期,一些有代表性的 VR 软件开发系统不断在发展完善,如 MultiGen Vega,OpenSceneGraph,Virtools 等。

目前,迅速发展的计算机硬件技术与不断改进的计算机软件系统极大地推动了虚拟现实技术的发展,使基于大型数据集合的声音和图像的实时动画制作成为可能。人机交互系统的设计不断创新,很多新颖实用的输入/输出设备不断出现在市场上,为虚拟现实系统的发展打下了良好的基础。

8.1.3 虚拟现实系统组成

虚拟现实技术是融合计算机图形学、智能接口技术、传感器技术和网络技术等综合性的技术。虚拟现实系统应具备与用户交互、实时反映所交互的结果等功能。因此,一般而言,一个完整的虚拟现实系统由虚拟环境,以高性能计算机为核心的虚拟环境处理器,以头盔显示器为核心的视觉系统,以语音识别、声音合成与声音定位为核心的听觉系统,以方位跟踪器、数据手套和数据衣为主体的身体方位姿态跟踪设备,以及味觉、嗅觉、触觉与力觉反馈系统等功能单元构成。典型的虚拟现实系统往往由专业图形处理计算机、效果产生器、实景仿真器、应用系统、几何构造系统、输入设备和输出设备组成。

1.专业图形处理计算机

计算机在虚拟现实系统中处于核心地位,是系统的心脏,是 VR 的引擎,主要负责从输入设备中读取数据、访问与任务相关的数据库、执行任务要求的实时计算,从而实时更新虚拟世界的状态,并把结果反馈给输出显示设备。由于虚拟世界是一个复杂的场景,系统很难预测所有用户的动作,也就很难在内存中存储所有相应的状态,因此虚拟世界需要实时绘制和删除,以至于大大增加了计算量,这对计算机的配置提出了极高要求。

2.效果产生器

效果产生器是完成人与虚拟环境交互的硬件接口装置,包括能产生沉浸感的各类输入装置,例如,头盔显示器、立体声耳机等,以及能测定视线方向和手指动作的输入装置,如头部方向探测器和数据手套等。

3.实景仿真器

实景仿真器是虚拟现实系统的核心部分,它由计算机软硬件系统、软件开发工具及配套硬件(如图形和声效卡)组成。

4.应用系统

应用系统是面向具体问题的软件部分,描述仿真的具体内容,包括仿真的时态逻辑、结构,以及仿真对象之间和仿真对象与用户之间的交互关系。应用软件的内容直接取决于虚拟现实系统的应用目的。

5.几何构造系统

几何构造系统提供了描述仿真对象的物理属性(外形、颜色、位置等)信息,虚拟现实系统的应用系统在生成虚拟世界时需要使用和处理这些信息。

6.输入设备

输入设备是虚拟现实系统的输入接口,其功能是检测用户的输入信号,并通过传感器输入计算机。输入设备除了传统的鼠标、键盘外,还包括用于手姿输入的数据手套、身体姿态输入的数据衣、语音交互的麦克风等,以解决多个感觉通道的交互。

7.输出设备

输出设备是虚拟现实系统的输出接口,是对输入的反馈,其功能是将由计算机生成的信息通过传感器反馈给用户。除了屏幕外,输出设备还包括声音反馈的立体声耳机、力反馈的数据手套以及大屏幕立体显示系统等。

几种常用的虚拟现实设备如图 8-6~图 8-10 所示。

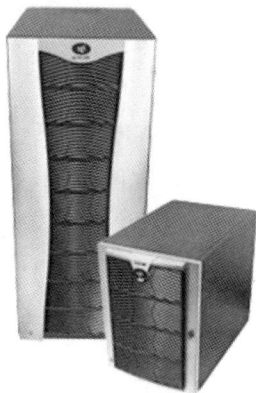
图 8-6　服务器

图 8-7　分布式网络渲染器

图 8-8　立体声耳机

图 8-9　VR 眼镜

图 8-10　VR 头盔

8.1.4　虚拟现实系统的特征

在虚拟现实系统中,人是起主导作用的,从技术的角度分析,虚拟现实系统的基本特征如下。

1. 多感知性(Multi-Sensory)

所谓多感知是指除了一般计算机技术所具有的视觉感知之外,还有听觉感知、力觉感知、触觉感知、运动感知,甚至包括味觉感知、嗅觉感知等。理想的虚拟现实技术应该具有一切人所具有的感知功能。由于相关技术,特别是传感技术的限制,目前虚拟现实技术所具有的感知功能仅限于视觉、听觉、力觉、触觉和运动等几种。

2. 沉浸感(Immersion)

沉浸感又称临场感,指用户感到作为主角存在于模拟环境中的真实程度。理想的模拟环境应该使用户难以分辨真假,使用户全身心地投入计算机创建的三维虚拟环境中,该环境中的一切看上去是真的,听上去是真的,动起来是真的,甚至闻起来、尝起来等一切感觉都是真的,如同在现实世界中的感觉一样。

3. 交互性(Interactivity)

交互性指用户对模拟环境内物体的可操作程度和从环境得到反馈的自然程度(包括实时性)。虚拟现实系统强调人与虚拟世界之间以近乎自然的方式进行交互,即用户不仅通过传统设备(键盘和鼠标等)和传感设备(特殊头盔数据手套等),使用自身的语言、身体的运动等自然技能能对虚拟环境中的对象进行操作,而且计算机能够根据用户的头、手、眼、语言及身体的运动来调整系统输出的图像及声音。

4.构想性(Imagination)

构想性又称创造性,强调虚拟现实技术应具有广阔的可想象空间,可拓宽人类认知范围,不仅可再现真实存在的环境,也可以随意构想客观不存在的甚至是不可能发生的环境。

由于浸没感、交互性和构想性三个特性的英文单词的第一个字母均为I,所以这三个特性又通常被统称为3I特性。这三个"I"反映了虚拟现实系统的关键特性,就是虚拟现实系统中人的主导作用,其表现是:

(1)人能够沉浸到计算机系统所创建的环境中,而不是仅从计算机系统的外部去观测计算处理的结果。

(2)人能够用多种传感器与多维化信息的环境发生交互作用,而不是仅通过键盘、鼠标与计算环境中的单维数字化信息发生交互作用。

(3)人可从定性和定量综合集成的环境中得到感性和理性的认识从而深化概念和萌发新意,而不仅从以定量计算为主的结果中得到启发和对事物的认识。

8.1.5 虚拟现实系统的关键技术

虚拟现实是多种技术的综合,包括实时三维计算机图形技术,广角(宽视野)立体显示技术,对观察者头、眼和手的跟踪技术,以及触觉/力觉反馈、立体声、语音输入/输出技术等,如图8-11所示。下面对这些技术分别加以说明。

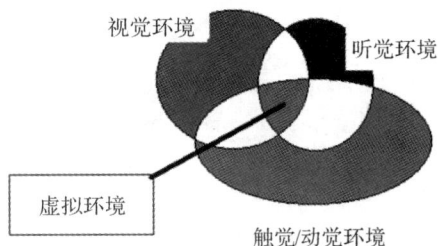

图8-11 虚拟现实关键技术

1.实时三维计算机图形技术

对于三维真实感造型,大家一定不会陌生。只要有足够的时间,利用计算机图形学方法就可以产生不同光照条件下具有高度真实感的物体图像。但是,VR的实时特性所限定的正是时间。VR系统要对参与者的行为反应灵敏,并保持内部的一致性和连贯性,因此,计算机系统必须具备强大的运算功能,才能在进行三维图形消隐、浓淡、阴影、纹理处理的同时,保证显示图像的"更新率"能满足目标的要求,否则就会出现严重的"滞后"问题。所谓"滞后"即动作开始与反映这一动作的画面在显示器上出现之间的时间间隔。例如,在飞行模拟系统中,图像的刷新相当重要,同时对图像质量的要求也很高,再加上非常复杂的虚拟环境,问题就变得相当困难。

2.广角(宽视野)的立体显示

仅仅有一系列三维画面是不够的。VR试图给人身临其境的感觉,要求这些画面围绕着参与者,这样的效果是通过配戴头盔实现的。通常桌面显示器给人的画面视角仅为30°,而一个好的VR系统的画面将包容参与者的整个视野,这可能需要水平角度140°,垂直角度120°。当前大多数头盔显示器的图像显示装置使用的液晶显示器(LCD),这种显示器的有效分辨率一般仅为140线。要将如此低分辨率的显示屏通过光学透镜装置横向扩展到一个较大的视野内,其显示效果是可想而知的。

人看周围的世界时,由于两只眼睛的位置不同,得到的图像略有不同,这些图像在脑子里融合起来,就形成了一个关于周围世界的整体景象,这个景象中包括距离远近的信息。当然,距离信息也可以通过其他方法获得,例如眼睛焦距的远近、物体大小的比较等。

在 VR 系统中,双目立体视觉起了很大作用。用户的两只眼睛看到的不同图像是分别产生的,显示在不同的显示器上。有的系统采用单个显示器,但用户戴上特殊的眼镜后,一只眼睛只能看到奇数帧图像,另一只眼睛只能看到偶数帧图像,奇、偶帧之间的不同也就是视差,就产生了立体感。

3. 位置跟踪器

在人造环境中,每个物体相对于系统的坐标系都有一个位置与姿态,而用户也是如此。用户看到的景象是由用户的位置和头(眼)的方向来确定的。

位置跟踪器可以检测到参与者的物理位置和取向,以便输入计算机中去产生虚拟境界中相应的图像和声音。

这一般是使用简单的电磁装置来实现的。几个很小的发射器固定在用户的身上,例如,头盔中放一个,每只手上放一个,通过固定在 VR 系统上的接收装置,可以跟踪参与者的位置和方向。还可以使用若干台数字化摄像机,通过图像处理的方法来监测参与者头部、手部的位置和方向。

例如,跟踪头部运动的虚拟现实头套:在传统的计算机图形技术中,视场的改变是通过鼠标或键盘来实现的,用户的视觉系统和运动感知系统是分离的,而利用头部跟踪来改变图像的视角,用户的视觉系统和运动感知系统之间就可以联系起来,感觉更逼真。头部跟踪的另一个优点是,用户不仅可以通过双目立体视觉去认识环境,而且可以通过头部的运动去观察环境。

在用户与计算机的交互中,键盘和鼠标是目前最常用的工具,但对于三维空间来说,它们都不太适合。在三维空间中因为有六个自由度,我们很难找出比较直观的办法把鼠标的平面运动映射成三维空间的任意运动。现在,已经有一些设备可以提供六个自由度,如 3Space 数字化仪和 SpaceBall 空间球等。另外一些性能比较优异的设备是数据手套和数据衣。

4. 立体声

声音效果是一个富有感染力的现场感因素。在虚拟环境中给对象上附加由人或计算机生成的音响,至少可用于给 VR 的参与者提供一些起辅助作用的反馈信息。与图像信息一样,声音也必须是真实而且准确的。这要考虑声音的立体化、杂音、回音及由于声源运动或参与者运动所产生的"多普勒"效应等,特别要注意的是声音方向感。声源的位置是不随参与者头部的运动而变化的。

人能够很好地判定声源的方向。在水平方向上,我们靠声音的相位差及强度的差别来确定声音的方向,因为声音到达两只耳朵的时间或距离有所不同。常见的立体声效果就是靠左右耳听到在不同位置录制的不同声音来实现的,所以会有一种方向感。现实生活里,当头部转动时,听到的声音的方向就会改变。但目前在 VR 系统中,声音的方向与用户头部的运动无关。

5. 触觉与力觉反馈

在一个 VR 系统中,用户可以看到一个虚拟的杯子。你可以设法去抓住它,但是你的手没有真正接触杯子的感觉,并有可能穿过虚拟杯子的"表面",而这在现实生活中是不可能的。解决这一问题的常用装置是在手套内层安装一些可以振动的触点来模拟触觉。

6. 语音输入/输出

在 VR 系统中,语音的输入/输出也很重要。这就要求虚拟环境能听懂人的语言,并能与人实时交互。而让计算机识别人的语音是相当困难的,因为语音信号和自然语言信号有其“多边性”和复杂性。例如,连续语音中词与词之间没有明显的停顿,同一词、同一字的发音受前后词、字的影响,不仅不同人说同一词会有所不同,就是同一人发音也会受到心理、生理和环境的影响而有所不同。

使用人的自然语言作为计算机输入目前有两个问题,首先是效率问题,为便于计算机理解,输入的语音可能会相当啰嗦。其次是正确性问题,计算机理解语音的方法是对比匹配,而没有人的智能。

8.1.6 虚拟现实系统的分类

虚拟现实的目标是要达到真实体验的人机交互。根据交互性和沉浸感的特性,虚拟现实系统可以分成四大类,即桌面虚拟现实系统、沉浸式虚拟现实系统、增强式虚拟现实系统和分布式虚拟现实系统。

1. 桌面虚拟现实系统

桌面虚拟现实系统是一套基于普通 PC 平台的小型虚拟现实系统,也被称作窗口中的 VR。它可以通过桌上型机实现,所以成本较低,功能也最简单,主要用于 CAD、CAM、建筑设计、桌面游戏等领域,使用个人计算机和低级工作站来产生三维空间的交互场景,是应用最为方便灵活的一种虚拟现实系统。其具有实现成本低,应用方便灵活,对硬件设备要求极低等优点,所以比较适合刚从事虚拟现实研究的新手。

2. 沉浸式虚拟现实系统

沉浸式虚拟现实系统包括各种用途的体验器,使人有身临其境的感觉,各种培训、演示以及高级游戏等用途均可用这种系统。利用头盔显示器、洞穴式显示设备和数据手套等交互设备把用户的视觉、听觉和其他感觉封闭起来,而使用户真正成为 VR 系统内部的一个参与者,产生一种身临其境、全心投入并沉浸其中的体验。与桌面式 VR 系统相比,沉浸式 VR 系统的主要特点在于高度的实时性和沉浸感。

3. 增强式虚拟现实系统

增强式虚拟现实系统是一种真实世界信息和虚拟现实信息集成的新技术,它源于虚拟现实技术,又是虚拟现实技术的升级版。增强式虚拟现实系统允许用户对现实世界进行观察的同时,将虚拟图像叠加在真实物理对象之上,为用户提供与所看到的真实环境有关的、存储在计算机中的信息,从而增强用户对真实环境的感受,又被称为叠加式或补充现实式 VR 系统。它把真实环境和虚拟环境结合起来,既可减少构成复杂真实环境的开销(虚拟环境取代部分真实环境),又可对实际物体进行操作(真实环境取代部分虚拟环境),达到了亦真亦幻的境界,是今后发展的方向。

4. 分布式虚拟现实系统

分布式虚拟现实系统指基于网络构建的虚拟环境,将位于不同物理位置的多个用户或多个虚拟环境通过网络相连接并共享信息,从而使用户的协同工作达到一个更高的境界。

分布式虚拟现实系统主要被应用于远程虚拟会议、虚拟医学会诊、多人网络游戏、虚拟战争演习等领域。它在因特网环境下,充分利用分布于各地的资源,协同开发各种虚拟现实应用。它通常是沉浸式虚拟现实系统的发展,也就是把分布于不同地方的沉浸式虚拟现实系统,通过互联网连接起来,共同实现某种用途。

分布式虚拟现实系统的特征有以下五点:

(1)具有共享的虚拟工作空间。

(2)具有伪实体的行为真实感。

(3)可支持实时交互,共享时钟。

(4)多个用户可以通过多种方式相互通信。

(5)可资源信息共享,允许用户操作虚拟环境中的共同对象。

8.1.7　增强现实技术

1.增强现实技术简介

增强现实技术最早于 1990 年提出,是当前的新兴研究领域之一。增强现实(Augmented Reality,AR),是一种实时地计算摄影机影像的位置及角度并加上相应图像的技术,是一种将真实世界信息和虚拟世界信息"无缝"集成的新技术,这种技术的目标是在屏幕上把虚拟世界套在现实世界并进行互动。与 VR 技术不同,AR 技术不是把使用者与真实世界隔离开,而是将计算机生成的虚拟物体或其他信息叠加到真实场景中,从而实现对现实的"增强",在虚拟环境与真实世界之间架起了一座桥梁。随着随身电子产品运算能力的提升,增强现实的用途越来越广,在医学研究、工业设计、教育培训、国防建设、市政规划、文化娱乐等领域具有十分广阔的应用前景。

2.增强现实技术主要特点

增强现实系统具有三个突出的特点:

(1)真实世界和虚拟世界的信息集成。

(2)具有实时交互性。

(3)是在三维尺度空间中增添定位虚拟物体。

3.增强现实技术组成形式

一个完整的增强现实系统是由一组紧密联结、实时工作的硬件部件与相关的软件系统协同实现的,常用的有如下三种组成形式。

(1)Monitor-Based。在基于计算机显示器的 AR 实现方案中,摄像机摄取的真实世界图像输入到计算机中,与计算机图形系统产生的虚拟景象合成,并输出到屏幕显示器。用户从屏幕上看到最终的增强场景图片。它虽然简单,但不能带给用户多少沉浸感。Monitor-Based增强现实系统实现方案如图 8-12 所示。

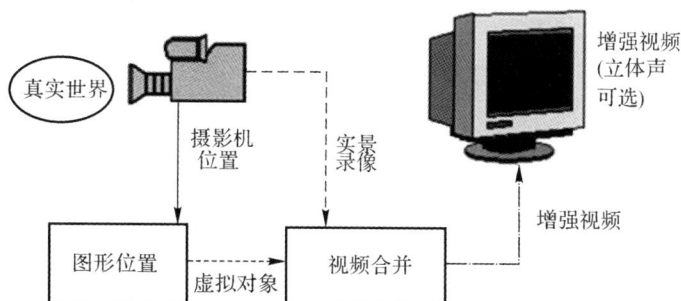

图 8-12　Monitor-Based 增强现实系统实现方案

（2）光学透视式。头盔式显示器（Head-Mounted Display，HMD）被广泛应用于虚拟现实系统中，用以增强用户的视觉沉浸感。增强现实技术的研究者们也采用了类似的显示技术，这就是在 AR 中广泛应用的穿透式 HMD。HMD 根据具体实现原理又划分为两大类，分别是基于光学原理的穿透式 HMD（Optical See-through HMD）和基于视频合成技术的穿透式 HMD（Video See-through HMD）。光学透视式增强现实系统具有简单、分辨率高、没有视觉偏差等优点，但它同时也存在着定位精度要求高、延迟匹配难、视野相对较窄和价格高等不足。

（3）视频透视式。视频透视式增强现实系统采用的是基于视频合成技术的穿透式 HMD（Video See-through HMD），实现方案如图 8-13 所示。

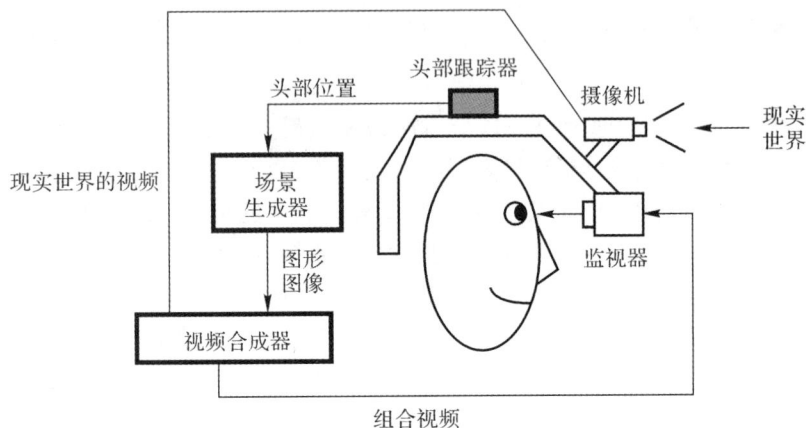

图 8-13　视频透视式增强现实系统实现方案

根据实现原理的不同增强现实显示技术可分为基于双目视差原理的头盔立体显示技术和基于非双目视差原理的 AR 显示技术。基于非双目视差原理的 AR 显示技术主要包括基于全息光学元件的 AR 显示技术和基于集成成像的 AR 显示技术。透视式头盔显示器如图 8-14 所示。

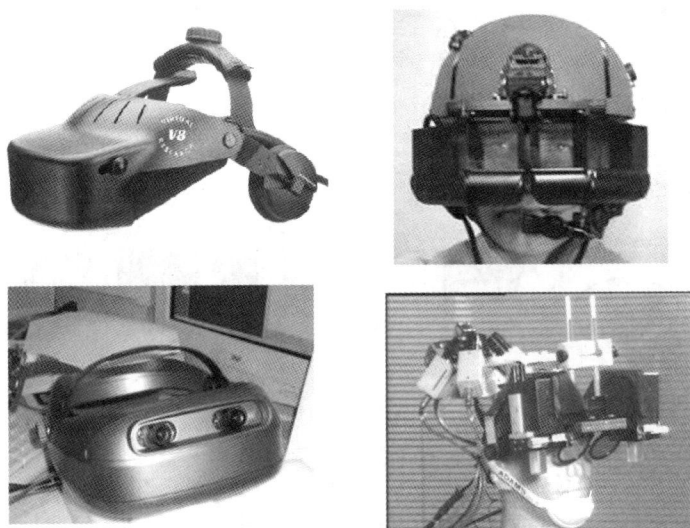

图 8-14　透视式头盔显示器

4.增强现实应用举例

(1)应用于医学研究。健康医疗也是 AR 应用的主要领域之一,而且 AR 在医学上的应用案例已经越来越多,在教育培训、病患分析、手术治疗等方面都有成功的应用。早在 2015 年,华沙心脏病研究所的外科医生就利用 Google Glass 辅助手术治疗,实时了解患者冠状动脉堵塞情况。凯斯西储大学医学院的学生则使用 HoloLens(微软首发的头戴式增强现实设备)在数字尸体上解剖虚拟组织。北卡罗莱纳大学的 AR 辅助 B 超检查,如图 8-15 所示。

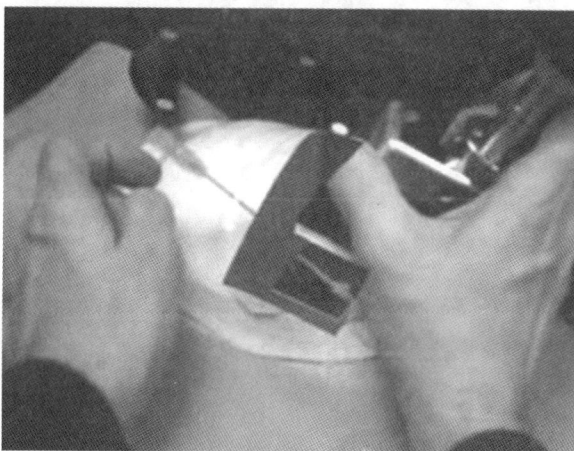

图 8-15　AR 辅助 B 超检查

(2)应用于建筑规划。在建筑领域,增强现实允许建筑师、施工人员、开发人员和客户在任何施工阶段看到立体的建筑以及内部设计,将整个建筑可视化。增强现实可以辅助建筑物和设施的维护作业。具有交互式 3D 动画和其他指令的服务手册可以通过增强现实技术在物理环境中显示。增强现实可以帮助客户在维修或维护过程中提供远程协助。它也是一种有价值的培训工具,可以帮助缺乏经验的人员完成工作,并现场找到正确的操作方法和零件信息。在城市规划方面,增强现实也应用十分广泛,如图 8-16 所示。

图 8-16　AR 城市规划

(3)应用于文化展示。文化古迹的信息以增强现实的方式提供给参观者,参观者不仅可以通过 HMD 看到古迹的文字解说,还能看到遗址上残缺部分的虚拟重构。增强现实技术已应用于希腊、土耳其的历史古迹数字重建,如图 8-17 所示。

图 8-17　历史古迹数字重建

（4）应用于车载导航。车载 AR 导航能够对过往车辆、行人、车道线、红绿灯位置以及颜色、限速牌等周边环境进行智能的图像识别，从而为驾驶员提供跟车距离预警、压线预警、红绿灯监测与提醒、前车启动提醒、提前变道提醒等一系列驾驶安全辅助，给用户带来比传统地图导航更加精细、更加安全的服务体验，如图 8-18 所示。

图 8-18　车载 AR 导航

与传统地图导航不同的是，AR 导航需要图像识别设备，比如摄像头等。为了更好与真实场景融合，AR 导航需要精确了解车辆的姿态、朝向等，因此需要加速度计、陀螺仪等传感器的支持。软件层面，对导航精度、图像识别的准确度与速度，以及 AR 算法灵敏度等也都有很高要求。

8.1.8　虚拟现实在各行业的应用

1. 虚拟现实在城市规划中的应用

城市规划一直是对全新的可视化技术需求最为迫切的领域之一，虚拟现实技术可以广泛地应用在城市规划的各个方面，并带来切实且可观的利益。

（1）展现规划方案。虚拟现实系统的沉浸感和互动性不但能够给用户带来强烈、逼真的感官冲击，使其获得身临其境的体验，还可以通过其数据接口在实时的虚拟环境中随时获取项目的数据资料，方便大型复杂工程项目的规划、设计、投标、报批、管理，有利于设计与管理人员对各种规划设计方案进行辅助设计与方案评审。

（2）规避设计风险。虚拟现实所建立的虚拟环境由基于真实数据建立的数字模型组合而成,严格遵循工程项目设计的标准和要求建立逼真的三维场景,对规划项目进行真实的"再现"。

（3）促进合作。虚拟现实技术能够使政府规划部门、项目开发商、工程人员及公众可从任意角度,实时互动真实地看到规划效果(见图 8-19),更好地掌握城市的形态和理解规划师的设计意图。有效的合作是保证城市规划最终成功的前提,虚拟现实技术为这种合作提供了理想的桥梁,这是传统手段如平面图、效果图、沙盘乃至动画等所不能达到的。

（4）加强宣传效果。对于公众关心的大型规划项目,在项目方案设计过程中,虚拟现实系统可以将现有的方案导出为视频文件,用来制作多媒体资料并予以一定程度的公示,让公众真正地参与到项目中来。项目方案最终确定后,也可以通过视频输出制作多媒体宣传片,进一步提高项目的宣传展示效果。

图 8-19　VR 城市规划

2.虚拟现实在医学中的应用

VR 在医学方面的应用具有十分重要的现实意义。在虚拟环境中,可以建立虚拟的人体模型,借助于跟踪球、HMD、感觉手套,学生可以很容易了解人体内部各器官结构,这比现有的采用教科书的方式要有效得多。Pieper 及 Satara 等研究者在 20 世纪 90 年代初基于两个 SGI(Silicom Graphics,硅谷图形)工作站建立了一个虚拟外科手术训练器,用于腿部及腹部外科手术模拟。这个虚拟的环境包括虚拟的手术台与手术灯,虚拟的外科工具(如手术刀、注射器、手术钳等),虚拟的人体模型与器官等。借助于 HMD 及感觉手套,使用者可以对虚拟的人体模型进行手术。但该系统有待进一步改进,如需提高环境的真实感,增加网络功能,使其能同时培训多个使用者,或可在外地专家的指导下工作等。另外,在远距离遥控外科手术,复杂手术的计划安排,手术过程的信息指导,手术后果预测及改善残疾人生活状况,乃至新型药物的研制等方面,VR 技术都有十分重要的意义。

外科医生在真正动手术之前,通过 VR 技术的帮助,能在显示器上重复地模拟手术,移动人体内的器官,寻找最佳手术方案并提高熟练度。另外,在远距离遥控外科手术,复杂手术的计划安排,手术过程的信息指导,手术后果预测及改善残疾人生活状况,乃至新药研制等方面,VR 技术都能发挥十分重要的作用。应用于头部手术的 VR 技术如图 8-20 所示。

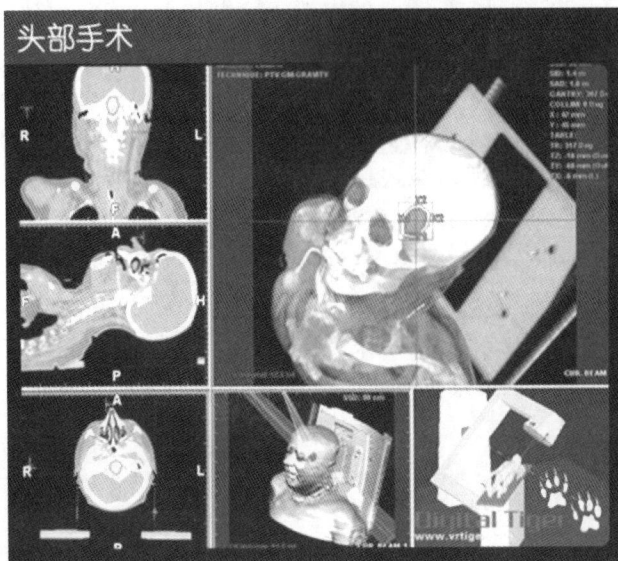

图 8-20　VR 头部手术

3. 虚拟现实在娱乐、艺术与教育方面的应用

丰富的感觉能力与 3D 显示环境使得 VR 成为理想的视频游戏工具。由于在娱乐方面对 VR 的真实感要求不是太高,故近些年来 VR 在该方面发展最为迅猛。如 Chicago(芝加哥)开发了世界上第一台大型可供多人使用的 VR 娱乐系统,其主题是关于 3025 年的一场未来战争;英国开发的称为"Virtuality"的 VR 游戏系统,配有 HMD,大大增强了真实感;1992 年的一台称为"Legeal Qust"的系统由于增加了人工智能功能,使计算机具备了自学习功能,大大增强了趣味性及难度,使该系统获该年度 VR 产品奖。另外,在家庭娱乐方面 VR 也显示出了很好的前景。

作为传输显示信息的媒体,VR 在未来艺术领域方面所具有的潜在应用能力也不可低估。VR 所具有的临场参与感与交互能力可以将静态的艺术(如油画、雕刻等)转化为动态的,可以使观赏者更好地欣赏作者的思想艺术。另外,VR 提高了艺术表现能力,如一个虚拟的音乐家可以演奏各种各样的乐器,手足不便的人或远在外地的人可以在他生活的居室中去虚拟的音乐厅欣赏音乐会,等等。

对艺术的潜在应用价值同样适用于教育,如在解释一些复杂的系统抽象的概念如量子物理等方面,VR 是非常有力的工具。Lofin 等人在 1993 年建立了一个"虚拟的物理实验室",用于解释某些物理概念,如位置与速度,力量与位移等。

4. 虚拟现实在航空航天工业的应用

模拟训练一直是航空航天工业中的一个重要课题,这为 VR 提供了广阔的应用前景。例如,利用 VR 技术,可模拟零重力环境,以代替现在非标准的水下训练宇航员的方法。又例如,训练飞行员的飞行模拟器由仿真计算机、视景系统、运动系统、操作负载系统、音响系统和模拟座舱组成。仿真计算机解算描述飞行动力学、机载系统特性的数学模型。视景系统利用计算机图像实时生成技术,产生座舱外的景象,包括机场与跑道、灯光、建筑物、田野、河流、道路、地形地貌等,视景系统应模拟能见度、云、雾、雨、雪等气象条件,以及白天、黄昏、夜间的景象,视景系统使飞行员有身临其境的感觉。运动系统给飞行员提供加速、过载等感觉。音响系统模拟发动机噪声、气流噪声等音响效果。模拟座舱具有与真实飞机座舱一样的布局,其中仪表显示系统实时显示飞机的各种飞行参数和机载系统的运行状态。飞行员在模拟座舱内根据窗外景象信息、舱内仪表显示信息等做出决策,通过驾驶杆、舵对飞机进行操纵,操纵量经过转换输入仿真计算机,解算飞行动力学数学模型,获得相应的飞行高度、飞行速度、飞机姿态等飞行参数,更新窗外视景画面和仪表显示。如图 8-21 和图 8-22 所示,通过飞行模拟器训练飞行员是一条经济、安全、可行和有效的途径。

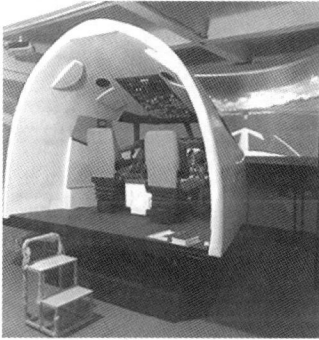

图 8-21　飞行模拟器

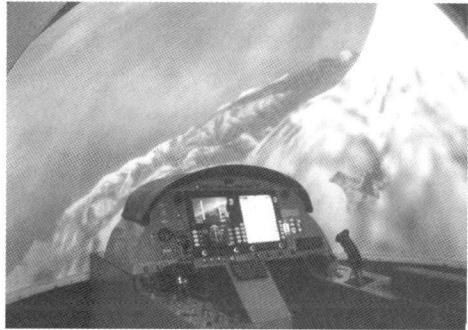

图 8-22　VR 飞行训练

5. 虚拟现实在室内设计中的应用

虚拟现实不仅仅是一个演示媒体,而且还是一个设计工具。它以视觉形式反映了设计者的思想,比如装修房屋之前,你首先要做的事是对房屋的结构、外形做细致的构思,为了使之定量化,你还需设计许多图纸,当然这些图纸只能内行人读懂,虚拟现实可以把这种构思变成看得见的虚拟物体和环境,使以往只能借助传统的设计模式提升到数字化的即看即所得的完美境界,大大提高了设计和规划的质量与效率。运用虚拟现实技术,设计者可以完全按照自己的构思去构建装饰“虚拟”的房间,并可以任意变换自己在房间中的位置,去观察设计的效果,直到满意为止,既节约了时间,又节省了做模型的费用。

6. 虚拟现实在房地产开发中的应用

随着房地产业竞争的加剧,传统的展示手段如平面图、表现图、沙盘、样板房等已经远远无法满足消费者的需要。因此敏锐把握市场动向,果断启用最新的技术并迅速转化为生产力,方可以领先一步,击溃竞争对手。虚拟现实技术是集影视广告、动画、多媒体、网络科技于一身的最新型的房地产营销方式,在国内的广州、上海、北京等大城市,国外的加拿大、美国等经济和科技发达的国家都非常热门,是当今房地产行业一个综合实力的象征和标志,其最主要的核心是房地产销售! 同时在房地产开发中的其他重要环节包括申报、审批、设计和宣传等方面对虚拟现实技术都有着非常迫切的需求。

7. 虚拟现实在工业仿真中的应用

当今世界工业已经发生了巨大的变化,大规模人海战术早已不再适应工业的发展,先进科学技术的应用显现出巨大的威力,特别是虚拟现实技术的应用正对工业进行着一场前所未有的革命。虚拟现实已经被世界上一些大型企业广泛地应用到工业的各个环节,对企业提高开发效率,加强数据采集、分析、处理能力,减少决策失误,降低企业风险起到了重要的作用。虚拟现实技术的引入,将使工业设计的手段和思想发生质的飞跃,更加符合社会发展的需要,可以说在工业设计中应用虚拟现实技术是可行且必要的。

8.虚拟现实在军事模拟中的应用

传统的实战演习需要耗费大量的资金，且安全性、保密性差。通过建立虚拟战场环境来训练军事人员，同时，可以检验和评估武器系统的性能，这使军事演习在概念上和方法上有了一个新的飞跃。例如，自20世纪80年代起，DARPA(美国国防部高级研究计划局)一直致力于研究称为 SIMNET(模拟网络)的虚拟战场系统，以提供坦克协同训练，该系统可联结200多台模拟器。

在虚拟战场环境中，参与者可以看到在地面行进的坦克和装甲车，在空中飞行的直升机、歼击机和导弹，在水中游弋的潜艇；可以看到坦克前进时后面扬起的尘土和被击中坦克燃烧的浓烟；可以听到飞机或坦克的隆隆声由远而近，从声音辨别目标的来向和速度。

虚拟战场环境采用虚拟现实技术使受训者在视觉和听觉上真实体验战场环境、熟悉将作战区域的环境特征。用户通过必要的设备可与虚拟环境中的对象进行交互作用、相互影响，从而产生"沉浸"于等同真实环境的感受和体验。虚拟战场环境的实现方法可利用相应的三维战场环境图形图像库，包括作战背景、战地场景、各种武器装备和作战人员等，通过背景生成与图像合成创造一种险象环生、几近真实的立体战场环境，使演练者"真正"进入形象逼真的战场，从而可以增强受训者的临场感觉，大大提高训练质量。

诸军种联合虚拟演习建立一个"虚拟战场"，使参战双方同处其中，根据虚拟环境中的各种情况及其变化，实施"真实的"对抗演习。在这样的虚拟作战环境中，可以使众多军事单位参与到作战模拟来中，而不受地域的限制，可大大提高战役训练的效益，还可以评估武器系统的总体性能，启发新的作战思想。

虚拟军事演习系统可以任意增加联合演习的次数，这样便于作战方案与理论的研究。传统的实兵演习周期长、耗费大，如果借助虚拟军事演习系统进行训练，就可以较小的代价、较短的时间实施大规模战区、战略级演习，并可通过多次演习或一次演习多种方案，发现、解决实战中可能出现的问题。利用虚拟现实技术，根据侦察情况资料合成出战场全景图，让受训指挥员通过传感装置观察双方兵力部署和战场情况，以便判断敌情，定下正确决心。例如美国海军开发的"虚拟舰艇作战指挥中心"就能逼真地模拟与真的舰艇作战指挥中心几乎完全相似的环境，生动的视觉、听觉和触觉效果，使受训军官沉浸于"真实的"战场之中，如图8-23所示。虚拟现实技术可以使相距几千公里的士兵与作战指挥人员在网络上进行对抗作战演习和训练，效果如同在真实的战场上一样。

图8-23 虚拟战场

9.虚拟现实在文物古迹中的应用

利用虚拟现实技术,结合网络技术,可以将文物的展示、保护提高到一个崭新的阶段。首先表现在将文物实体通过影像数据采集手段,建立起实物三维或模型数据库,保存文物原有的各种形式数据和空间关系等重要资源,实现濒危文物资源的科学、高精度和永久的保存。其次利用这些技术来提高文物修复的精度和预先判断、选取将要采用的保护手段,同时可以缩短修复工期。通过计算机网络来整合统一大范围内的文物资源,并且通过网络在大范围内利用虚拟技术更加全面、生动、逼真地展示文物,从而使文物脱离地域限制,实现资源共享,真正成为全人类可以"拥有"的文化遗产。使用虚拟现实技术可以推动文博行业更快地进入信息时代,实现文物展示和保护的现代化。西安钟楼的虚拟现实应用如图 8 - 24 所示。

图 8 - 24　文物展示

10.虚拟现实在游戏中的应用

三维游戏既是虚拟现实技术重要的应用方向之一,也为虚拟现实技术的快速发展起了巨大的需求牵引作用。尽管存在众多的技术难题,虚拟现实技术在竞争激烈的游戏市场中还是得到了越来越多的重视和应用。可以说,电脑游戏自产生以来,一直都在朝着虚拟现实的方向发展,虚拟现实技术发展的最终目标已经成为三维游戏工作者的崇高追求。从最初的文字MUD(Multiple User Domain,多用户虚拟空间)游戏,到二维游戏、三维游戏,再到网络三维游戏,游戏在保持其实时性和交互性的同时,逼真度和沉浸感正在一步步地提高和加强。我们相信,随着三维技术的快速发展和软硬件技术的不断进步,在不远的将来,真正意义上的虚拟现实游戏必将为人类娱乐、教育和经济发展做出新的更大的贡献。

11.虚拟现实在 Web3D/产品/静物展示中的应用

Web3D 主要有四类运用方向:商业、教育、娱乐和虚拟社区。

对企业和电子商务,三维的表现形式,能够全方位地展现一个物体,具有二维平面图像不可比拟的优势。企业将他们的产品发布成网上三维的形式,能够展现出产品外形的方方面面,加上互动操作,演示产品的功能和使用操作,充分利用互联网高速迅捷的传播优势来推广公司的产品。对于网上电子商务,将销售产品展示做成在线三维的形式,顾客通过对之进行观察和操作能够对产品有更加全面的认识了解,决定购买的概率必将大幅增加,为销售者带来更多的利润。

教育业现今的教学方式,不再是单纯的依靠书本、教师授课的形式。计算机辅助教学(CAI)的引入,弥补了传统教学所不能达到的许多方面。在表现一些空间立体化的知识,如原子、分子的结构,分子的结合过程,机械的运动时,三维的展现形式必然使学习过程形象化,学生更容易接受和掌握。许多实际经验告诉我们,做比听和说更能接受更多的信息。使用具有交互功能的 3D 课件,学生可以在实际的动手操作中得到更深的体会。

对计算机远程教育系统而言,引入 Web3D 内容必将达到很好的在线教育效果。

娱乐游戏业永远是一个不衰的市场。现今,互联网上已不是单一静止的世界,动态HTML、flash 动画、流式音视频,使整个互联网生机盎然。动感的页面较之静态页面更能吸引浏览者。三维的引入,必将造成新一轮的视觉冲击,使网页的访问量提升。娱乐站点可以在页面上建立三维虚拟主持这样的角色来吸引浏览者。游戏公司除了在光盘上发布 3D 游戏外,现在可以在网络环境中运行在线三维游戏,如图 8-25 和图 8-26 所示。利用互联网络的优势,受众和覆盖面得到迅速扩张。

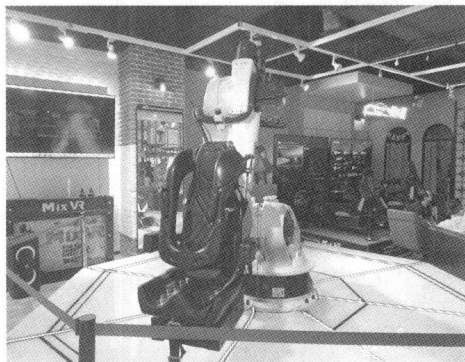

图 8-25　VR 游戏设备　　　　　　　　图 8-26　VR 游戏体验

对虚拟现实展示与虚拟社区使用 Web3D 实现网络上的 VR 展示,只需构建一个三维场景,人以第一视角在其中穿行。场景和控制者之间能产生交互,加之高质量的生成画面使人产生身临其境的感觉。

12.虚拟现实在地理中的应用

应用虚拟现实技术,将三维地面模型、正射影像和城市街道、建筑物及市政设施的三维立体模型融合在一起,再现城市建筑及街区景观,用户在显示屏上可以很直观地看到生动逼真的城市街道景观,可以进行诸如查询、量测、漫游、飞行浏览等一系列操作,满足数字城市技术由二维 GIS(Geograhic Information System,地理信息系统)向三维虚拟现实的可视化发展需要,为城建规划、社区服务、物业管理、消防安全、旅游交通等提供可视化空间地理信息服务。

电子地图技术是集地理信息系统技术、数字制图技术、多媒体技术和虚拟现实技术等多项现代技术为一体的综合技术。电子地图是一种以可视化的数字地图为背景,用文本、照片、图表、声音、动画、视频等多媒体为表现手段展示城市、企业、旅游景点等区域综合面貌的现代信息产品,它可以存储于计算机外存,以只读光盘、网络等形式传播,以桌面计算机或触摸屏计算机等形式供大众使用。由于电子地图产品结合了数字制图技术的可视化功能、数据查询与分析功能以及多媒体技术和虚拟现实技术的信息表现手段,加上现代电子传播技术的作用,它一出现就赢得了社会的广泛兴趣。

13.虚拟现实在教育中的应用

虚拟现实应用于教育是教育技术发展的一个飞跃。它营造了"自主学习"的环境,由传统的"以教促学"的学习方式代之为学习者通过自身与信息环境的相互作用来得到知识、技能的新型学习方式。它主要具体应用在以下几个方面:

(1)科技研究。当前许多高校都在积极研究虚拟现实技术及其应用,并相继建起了虚拟现实与系统仿真的研究室,将科研成果迅速转化为实用技术,如北京航天航空大学在分布式飞行模拟方面的应用,浙江大学在建筑方面进行虚拟规划、虚拟设计的应用,哈尔滨工业大学在人机交互方面的应用,清华大学对临场感的研究等都颇具特色。有的研究室甚至已经具备独立承接大型虚拟现实项目的实力。虚拟现实技术能够为学生提供生动、逼真的学习环境,如建造人体模型、电脑太空旅行、化合物分子结构显示等,在广泛的科目领域提供无限的虚拟体验,从而加速学生学习知识的过程。亲身去经历、亲身去感受比空洞抽象的说教更具说服力,主动地去交互与被动的灌输,有本质的差别。虚拟实验利用虚拟现实技术,可以建立各种虚拟实验室,如地理、物理、化学、生物实验室等,拥有传统实验室难以比拟的优势:

1)节省成本。通常我们由于设备、场地、经费等硬件的限制,许多实验都无法进行。而利用虚拟现实系统,学生足不出户便可以做各种实验,获得与真实实验一样的体会。在保证教学效果的前提下,极大地节省了成本。

2)规避风险。真实实验或操作往往会带来各种危险,利用虚拟现实技术进行虚拟实验,学生在虚拟实验环境中,可以放心地去做各种危险的实验。例如,虚拟的飞机驾驶教学系统,可免除学员操作失误而造成飞机坠毁的严重事故。

3)打破空间、时间的限制。利用虚拟现实技术,可以彻底打破时间与空间的限制。大到宇宙天体,小至原子粒子,学生都可以进入这些物体的内部进行观察。一些需要几十年甚至上百年才能观察的变化过程,通过虚拟现实技术,可以在很短的时间内呈现给学生观察。例如,生物中的孟德尔遗传定律,用果蝇做实验往往要几个月的时间,而虚拟技术在一堂课内就可以实现。

(2)虚拟实训基地。利用虚拟现实技术建立起来的虚拟实训基地,其"设备"与"部件"多是虚拟的,可以根据需要随时生成新的设备。教学内容可以不断更新,使实践训练及时跟上技术的发展。同时,虚拟现实的沉浸性和交互性,使学生能够在虚拟的学习环境中扮演一个角色,全身心地投入到学习环境中去,这非常有利于学生的技能训练,如图 8 - 27 和图 8 - 28 所示。包括军事作战技能、外科手术技能、教学技能、体育技能、汽车驾驶技能、果树栽培技、电器维修技能等各种职业技能的训练,由于虚拟的训练系统无任何危险,学生可以不厌其烦地反复练习,直至掌握操作技能为止。例如,在虚拟的飞机驾驶训练系统中,学员可以反复操作控制设备,学习在各种天气情况下驾驶飞机起飞、降落,通过反复训练,达到熟练掌握驾驶技术的目的。

图 8 - 27　VR 保龄球训练

图 8-28　VR 自行车道路训练

(3)虚拟仿真校园。教育部在一系列相关的文件中,多次涉及虚拟校园,阐明了虚拟校园的地位和作用。虚拟校园也是虚拟现实技术在教育培训中最早的具体应用:①简单的虚拟我们的校园环境供游客浏览(基于教学、教务、校园生活,功能相对完整的三维可视化虚拟校园以学员为中心,加入一系列人性化的功能)。②以虚拟现实技术作为远程教育基础平台(虚拟现实可为高校扩大招生后设置的分校和远程教育教学点提供可移动的电子教学场所,通过交互式远程教学的课程目录和网站,由局域网工具作校园网站的链接,可对各个终端提供开放性的、远距离的持续教育,还可为社会提供新技术和高等职业培训的机会,创造更大的经济效益与社会效益)。随着虚拟现实技术的不断发展和完善,以及硬件设备价格的不断降低,我们相信,虚拟现实技术以其自身强大的教学优势和潜力,将会逐渐受到教育工作者的重视和青睐,最终在教育培训领域广泛应用并发挥其重要作用。

14.虚拟现实在虚拟演播室中的应用

随着计算机网络和三维图形软件等先进信息技术的发展,电视节目制作方式发生了很大的变化。视觉和听觉效果以及人类的思维都可以靠虚拟现实技术来实现。它升华了人类的逻辑思维。虚拟演播室则是虚拟现实技术与人类思维相结合在电视节目制作中的具体体现。虚拟演播系统的主要优点是它能够更有效地表达新闻信息,增强信息的感染力和交互性。传统的演播室对节目制作的限制较多。虚拟演播系统制作的布景是合乎比例的立体设计,当摄像机移动时,虚拟的布景与前景画面都会出现相应的变化,从而增加了节目的真实感。用虚拟场景在很多方面成本效益显著。例如:它具有及时更换场景的能力,在演播室布景制作中节约经费;不必移动和保留景物,因此可减轻对雇员的需求压力;对于单集片,虚拟制作不会显出很大的经济效益,但在使用背景和摄像机位置不变的系列节目中它可以节约大量的资金。另外,虚拟演播室具有制作优势:当考虑节目格局时,制作人员的选择余地大,他们不必过于受场景限制;对于同一节目可以不用同一演播室,因为背景可以存入磁盘。它可以充分发挥创作人员的艺术创造力与想象力,利用现有的多种三维动画软件,创作出高质量的背景。

15.虚拟现实在水文地质研究中的应用

虚拟现实技术是利用计算机生成的虚拟环境逼真地模拟人在自然环境中的视觉、听觉、运动等行为的人机界面的新技术。利用虚拟现实技术沉浸感、与计算机的交互功能和实时表现功能,建立相关的地质、水文地质模型和专业模型,进而实现对含水层结构、地下水流、地下水质和环境地质问题(例如地面沉降、海水入侵、土壤沙漠化、盐渍化、沼泽化及区域降落漏斗扩展趋势)的虚拟表达。具体实现步骤包括建立虚拟现实数据库、三维地质模型、地下水水流模型、专业模型和实时预测模型。

16.虚拟现实在维修中的应用

虚拟维修是虚拟技术近年来的一个重要研究方向,目的是通过采用计算机仿真和虚拟现实技术在计算机上真实展现装备的维修过程,增强装备寿命周期各阶段关于维修的各种决策能力,包括维修性设计分析、维修性演示验证、维修过程核查和维修训练实施等。

虚拟维修是虚拟现实技术在设备维修中的应用,在现代化煤矿、核电站等安全性要求高的场所,或在设备快速抢修之前,进行维修预演和仿真,突破了设备维修在空间和时间上的限制,可以实现逼真的设备拆装、故障维修等操作,提取生产设备的已有资料、状态数据,检验设备性能。虚拟维修技术还可以通过仿真操作过程,统计维修作业的时间、维修工种的配置、维修工具的选择、设备部件拆卸的顺序、维修作业所需的空间,预计维修费用。

17.信息可视化

科学计算可视化主要解决如何通过虚拟现实的手段生动地表现科学数据的内部规律与计算过程,如天气云图的运动规律、空气湍流的特性等。而信息可视化则更进一步,主要用于表现系统中信息的种类、结构、流程以及相互间的作用等。信息可视化能有效地揭示复杂系统内部的规律,解决无法定量表达、而定性又很难准确表达的问题。

18.虚拟现实技术与其他技术结合的应用

与影视技术结合建立虚拟演播室、电影特技、虚拟广告等。

与艺术的结合产生了虚拟文化遗产保护系统。人们利用虚拟现实技术把这些文化遗产数字化。数字化的文化遗产具有可以多份拷贝、可以支持人们在远地浏览等优点,对保护文化遗产应具有一定的支持作用。

与通信技术相结合产生分布式虚拟现实、协同虚拟现实与虚拟空间会议系统等。

总之,虚拟现实已由过去只有一些政府特殊部门才能用得起的技术,发展到很多领域,甚至已渗入一些人的日常生活中。

但是应该看到,这项技术还有更广泛的应用前景,通过与互联网技术结合,应该可以构造出一个更加完美的虚拟世界,人们可以在虚拟世界中聊天、购物、逛街、旅游、工作,如同是在现实世界一样。

要实现这一目标,还有大量的技术需要研究。比如廉价的图形加速器、无须戴在头上的立体显示器、虚拟环境的快速建模技术,甚至无须三维建模实现虚拟场景的生成与自由漫游,等等。

8.2 虚拟现实设备

为了达到虚拟现实系统的价值目标,人们开发了许多环境生成、感知、跟踪和人机交互的新设备,使得参与者能够很好地体验到虚拟现实中的沉浸感、交互性和想象力。当然,构建一个虚拟现实系统不仅需要硬件的支持,还需要软件的支持,主要有以下设备。

8.2.1 虚拟现实系统基本硬件设备组成

1.跟踪定位设备(位置传感器)

跟踪定位设备典型的工作方式是:由固定发射器发射出信号,该信号将被附在用户头部或身上的机动传感器截获,传感器接收到这些信号后进行解码并送入计算部件处理,最后确定发射器与接收器之间的相对位置及方位,数据随后传输到时间运行系统进而传给三维图形环境处理系统。以下介绍三种跟踪定位设备。

(1)电磁波跟踪器。电磁波跟踪器是一种较为常见的空间跟踪定位器,一般由一个控制部件,几个发射器和几个接收器组成,如图 8-29 所示。

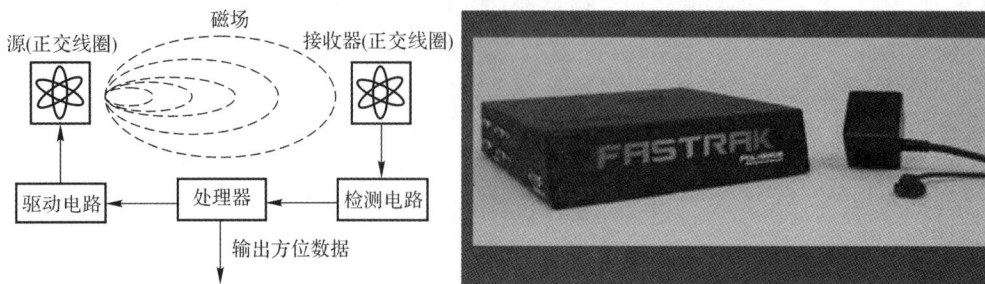

图 8-29　电磁波跟踪器

其优点是其敏感性不依赖于跟踪方位,基本不受视线阻挡的限制,体积小、价格低,因此对于手部的跟踪大都采用此类跟踪器。其缺点是其延迟较长,跟踪范围小,很容易受环境中大的金属物体或其他磁场的影响,从而导致发生畸变,跟踪精度降低。

(2)超声波跟踪器。超声波跟踪器是声学跟踪技术最常用的一种,其工作原理是发射器发出高频超声波脉冲(频率在 20 kHz 以上),由接收器计算收到信号的时间差、相位差或声压差等,即可确定跟踪对象的距离和方位。按测量方法的不同,超声波跟踪定位技术可分为:

· 飞行时间(Time of Flight,TOF)测量法:超声波跟踪器同时使用多个发射器和接收器,通过测量超声波从发出到反射回来的飞行时间计算出准确的位置和方向。

· 相位相干(Phase Coherent,PC)测量法:通过比较基准信号和发射出去后反射回来的信号之间的相位差来确定距离。

(3)光学跟踪器。光学跟踪器可以使用多种感光设备,从普通摄像机到光敏二极管都有。光源也是多种多样的,如自然光、激光或红外线等,但为避免干扰用户的观察视线,目前多采用红外线方式。光学跟踪器使用的主要技术有三种:

· 标志系统:通常是利用传感器(如照相机或摄像机)监测发射器(如红外线发光二极管)的位置进行追踪。

· 模式识别系统:把发光器件按某一阵列排列,并将其固定在被跟踪对象上,由摄像机记录运动阵列模式的变化,通过与已知的样本模式进行比较从而确定物体的位置。

· 激光测距系统:将激光通过衍射光栅发射到被测对象,然后接收经物体表面反射的二维衍射图的传感器记录。

光学跟踪器虽然受视线阻挡的限制且工作范围较小,但其数据处理速度、响应性都非常好,因而较适用于头部活动范围相当受限而要求具有较高刷新率和精确率的实时应用。

2.立体显示设备

人眼立体视觉效应的原理:当人在现实生活中观察物体时,双眼之间 6～7 cm 的距离(瞳距)会使左、右眼分别产生一个略有差别的影像(即双眼视差),而大脑通过分析后会把这两幅影像融合为一幅画面,并由此获得距离和深度的感觉。下面介绍三种立体显示设备。

(1)固定式立体显示设备。

· 台式 VR 显示设备(见图 8-30):一般使用标准计算机监视器,配合双目立体眼镜组成。

图 8-30　台式 VR 显示设备

· 投影式 VR 显示设备(见图 8-31):一般可以通过并排放置多个显示器创建大型显示墙,或通过多台投影仪以背投的形式投影在环幕上,各屏幕同时显示从某一固定观察点看到的所有视像,由此提供一种全景式的环境。

图 8-31　投影式 VR 显示设备

· 三维显示器:指的是直接显示虚拟三维影像的显示设备,用户不需佩戴立体眼镜等装置就可以看到立体影像。

(2)头盔显示器。头盔显示器通常被固定在用户的头部,随着头部的运动而运动,并装有位置跟踪器,能够实时测出头部的位置和朝向,并输入计算机中。计算机根据这些数据生成反映当前位置和朝向的场景图像,进而由两个 LCD 或 CRT 显示屏分别向两只眼睛提供图像。图 8-32 所示是双眼局部重叠的头盔显示器光学模型。

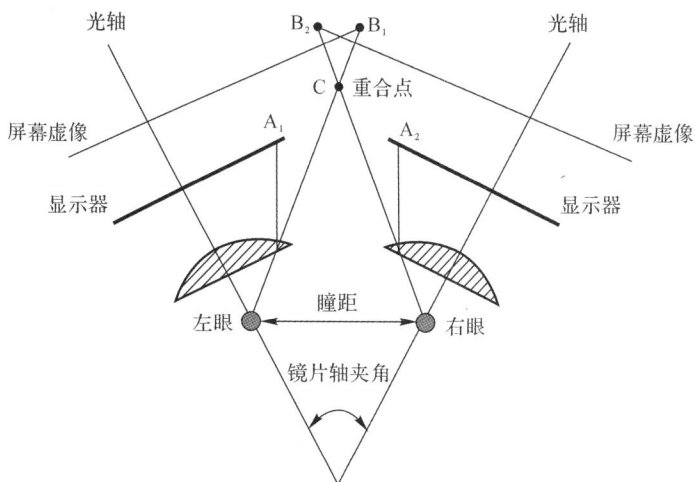

图 8-32　双眼局部重叠的头盔显示器光学模型

(3)手持式立体显示设备。手持式 VR 立体显示器屏幕很小,它利用某种跟踪定位器和图像传输技术实现立体图像的显示和交互作用,可以将额外的数据增加到真实世界的视图中,用户可以选择观看这些信息,也可以忽略它们而直接观察真实世界,一般适用于增强式 VR 系统中。

3.手部数据交互设备

(1)空间球(Space Ball)。空间球是一种可以提供 6 自由度的桌面设备,它被安装在一个小型的固定平台上,可以扭转、挤压、按下、拉出和来回摇摆,如图 8-33 所示。

(2)三维浮动鼠标器(3D Flying Mouse)。三维浮动鼠标器的工作原理是:在鼠标内部安装了一个超声波或电磁探测器,利用这个接收器和具有发射器的固定基座,就可以测量出鼠标离开桌面后的位置和方向,如图 8-34 所示。

图 8-33 空间球

(3)数据手套(Data Glove)。数据手套是一种戴在用户手上的传感装置,用于检测用户手部活动的设备,并向计算机发送相应电信号,从而驱动虚拟手模拟真实手的动作。如图 8-35 所示,为戴上 VPL 数据手套的人手与屏幕显示的虚拟手。该数据手套把光导纤维和一个三维位置传感器缠绕在一个轻的、有弹性的手套上,每个手指的每个关节处都有一圈纤维,用以测量手指关节的位置与弯曲。

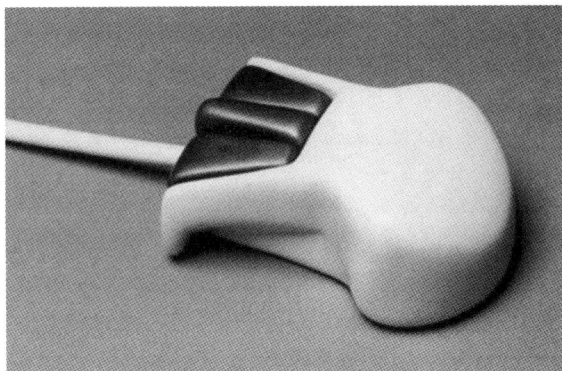

图 8-34 三维浮动鼠标器

图 8-35 数据手套

4.虚拟声音输出设备

(1)固定式声音输出设备。固定式声音输出设备即扬声器,允许多个用户同时听到声音,一般在投影式 VR 系统中使用。扬声器固定不变的特性使其易于产生世界参照系的音场,在虚拟世界中保持稳定,且用户使用起来活动性大。

(2)耳机式声音输出设备。耳机式声音输出设备一般与头盔显示器结合使用。在默认情况下,耳机显示的是头部参照系的声音,在 VR 系统中必须跟踪用户头部、耳部的位置,并对声音进行相应的过滤,使得空间化信息能够表现出用户耳部的位置变化。

5.接触反馈设备

(1)充气式接触反馈手套是使用小气囊作为传感装置,在手套上有 20～30 个小气囊放在对应的位置,当发生虚拟接触时,这些小型气囊能够通过空气压缩泵的充气和放气而被迅速地加压或减压。

(2)振动式接触反馈手套是使用小振动换能器实现的,换能器通常由状态记忆合金制成,当电流通过这些换能器时,它们就会发生形变和弯曲。

6. 力反馈设备

(1)桌面式力反馈系统设备安装简单,使用轻便灵巧,并且不会因自身重量等问题而让用户在使用中产生疲倦甚至疼痛的感觉,因此目前已经成为较为常用的力反馈设备。

(2)力反馈手套可以独立反馈每个手指上的力,主要用于完成精细操作。

7. 三维扫描仪(3D Scanner)

三维扫描仪的功能是通过扫描真实模型的外观特征,构造出该物体对应的计算机模型,通常分为激光式、光学式、机械式等三种类型。

三维激光扫描仪(3D Laser Scanner)应用最为广泛,其数据处理的过程一般包括数据采集、数据预处理、几何模型重建和模型可视化等四个步骤。

8.3　Web3D 技术

8.3.1　Web3D 技术简介

Web3D 称为网络三维,是一种带有交互性能实时渲染的网络上的三维,它的本质就是在网络上表现互动 3D 图形。然而,互联网的出现,却使 3D 图形技术发生了或正在发生着微妙而深刻的变化。这其中就包括在虚拟现实技术上的应用,虽然确切来说它只是虚拟现实技术领域的一个小的部分。然而,由于我们所处的网络时代,网络已深入我们的生活,基于网络的Web3D 技术也因此显得非常实用,因而应用十分广泛。

Web3D 协会(前身是 VRML 协会)最先使用 Wed3D 术语,这一术语的出现反映了这种变化的全貌,但没有人能严格定义 Web3D,在这里我们通常理解为:互联网上的 3D 图形技术,互联网代表了未来的新技术,很明显,3D 图形和动画将在 Internet 上占有重要的地位。

网络三维技术的出现最早可追溯到 VRML(虚拟现实建模语言)。VRML 开始于 20 世纪90 年代初期。1994 年 3 月,在日内瓦召开的第一届 WWW(The International Conference of world wide web,国际万维网大会)大会上,首次正式提出了 VRML 这个名字。1994 年 10 月,在芝加哥召开的第二届 WWW 大会上公布了规范的 VRML1.0 草案。

1996 年 8 月在新奥尔良召开的优秀 3D 图形技术会议——Siggraph'96 上公布通过了规范的 VRML2.0。它在 VRML1.0 的基础上进行了很大的补充和完善。它是以 SGI 公司的动态境界 Moving Worlds 提案为基础的。

1997 年 12 月,VRML 作为国际标准正式发布,1998 年 1 月正式获得国际标准化组织ISO 批准简称 VRML97。VRML97 只是在 VRML2.0 基础进行上进行了少量的修正。

VRML 规范支持纹理映射、全景背景、雾、视频、音频、对象运动和碰撞检测——一切用于建立虚拟世界的所具有的东西。但是 VRML 并没有得到预期的推广运用。VRML 是几乎没有得到压缩的脚本代码,加上庞大的纹理贴图等数据,要在当时的互联网上传输简直是场噩梦。

1998 年 VRML 更名为 Web3D,同时制定了一个新的标准——Extensible 3D(X3D),到了

2000 年春天,Web3D 组织完成了 VRML 到 X3D 的转换。X3D 整合正在发展的 XML、JAVA、流技术等先进技术,具备了更强大、更高效的 3D 计算能力、渲染质量和传输速度。

X3D 标准的发布,为 Internet 上 3D 图形的发展提供了广阔的前景,无论是小型具有 3D 功能的 Web 客户端应用,还是高性能的广播级应用,X3D 都应该是大家共同遵守的标准,从而结束当前 Internet 3D 图形的这种混乱局面。

在 SIGGRAPH 2002 会议上 Wed3D 协会发布 X3D 最终工作草案。

在美国洛杉矶的世界计算机图形大会 SIGGRAPH 2004 会议上,通过了 X3D 国际规格标准。X3D 集成了最新的图形硬件技术,它的可扩展性将使它能为未来 Web3D 图形技术提供优秀的性能。它具有以下特点:

(1)开放性,无授权费用;

(2)已经正式同 MPEG-4 Multimedia 标准整合在一起;

(3)XML 的支持,使得 3D 数据更容易在网络上实现;

(4)同下一代图形格式 SVG 兼容;

(5)3D 物体可以像 Java 一样轻易用 C 或 C++来编辑操作。

在 Web3D 浏览中,一般都要下载相应的插件,这些插件的作用就是进行实时渲染,其意义是:从客户端中解析从服务器端传来的场景模型文件,并实时地、逐帧显示 3D 图形。实时渲染引擎一般做成 Web 浏览器插件形式,要求浏览者在观看前已经安装了该插件。

显然,实时渲染引擎是实施互联网上 3D 图形的关键技术,它的文件大小、图形渲染质量、渲染速度以及它能提供的交互性都直接反映其解决方案的优劣。

目前每一种 Web3D 的解决方案都要下载各自不同的浏览插件,一般较大的有 4~5 MB,而最小的基于 Java 技术的只有几十千字节。当然,渲染引擎越大,渲染的图像质量就越好,功能就越强大。目前图形质量较好的渲染引擎应该属于 Cult3D 和 Viewpoint,它们都使用专用的文件格式。在渲染速度方面,支持 OpenGL 或微软的 Direct3D 是提高渲染速度和图形质量的关键,在这一点上互联网 3D 图形与本地 3D 图形显示是一样的。

交互性是 Web3D 的最大特色,只有实时渲染才能提供这种交互性,3D 图形的预渲染不能提供这种至关重要的交互性。交互性是指 3D 图形的观看者控制和操纵虚拟场景及其中 3D 对象的能力,例如,可以随时改变在虚拟场景中漫游的方向和速度,可以操作虚拟场景中的对象等。

Internet 的发展促进了 Java 的发展,Java 在互联网上几乎随处可见,而它在 3D 图形上更显示出强大的威力。使用 Java 的重要理由之一是它的平台无关性。当时两种常用的浏览器 Netscape 和 IE 都支持 JVM(Java 虚拟机)。因此用 Java 制作的 3D 图形几乎都可以在互联网的浏览器上显示。

Web3D 技术诞生的背景,是互联网的高速壮大促进了电子商务的发展,需要在网络环境下向访问者更全面地展示产品。但是 Web3D 技术的应用不仅仅在互联网络上,在本机演示项目、光盘多媒体作品中都能够看到采用的各种 Web3D 技术。这一方面是因为,从市场接受的角度来说,更多的客户希望不仅仅在网站上,在本机、光盘上都应该能看到自己的商品;另一方面是因为互联网商业展示,主要是以展示独立的产品物体为主,而目前国内的这种应用并不多。从技术的角度来讲,说明了在房地产、市政建设、工业设计等方面,也需要这种普及性的实时三维技术。

8.3.2　Web3D 的实现技术

1. 基于编程的实现技术

开发 Web3D 最直接的方法是通过编程实现,编程语言主要有虚拟现实建模语言(VRML)、网络编程语言 Java 和 Java3D,并且需要基层软件或者驱动库的支持,如 ActiveX.COM 和 DCOM 等。目前应用最为广泛的是 VRML 和 Java3D。

VRML 就是采用其提供的节点字段和事件来直接编程,但工作量大,开发效率低,直接表现很复杂的场景很困难,必须借助其他可视化编程工具,才能实现对复杂场景的构建。另外 VRML 所提供的 API 远不能满足应用程序开发的要求,且不易使用。

Java3D 是在 OpenGL,DirectX 等三维图形标准的基础上发展起来的,它的编程模型是基于图像场景的,这就消除了以前的 API 强加给编程人员的烦琐细节,允许编程人员更多地考虑场景及其组织而非底层渲染代码。因此 Java3D 为 Web3D 提供了很好的功能支持。

基于编程的 Web3D 实现技术有编程工作量大且较难掌握的缺点,特别是对于不熟悉计算机编程的教师,通过编程将 Web3D 技术引入教学中较难。

2. 基于开发工具的实现技术

为了提高 Web3D 技术的实用性,近年来,一些公司开发了专门针对 Web3D 对象建构的可视化开发工具,如 Cul3D,ViewpointPulse3D,Shout3D 和 Blaxunn3D 等,从而为不熟悉编程的人员开发 Web3D 对象提供了方便的实现途径。这些专门的开发工具,尽管用法和功能各异,但开发过程一般都包括以下内容:

(1)建立或编辑三维场景模型。

(2)增强图形质量。

(3)设置场景中的交互。

(4)优化场景模型文件

(5)加密。

其中三维建模是 Web3D 图形制作的关键,许多软件厂商都把 3ds Max 作为三维建模的工具。对于特别复杂的场景,也可以采用照片建模技术来建立三维网格模型。

通过开发工具实现 Web3D 的开发其流程简单并容易掌握。

3. 基于多媒体工具软件的实现技术

利用 Flash TVR 等多媒体工具软件,不通过编程就能很方便地进行 Web3D 的开发。在交互式矢量动画软件 Flash 中对导入的序列图像或已拼接的 360°全景图像通过 Actionscript 设置交互而形成的 3D 对象或全景虚拟环境,能实现 360°视角可见的图像控制。由于该技术具有矢量性,所以具有画面清晰度不因缩放而降低、文件小等优点。另外,由于采用 Micromedia 的 Shockwave 技术,从服务器端向浏览器端传输的只是一些绘图指令,所以能够实现在低带宽上的高质量浏览,但需要安装 Shockwave Flash 的 Plugin 才可观看。

Apple 公司的 QTVR(Quick Time)AuthorStudio 是基于图像缝合技术实现全景图像空间构建,再将全景图像制作成 QTVR 文件,实现网上浏览。QTVR 在真实感、速度和文件大小等方面非常吸引用户。

4.基于 Web 开发平台的 SDK 的实现技术

通过 Web 的 SDK 实现 Web3D 的技术近来受到关注,其中 WildTangent 和 EON 技术成熟,应用广泛。

WildTangent 将 Java 和 Javascript 与 DirectX 进行封装,提供了简化而且强大的程序开发环境,用户只要使用 WidTangent 网络驱动配合脚本语言或者所选择的程序语言,就能创造出动态炫目的 3D 效果(可以包含二维平面图形、声音及三维模型)。另外,WildTangent 网络驱动通过下载的控件能够实现与 IE 和 Netscape 浏览器兼容。由于 WildTangent 技术具有很强的交互性,因而应用范围非常广泛,但要用 WildTangent 创造出交互效果,用户必须具备一定的脚本语言基础。

EONStudio 是一套多用途的 3D/VR 内容整合制作套件,开发者不需要撰写复杂的程序就能轻松、快速地建构互动虚拟内容,具有功能强、易学易用、表现逼真、安全性好、制作的档案很小等特点。

8.4 VRML 开发技术

8.4.1 VRML 语言基础

1. VRML 概述

VRML(Virtual Reality Modeling Language)是一种虚拟现实建模语言,它的基本目标是建立因特网上的交互式三维多媒体,它以因特网作为应用平台,作为构筑虚拟现实应用的基本构架。它的出现及其发展改变了网络的二维平面世界,实现真正的三维立体网络世界、动态交互与智能感知,是计算机网络、多媒体技术与人工智能等技术的完美结合,已成为把握未来网络、多媒体及人工智能的关键技术。

VRML 是 21 世纪集计算机网络、多媒体及人工智能为一体的最为优秀的开发工具和手段。很多人预测今后几年内,三维世界(3D World)模型将取代目前流行的二维桌面模型,成为基本的用户界面模式。VRML 技术还可以应用于工业、农业、商业、教学、娱乐和科研等方面,应用前景非常广阔。

2. VRML 的发展历史

VRML 始于 20 世纪 90 年代,在第一届互联网国际会议上,有关专家发表的在 Web 上运行三维立体世界的研究引起了广泛的讨论。在 1994 年 10 月,在第二次互联网会议上公布了 VRML1.0 规范草案。1996 年初,VRML 委员会审阅并讨论多个 VRML 版本。1996 年 3 月,VGA,VRML 设计小组将 SGI,SONY 等公司的方案改进成为 VRML2.0 版本,在 1996 年 8 月正式公布。

在此之后,VRML 得到了迅速的发展。VRML 的国际标准草案是以 VRML2.0 为基础制订的,于 1997 年 4 月提交到国际标准化组织 ISO JYCI/SC24 委员会审议,定名为 VRML97。

在世界计算机图形大会 SIGGRAPH 2004 会议上,通过了 X3D 国际规格标准。X3D 标准是是 XML 标准与 3D 标准的有机整合。X3D 继承了 VRML97 的工作并正式加入了先前规格中使用了多年的非正式的功能区域。X3D 更有弹性,既能满足基本要求也要能够扩展。X3D 主要的改变包括把规格完全改写到三个独立的规格以分别规定抽象概念、文件格式编码、编程语言存取。

新一代的 X3D 作为 Web3D 的基本标准,以 XML 为基础,将更符合网络时代的各种需求,它涉及的内容十分广泛,但相应的应用工具与技术还不够成熟。

3. VRML 语言的特点

VRML 融合了二维、三维图像技术、动画技术和多媒体技术,借助于网络的迅速发展,构建了一个交互的虚拟空间。VRML 技术和其他的计算机技术的结合,在 Web 环境中创建虚拟城市、虚拟校园、虚拟图书馆以及虚拟商店已经不再是一种幻想。如建筑规划中,虽然制作逼真的建筑效果图给用户以很好的感官认识,但是如果再使用 VRML 加上虚拟场景的仿真,可以使用户有身临其境的感觉,这无疑更具有吸引力。VRML 的特点如下:

(1)与其他 Web 技术语言相比,其语法简单、易懂,编辑操作方便,学习相对容易。

(2)利用 VRML 可创建三维造型与场景,并可以实现很好的交互效果,而且可以嵌入Java,Javascript 等程序实现人机交互,从而极大地扩充其表现能力,形成更为逼真的虚拟环境。

(3)强大的网络功能,文件容量小,适宜网络传输,并可方便地创建立体网页与网站。

(4)多媒体功能,在程序中可方便地加入声音、图像、动画等多媒体效果。

(5)具有人工智能功能,在 VRML 中具有感知功能,可以利用各种传感器节点来实现用户与虚拟场景之间的智能交互。

(6)在当前各种浏览器中还不能直接运行,必须安装 VRML 相关插件才能看到其效果。

VRML 对硬件与软件的环境要求都较低,一般计算机都可以运行,但配置较高时,运行速度较快。一般推荐配置为:

(1)硬件环境:建议采用 Pentium 4 以上的计算机,主频 2 GHz 以上、内存 128 MB 以上、显存 64 MB 以上、硬盘 10 GB 以上。

(2)软件环境:操作系统可采用 Windows 系列等,但要求安装 VRML 相关浏览插件。

(3)网络环境:浏览 VRML 场景时可以采用拨号、宽带、无线等网络接入方式,网络浏览器可采用 Windows 操作系统自带的 IE 等浏览器。

4. VRML 编辑器

VRML 程序是一种 ASCII 码的描述程序,可以使用计算机中任何一种具有文本编辑器的编辑器[如 Windows 中自带的记事本(NotePad)、写字板(WordPad)等]来编辑 VRML 源程序代码。但要求程序存盘时文件的扩展名必须是. wrl(world 的缩写)或. wrz,否则 VRML 的浏览器将无法识别。

在实际工作中,由于建造复杂场景时,VRML 的建模语法烦琐、结构嵌套复杂,而且命令中的关键字都很长,用普通的文本编辑软件编辑不易输入和纠错。针对 VRML 的编程需求,为了提高编辑效率,我们常采用功能强大并且使用简便的开发设计软件——VrmlPad。VrmlPad 是由 Parallel Graphics 公司开发的基于文本式的、支持即时预览的 VRML 专用开发工具,还有如 Cosmo World,Internet 3D Space Builder 等可视化场景创作工具。同时,主流的三维建摸软件如 3DS MAX,Maya,Blender 等通过插件的方式都支持场景的 VRML 格式输出。VrmlPad 最新版本是 2. 1,官方正式版为英文版。VrmlPad2. 1 具有 VRML 代码下载、编辑、预览、调试功能，是当今 VRML 源代码编辑的最强工具之一，如图 8 - 36 所示。

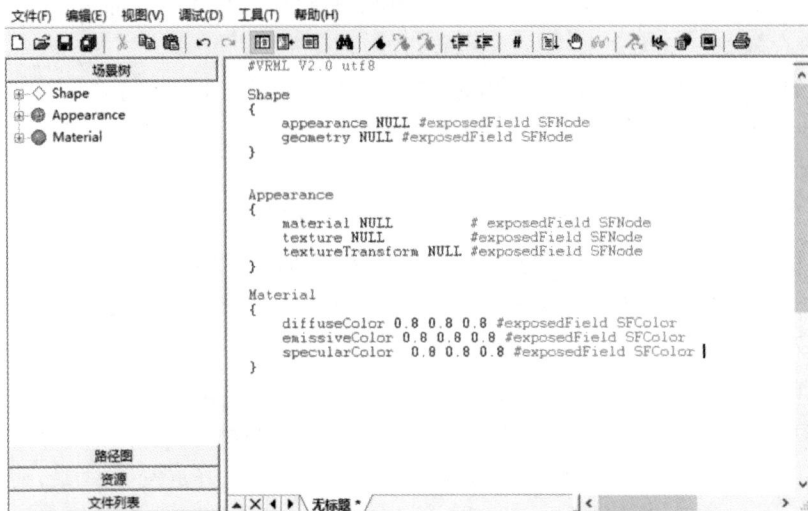

图 8 - 36　VrmlPad 编辑器的主界面

VrmlPad 编辑器的主要功能有：

(1)文件管理功能。

(2)文件编辑功能。

(3)预览功能。

(4)方便、快捷的材质、编辑功能。

(5)方便下载 VRML 资源。

要在浏览器中观察 VRML 场景，需要安装 VRML 浏览器插件。下面列出目前常用的 VRML/X3D 浏览器插件。

(1)BitManagement BS Contact X3D/VRML97 插件，支持 Internet Explorer(Windows)

(2)Octaga X3D/VRML 浏览器，支持 Internet Explorer(Windows)

(3)CRC FreeWRL X3D/VRML 浏览器，基于 C 语言开发，开源，支持 MacOSX，Linux 平台。

(4)Xj3D for X3D/VRML97 开源浏览器，是用于制定 X3D 规范的试验工具，2.0 版本采用 Java OpenGL (JOGL)渲染，以 Java WebStart 或独立运行方式启动(Windows MacOSX Linux Solaris)。

(5)Vivaty X3D/VRML97 Player(以前的 Flux)，支持 Internet Explorer (Windows)。

(6)SwirlX3D，一款免费的浏览器，由 Pine Coast Software 公司出品(Windows)。

8.4.2　VRML 的语法与结构

VRML 语法主要包括有文件头、节点、原型、脚本和路由等。当然并不是所有的文件都必须有这五个部分，只有文件头是必需的。VRML 的立体场景与造型由节点构成，再通过路由实现动态的交互与感知，或是使用脚本文件或外部接口进行动态交互。在 VRML 文件中，节点是核心，没有节点，VRML 也就没有意义了。VRML 场景可以由一个或多个节点组成，VRML 中还可以通过原型节点创建新的节点。一个较为通用的 VRML 文件语法结构如下：

```
＃VRML V2.0 utf8        ＃VRML 文件的第一行必须有这一行,这是 VRML 文件标志
  节点名{                ＃VRML 的各种"节点"
    域    域值           ＃对应"节点"的"域"与"域值"
    ⋮    ⋮
  }
Script  {              ＃脚本 Script 节点
      }
ROUTE                  ＃路由:把入事件与出事件相关联
```

这是一个很典型的 VRML 文件,它表达了下述几个方面的含义。

1. 文件头

VRML 文件中的第一行＃VRML V2.0 utf8,这是 VRML 文件头,任何 VRML 文件都必须有这样的文件头,并且必须放在第一行,它表述了以下三个含义:

(1)＃:这个＃不是注释,而是 VRML 文件的一个部分;

(2)VRML:表示告诉浏览器,这是个 vrml 文件;

(3)V2.0:表示告诉浏览器,这个文件使用 VRML2.0 版的规范完成。

2. VRML 注释

在 VRML 源程序中,为了使程序结构更合理、可读性更好,经常在程序中加入注释信息,用以对某段内容作些说明。在 VRML 中,注释是在语句的前面加上＃符号。在 VRML 中不支持多行注释,当注释信息多于一行时,会产生语法错误。注释不是必需的,但在必要的地方加上注释是一个很好的习惯,便于程序的阅读、调试、修改。浏览器在执行中会跳过＃这一行后面的内容,另外浏览器自动忽略 VRML 中所有的空行与空格。

3. VRML 的空间坐标与计量单位

在构建虚拟场景中,构成场景的造型有大小的差别,物体间有相对位置的不同,并且造型还会有旋转、移动等运动。这就涉及物体的空间坐标系、相应的长度、角度及颜色等,介绍如下:

(1)VRML 空间坐标系。在 VRML 场景中,空间直角坐标满足右手螺旋法则,就是说,右手四指从 X 方向转到 Y 方向,则拇指的指向是 Z 方向。在默认情况下,X 坐标向右为正,Y 坐标向上为正,而 Z 坐标指向观察者,如图 8-37 所示。

(2)VRML 长度单位。长度及坐标的计量单位采用 VRML 单位计量,在三维空间中,它是统一的,简称为单位。需要注意的是,这里表示的单位

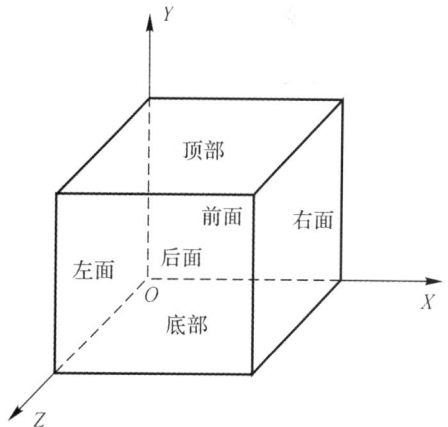

图 8-37　VRML 空间坐标系

和实际环境中的计量没有任何可比性,和一些三维建模软件如 3DS MAX 的计量单位也没有可比性。在 VRML 场景中,只有物体间的大小和相对位置都用 VRML 单位计量,才能模拟出真实的场景。

(3)VRML 角度单位。在 VRML 中,使用的角度不是普通的角度,而是用弧度表示,这是浏览器接受的角度描述。当在 VRML 中使用角度单位时,要先将其换算成弧度,再将其写入

VRML 源程序中。VRML 中的 360°角度等于 2π 弧度,由此,1 弧度约等于 57°。

(4)空间立体着色。在 VRML 三维空间中,背景、光线、物体的颜色都是由红、绿、蓝(RGB)组合而成的,它们分别对应 3 个浮点数,其域值为 0.0～1.0,由这三原色组合成各种颜色。

8.4.3　VRML 节点

1. 节点(node)和域(field)

节点是 VRML 文档中最基本的组成单元,是 VRML 的精髓与核心。VRML 借助于节点描述对象某一方面的特征,如各种形状、材质以及颜色等等。VRML 场景往往由一组具有一定层次结构的节点构造出来。每个节点包含有子节点和描述节点属性的"域名""域值",相当于其他高级语言中的变量、数组等,或是数据库中的字段。例如圆锥体的建立:

```
Shape{                          #Shape 模型节点
    appearance Appearance{      #定义造型外观、颜色和表面纹理
        material Material { }   #描述外观材质属性,如为空则
    }
    geometry Cone{              #指定造型外观为圆锥体节点
        bottomRadius 5.5        #指定圆锥体底面半径
        height 6.0              #指定圆锥体的高度
    }
}
```

不同的节点包含有不同的域,各个域没有次序之分,每个域都有自己的默认值,而且有些域还可用同名的节点作为域值。根据域具有的域值情况的不同,可以把域分为两类:一类为单值域,用 SF 标记,它用一个值来描述对应节点相应的特征。另一类为多值域,用 MF 标记。VRML 的域值类型有很多种,比如 SFBool 表示单域值布尔型,取值为 True 或者 False,以确定某个属性是否打开;SFVec2f,MFVec2f 表示单(多)域值二维浮点型,取值为两个浮点数值,可用来确定一个二维坐标;而 SFVec3f,MFVec3f 则表示单(多)域值三维浮点型,取值为三个浮点数值,可用来确定一个三维坐标。

2. 节点实例的命名与重用

在建造虚拟环境中,为了减少 VRML 代码的输入量,提高编程效率,对这个节点实例进行命名,后面即可以重复使用该节点。定义了这个节点实例后,可以在其后多次引用该实例,语法定义为:

USE 实例名称

其中:USE 为 VRML 的保留字,实例名是 DEF 所定义的。

3. 事件(Event)、路由(Route)和脚本(Script)

在现实环境中,事物往往随着时间会有相应的变化。比如,物体的颜色随着时间发生变化。在 VRML 中借助事件和路由的概念反映这种现实。

(1)事件(Event)。在 VRML 中,每一个节点一般都有两种事件,"入事件"(eventIn)和"出事件"(eventOut),每个节点通过这些"入事件"和"出事件"来改变节点自己的域值。如节点的颜色可以改变,可以表示为接收了这样一种事件:set_color。

事件相当于高级程序语言中的函数调用。其中,"入事件"相当于函数调用的入口参数,而"出事件"相当于函数调用时返回的参数。

在 VRML 中的每一个节点内部有些域被定义为"暴露域",这些域既能接收事件,也能输出事件。事件的调用是临时的,事件的值不会被写入 VRML 中。

(2)路由(Route)。路由的功能是连接一个节点的入事件 eventIn 和另外一个节点的出事件 eventOut。通过简单的语法结构,建立两个节点之间的时间传送的路径。路由的说明可以在 VRML 顶部,也可以在文件节点的某个域中。路由的出现,可使虚拟空间具有交互性、动感性与灵活性。借助于事件和路由,能够使得所建立的虚拟场景更接近于现实。

(3)脚本(Script)。脚本是一个程序,是与各种高级语言、数据库的接口。在 VRML 文件中的两个节点之间存在着路由,事件可通过相应路由从一个节点传递到另一个节点。也可通过添加脚本程序对这些事件与路由进行编程设计,使虚拟世界的交互性更强。

在 VRML 中可以通过 Script 节点,利用 Java 或 Vrml script/Java script 语言编写程序脚本来扩充 VRML 的功能。脚本通常作为一个事件级联的一部分来执行,脚本可以接收事件,处理事件中的信息,还可以产生基于处理结果的输出事件。

4. VRML 节点集

在 VRML 中,节点是核心。VRML 提供了 54 种节点类型,称为内部节点类型,可分为以下几类:

(1)Shape 模型节点(包含三维立体几何节点、绘图节点以及物体外观节点)。

(2)纹理映射节点。

(3)群节点。

(4)环境、影音与视点导航效果节点。

(5)规范化接口节点。

(6)动态交互感知节点。

(7)扩充新的 VRML 节点。

8.4.4　VRML 基本几何造型

VRML 文件由各种各样的节点组成,节点之间可以并列或是层层嵌套使用。一个 VRML 三维立体空间造型是由许许多多的节点组成的,下面就其节点进行介绍。

1. 外形节点 Shape 的使用

Shape 节点是 VRML 核心节点。所有立体空间造型均使用这个节点来创建。它可以创建和控制 VRML 支持的造型的几何尺寸、外观特征、材质等,其模型节点系统层次如图 8-38 所示。

节点语法定义:

```
Shape{appearance       NULL      ♯SFNode
      geometry         NULL      ♯SFNode}
```

域值说明:

(1)appearance 包含一个 Appearance 节点,用来确定在 geometry 域中的造型的外观属性,如颜色、材质以及纹理等等。

(2)geometry 包含一个几何节点以及诸如文本造型等其他造型节点(如 Box,Cone,Text)。

从语法结构可以看出,Shape 节点有两个域,而且这两个域的域值都是单域值节点型。appearance 域定义了造型材质和外观,而 geometry 域则定义造型的形状和空间尺寸。

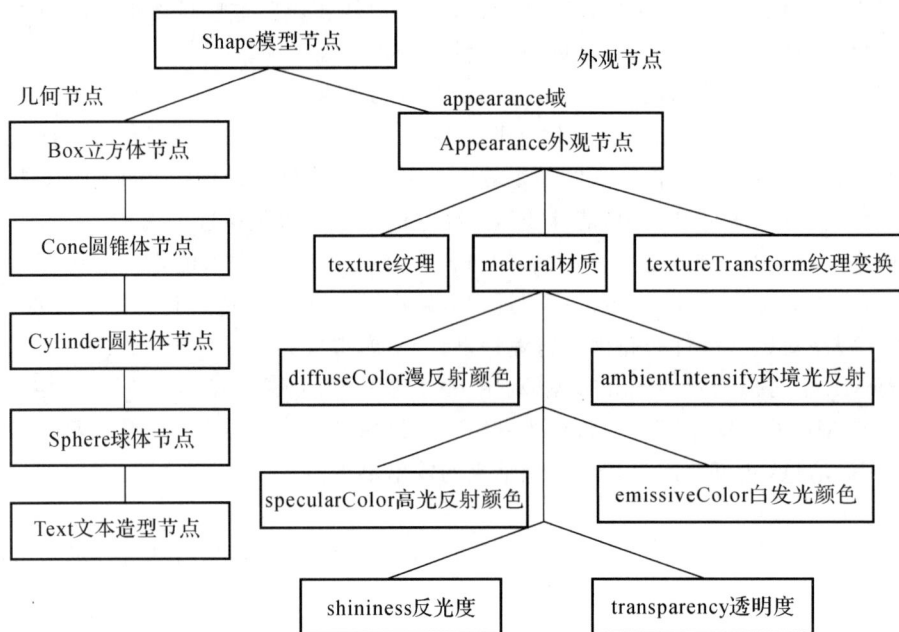

图 8 - 38　Shape 模型节点系统层次图

2. 构建虚拟场景的几何造型 geometry 域

在 VRML 中,用来描述造型的形状特征的域是 geometry,VRML 的基本几何造型节点有 Box 节点、Sphere 节点、Cone 节点、Cylinder 节点,从它们的名称很容易看出所要建造的基本几何造型。这些节点都是 geometry 域的节点型域值。在默认情况下,这些基本几何造型的几何中心与 VRML 坐标系的原点重合。

除了基本造型以外,geometry 的域值还包括另外一些创建复杂造型的节点,例如:点集合、线集合以及面集合节点,描述复杂表面形状的地表节点,还有借助于挤压概念的成型节点。geometry 语法格式如下:

    geometry　　造型节点{
    造型节点的域值}

需要注意的是,geometry 域的域值是单域值节点型(SFNode),意味着其只能跟一个节点作为域值,若干个几何造型构建的场景,必然要使用多个 Shape 节点组合而成。

3. 设置对象的外观和材质

(1)设置对象的外观。在 VRML 中,外观节点是 Appearance,它用来描述造型的对外表现的特征,从而反映造型的属性,如物体表面的颜色、是否反光、采用什么样的材质、是否透明等。

节点语法定义如下:

    Appearance{material　　　　　　　NULL　　　♯SFNode
    　　　　　texture　　　　　　　　NULL　　　♯SFNode
    　textureTransform　　　NULL　　　♯SFNode}

域值说明：

1)material 包含一个 Material 节点。

2)texture 包含一个 ImageTexture,MovieTexture 或者 PixelTexture 节点。

3) textureTransform 包含一个 TextureTransform 节点,如果 texture 域为 NULL,则 textureTransform 域无效。

(2)设置对象的材质。在虚拟环境中,不同材质的物体外在表现是不同的,表面是金属的物体反光,玻璃物体透明,这些特征用采用节点 Material 反映出来。

节点语法定义如下：

```
Material  {diffuseColor       0.8  0.8  0.8        # SFColor
           ambientIntensify   0.2               # SFFloat
           specularColor      0 0 0             # SFColor
           emissiveColor      0 0 0             # SFColor
           shininess          0.2               # SFFloat
           transparency       0                 # SFFloat}
```

域值说明：

1)diffuseColor 指定漫反射颜色。物体表面相对于光源的角度决定它对来自光源的光的反射。表面越接近垂直于光线,被反射的漫射光线就越多。

2)ambientIntensity 指明将有多少环境光被该表面反射。环境光是各向同性的,而且它仅依赖于光源的数目而不依赖于相对于表面的位置。环境光颜色以 ambientIntensity * diffuseColor 计算。

3)specularColor 指明物体镜面反射光的颜色。

4)emissiveColor 指明一个发光物体产生的光的颜色。发射光的颜色在显示基于辐射度的模型(计算空间光能量的传递与分配)时或者显示科学数据时非常有用。当所有其他的颜色为黑色(0 0 0)时,该颜色域被使用。

5)shininess 指物体表面的亮度,其值从漫反射表面的 0.0 到高度抛光表面的 1.0。

6)transparency 指物体的透明度,其值从完全不透光表面的 0.0 到完全透光表面的 1.0。

4.创建基本几何造型

(1)创建球体对象。创建球体几何造型用节点 Sphere,它也是 geometry 的节点型域值。节点语法定义：

```
Sphere { radius 1.0 # SFFloat }
```

域值说明：

1)该节点只有一个域 radius,用来规定以原点为圆心的球体的半径,默认值为 1.0。

2)域值类型为单域值浮点型。

【例 8-1】创建一个半径为 3 的灰色球体,其结果如图 8-39 所示。

```
Shape{
    appearance Appearance {material Material{}}
    geometry Sphere {
      radius 3.0}
}
```

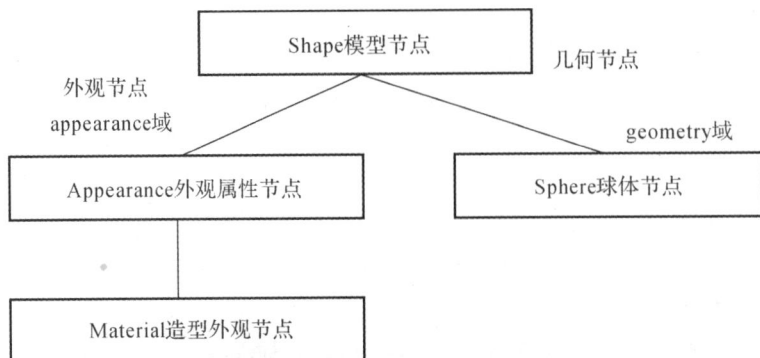

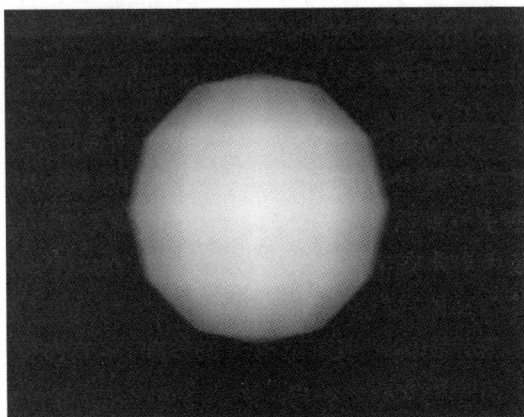

图 8 - 39　程序的节点层次图与创建的球体

（2）创建立方体对象。创建立方体几何造型的节点是 Box，它是 geometry 域的节点型域值。节点语法定义：

　　　　Box{size 2.0 2.0 2.0　♯SFVec3f}

域值说明：

1）该节点的域值定义了单域值三维向量空间，包含有 3 个浮点数，数与数之间用空格分离，该值表示从原点到所给定点的向量。

2）该节点只有一个域 size，用来说明沿三个主坐标轴（X，Y，Z）方向的立方体的边长大小；默认值是边长为 2.0 的正方体。

【例 8 - 2】创建一个长为 3.0、宽为 3.0 及高为 4.0 的立方体，其结果如图 8 - 40 所示。

```
Shape{
    appearance Appearance {material Material {} }
    geometry Box {
size 3.0 3.0 4.0}}
```

（3）创建圆柱体对象。在场景中创建圆柱体几何造型用节点 Cylinder，该节点作为 geometry 域的域值。

节点语法定义如下：

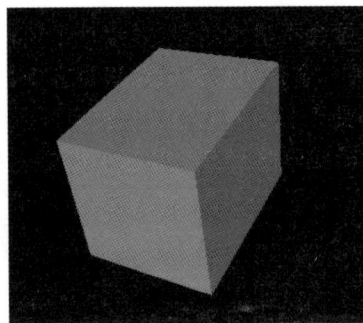

图 8 - 40　创建立方体的编辑窗口与运行结果

```
Cylinder{bottom      TRUE        ♯SFBool
         height      2.0         ♯SFFloat
         side        TRUE        ♯SFBool
         top         TRUE        ♯SFBool
         radius      1.0         ♯SFFloat      }
```

域值说明:

1)height 表示圆柱体沿轴线的高度,默认值 2.0;radius 表示圆柱体的半径,默认值 1.0。

2)side 用来表示圆柱体是否有侧面。如果为 true,那么圆柱体侧面是可见的。如果为 false,那么它们不可见,意味着虽然这时也是圆柱体的造型,但是却看不到侧面,如果 bottom、top 均设为 true,那么只能看到上下底,默认值为 true。

3)bottom 用来表示圆柱体是否有底面。如果为 true,那么圆柱体底部是可见的;如果为 false,那么它们不可见,情况同 side,默认值为 true。

4)top 用来确定圆柱体是否有顶面。如果为 true,则圆柱体顶部是可见的;如果为 false,那么它们不可见,情况同 side,默认值为 true。

【例 8-3】创建一个半径为 1.0,高为 2.0 的圆柱体。

```
Shape{
    appearance Appearance {material Material {} }
    geometry Cylinder {
            radius 1.0
    height 2.0}
            }
```

本例中,由默认值可以看出,这个圆柱体有上下底和侧面。应该注意 Cylinder 创建的圆柱体的几何中心位于坐标原点,且圆柱体的母线平行于 Y 轴(为便于观察,图中的造型旋转了一个角度),也就是说,如果做圆柱体的横截面,应该得到平行于 XOZ 平面的圆,如图 8-41 所示。

(4)创建圆锥体对象。圆锥体也是一个基本几何造型,在 VRML 中,创建圆锥体几何造型用节点 Cone。

节点语法定义如下:

```
Cone {bottomRadius     1.0         ♯SFFloat
      height           2.0         ♯SFFloat
      side             TRUE        ♯SFBool
      bottom           TRUE        ♯SFBool}
```

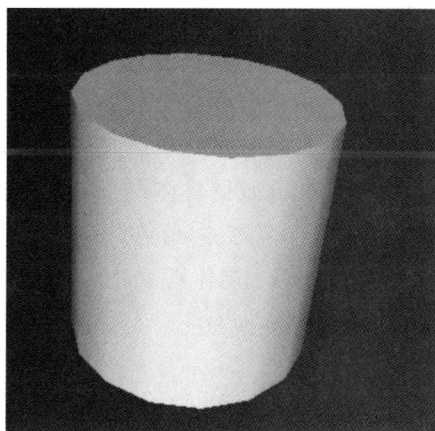

图 8-41　创建的圆柱体

域值说明:

1)bottomRadius 用来确定圆锥体底面的半径,默认值 1.0。

2)height 确定从圆锥体底部到锥顶的垂直高度,默认值 2.0。

3)side 确定圆锥体的侧面是否可见。如果为 true,那么圆锥体侧面是可见的;如果为 false,那么侧面不可见。这种情况同圆柱体的 size 域一样。默认值为 true。

4)bottom 确定圆锥体的底面是否可见。如果为 true,那么圆锥体底部是可见的;如果为 false,那么它们不可见,同 size。默认值为 true。

【例 8 - 4】创建一个底面半径为 1.5,高为 3.5 且没有底的圆锥体。

```
Shape{appearance Appearance{material Material{} }
geometry Cone{bottomRadius 1.5
              height 3.5
              bottom FALSE
          }
      }
```

在本例中,利用 Cone 节点创建的圆锥体其轴线和 Y 轴是重合的,并且造型的几何中心位于坐标原点。有些浏览器从锥体内部是不可见的,如这里展示的结果就是如此。如果希望能从几何体的内部观看它,那么要使用 IndexedFaceSet 节点,并将其 solid 域设为 FALSE,如图8-42 所示。

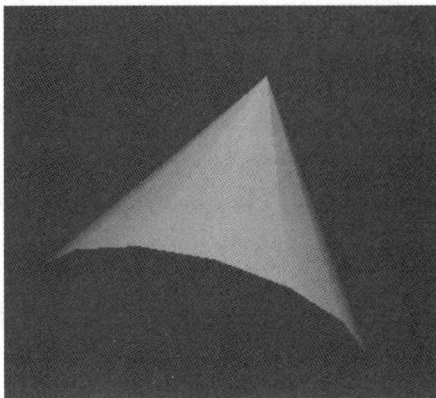

图 8 - 42　创建的圆柱体与圆锥体

8.4.5　VRML 空间造型

任何一个 VRML 虚拟场景中的空间造型都必须使用 Shape(形状)节点加以创建与封装,而具体的造型对象则是通过调用基本造型、文本造型和点、线、面等的节点构成的。

1. 基本造型

VRML 的基本几何造型节点有 4 种:

(1)Box(立方体)节点。

(2)Cone(圆锥体)节点。

(3)Cylinder(圆柱体)节点。

(4)Sphere(球体)节点。

【例 8 - 5】　制作石墩,效果如图 8 - 43 所示。

```
# VRML V2.0 utf8
  Shape {
    appearance Appearance{
    material Material {
    diffuseColor 0.7 0.7 0.7
    }
  }
    geometry Sphere{
    radius2.0
    }
  }
  Shape{
```

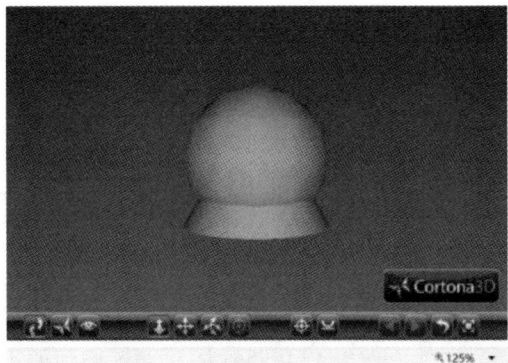

图 8 - 43　灯笼制作效果图

```
    appearance Appearance{material Material{}}
    geometry Cone{
  bottomRadius 2.0
  height 3.5
  bottom FALSE
    }
 }
```

2. 空间变换

利用 Transform(变换)节点可以在 VRML 空间创建新的坐标系,可以随意 translation (平移)、rotation(旋转)和 scale(缩放)。

【例 8 - 6】　制作旋转的圆柱体,效果图如图 8 - 44 所示。

```
Transform
{
  rotation 0 0 1 0.785
  center 0.5 -3.0 0.0
  children
  [
  Shape
  {
    appearance Appearance
    {
      material Material
      {
        diffuseColor 0.0 1.0 0.0
      }
    }
    geometry Cylinder
    {
      radius 1.0
      height 2.0
    },
  }
  ]
}
Shape
{
  appearance Appearance
  {
  material Material
  {
    diffuseColor 0.0 1.0 0.0
  }
```

图 8 - 44　茶几制作效果图

```
}
geometry Cylinder
{
radius 1.0
height 2.0
},
}
```

3. 文本造型

Text(文本)节点用来创建文本造型,通常使用 Shape 节点的 geometry 域的域值。VRML 文本造型是一个没有厚度的平面造型,但也可以具有不同的外观和材质属性。

【例 8-7】 恭贺新年,效果如图 8-45 所示。

```
♯ VRML V2.0 utf8
Shape {
    appearance Appearance{
    material Material{}
    }
    geometry Text {                ♯文本造型节点
    string ["Happy" "New" "Year"]♯文本内容
    length [5 3 4]
    fontStyle FontStyle{
        family "TYPEWRITER"
        size 2
        style "BOLDITALIC"
        justify["MIDDLE" "MIDDLE" ]
    }
    }
}
Shape {
    appearance Appearance {
    material Material{}
    }
    geometry Box {
    size 15 0.02 0.02
    } ♯X轴位置线
}
Shape {
    appearance Appearance {
    material Material{}
    }
    geometry Box {
    size 0.02 15 0.02
    } ♯Y轴位置线
}
```

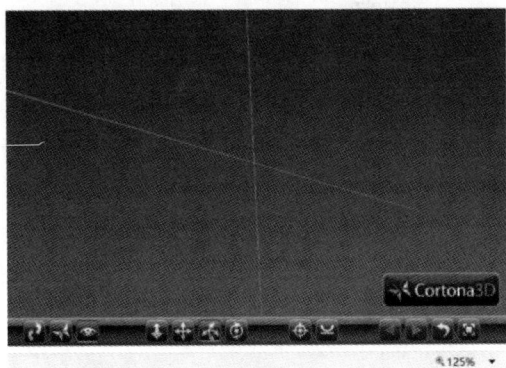

图 8-45 恭贺新年效果图

4.复杂造型

VRML 提供了一些非常灵活的节点,使用户能够通过使用点、线和面等来构造所需的几何形体。

这些节点主要包括 PointSet(点)、IndexedLineSet(线)、IndexedFaceSet(面)、ElevationGrid(海拔栅格)和 Extrusion(挤出造型)。

8.4.6　VRML 场景交互

场景交互主要是指在虚拟空间里对环境中的对象进行进一步渲染和融合,主要表现为设置纹理、添加技术以及灯光、视点和导航效果等。

1.纹理映射

纹理是一种位图,把纹理图按照一定规则包裹到几何体造型表面的过程称为纹理映射。VRML 提供了 3 种纹理节点,包括 ImageTexture(图像纹理)节点、PixelTexture(像素纹理)节点和 MovieTexture(电影纹理)节点。

【例 8-8】　制作书柜,效果如图 8-46 所示。

```
Group {
  children [
  Shape {
    appearance Appearance {
      material Material {}
      textureImageTexture {
        url"wood. jpg"
      }
    }
      geometry Box {
        size 2 2.4 0.8
      }
  }
  Transform {
      translation0 0 0.4
      children [
        Shape {
          appearance Appearance {
            material Material {}
            textureImageTexture {
              url "bookcase. bmp"
            }
          }
          geometry Box {
            size 2 2.4 0.01
          }
        }
```

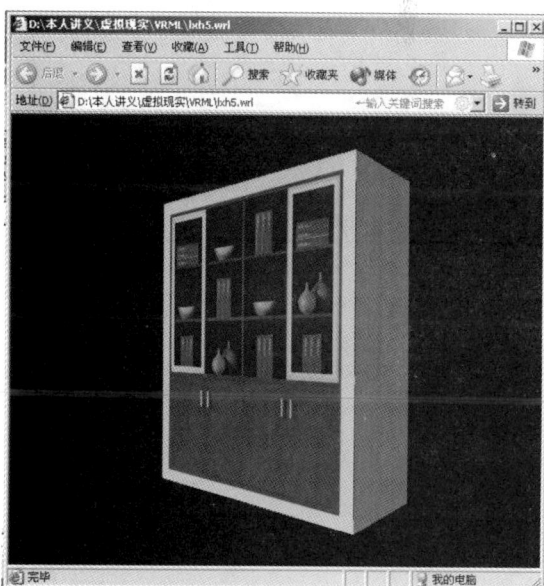

图 8-46　书柜制作效果图

```
        ]
      }
    ]
  }
```

2. 声音技术

在 VRML 中加入声音涉及两个部分:声源和声音发射器。

(1)Sound(声音)节点用于创建声音发射器,并指定场景中声源的位置以及立体化的表现形式。

(2)AudioClip 节点和 MovieTexture 节点则用于提供声源,仅可以作为 Sound 节点中 source 域的域值。

VRML 场景中可引用的声音文件类型主要包括 WAV,MID 和 MPEG 等 3 种。

【例 8-9】 放映电影,效果如图 8-47 所示。

```
Shape {
  appearance Appearance {
    material Material { }
    textureMovieTexture {
      url"steady. wmv"
      loop TRUE
    }
  }
  geometry Box {
    size 2. 4 2 0. 01
  }
}
Sound {
  source AudioClip {
    url"steady. wmv"
    loop TRUE
  }
  intensity1
  maxFront 16
  maxBack16
  minBack8
  minFront 8
}
```

图 8-47 声音技术效果图

3. 灯光效果

在 VRML 中创建光源时,除了要指定光源的空间位置、光线的发射方向等,还需要设置发射光线的颜色和亮度等。VRML 创建的光源初始是无法自动产生阴影的,必须通过人为设置阴影造型模糊拟阴影效果。

VRML 中光源节点的分类及特点如下:

(1)PointLight 节点:点光源,即从一个发光点向所有方向发射光线。

(2)DirectionalLight 节点:平行光源,可创建有方向的平行光线。

（3）SpotLight 节点：锥光源，可创建从一个发光点向一个特定方向发射的光线，即以圆锥的形式发射光线。

【例 8－10】　光照与阴影，效果如图 8－48 所示。

```
NavigationInfo {
  headlight FALSE
}
PointLight {
  location 0 5 0
  intensity 1
  ambientIntensity 0.75
  on TRUE
}
Shape {
  appearance Appearance {
  material Material {
    diffuseColor 0 1 1
  }
  }
geometry Sphere{
  radius 0.9
  }
}
Transform {
  translation0－3 0
  children [
  Shape {
    appearance Appearance {
      material Material {}
    }
    geometry Box {
      size 8 0.2 6
    }
  }
  ]
}
Transform {
  translation0－2.99 0
  children [
  Shape {
    appearance Appearance {
      material Material {
        diffuseColor 0 0 0
```

图 8－48　光照与阴影效果图

```
        transparency 0.5
      }
    }
    geometry Cylinder {
      height 0.5
      side FALSE
      bottom FALSE
    }
  }
 ]
}
```

4.其他效果

(1)Background(背景)节点:可以控制 VRML 世界中天空和地面的颜色,指定一组全景图放置在 VRML 世界的上方、下方或四周。

(2)Viewpoint(视点)节点:用来设置浏览者在 VRML 世界中的观察位置、空间朝向和视野范围等。

(3)NavigationInfo(导航)节点:用来提供浏览者的替身信息以及该替身如何在 VRML 世界中进行导航。

【例 8-11】 不同视点下的石墩,效果如图 8-49 所示。

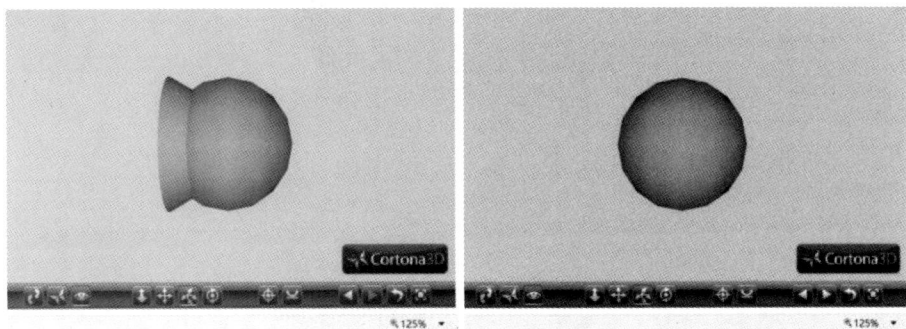

图 8-49 不同视点下的石墩

```
# VRML V2.0 utf8
Background {
  skyColor [0.8 0.8 0.8]
}
Viewpoint {              # 默认的视点
  description"view0"
}
Transform {              # 观测顶部的视点
  rotation 1 0 0 -1.571
  children [
  Viewpoint {
    description"view1"
```

```
    }
    ]
}
Transform {                    ♯观测底部的视点
    rotation 1 0 0 1.571
    children [
    Viewpoint {
        description"view2"
    }
    ]
}
Transform {
    rotation 0 0 1 1.571          ♯旋转的视点
    children [
    Viewpoint {
        description"view3"
    }
    ]
}
Inline {
    url"1. wrl"          ♯石墩的造型
}
```

8.4.7　VRML 动态交互

1. 动画设计

在 VRML 中,通过时间传感器和插补器节点,即可实现最常用的线性关键帧动画。

VRML 提供了诸如 PositionInterpolator(位置)、OrientationInterpolator(朝向旋转)、ColorInterpolator(颜色)、ScalarInterpolator(标量)等多个插补器节点来控制动画。

TimeSensor(时间传感器)节点的作用是创建一个虚拟时钟。

【例 8-12】　地月运行,效果如图 8-50 所示。

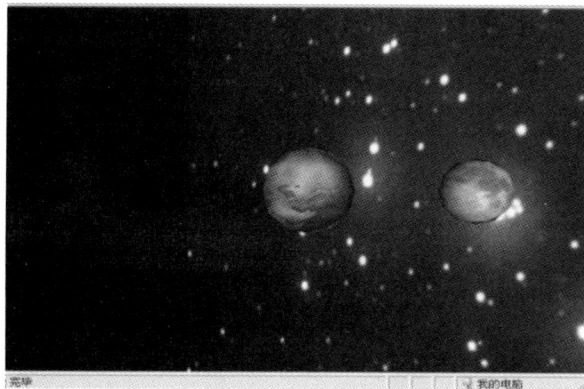

图 8-50　地月运行效果图

```
Background {
    frontUrl "sky. jpg"
}
Group {
    children [
    DEFearth Transform{
      children Shape {
        appearance Appearance {
          material Material {}
            texture   ImageTexture {url "earth. jpg"}
        }
          geometry Sphere{radius0. 8}
      }
    }
    DEFmoon Transform {
      translation4. 0 0. 0 0. 0
      center −4. 0 0. 0 0. 0
      children Shape {
        appearance Appearance {
          material Material {}
            texture ImageTexture {url "moon. jpg"}
        }
          geometry Sphere{radius0. 3}
      }
    }
DEF Clock1 TimeSensor {
    cycleInterval 12. 0
    loop TRUE      },
    DEF Clock2 TimeSensor{
      cycleInterval 4. 0
      loop TRUE},
    DEFBallPath1 OrientationInterpolator {
      key[0. 0, 0. 5, 1. 0]
      keyValue [
        0. 0 1. 0 0. 0 0. 0,
        0. 0 1. 0 0. 0 3. 14,
        0. 0 1. 0 0. 0 6. 28,
      ]   },
    DEFBallPath2 OrientationInterpolator {
      key[0. 0, 0. 5, 1. 0]
      keyValue [
        0. 0 1. 0 0. 0 0. 0,
        0. 0 1. 0 0. 0 3. 14,
```

```
        0.0 1.0 0.0 6.28,
      ]
    },
  ]
}
```

2.传感器交互

VRML 提供了一系列传感器来检测用户在虚拟场景中的动作,再通过事件的传递,实现用户与虚拟世界之间的交互。

接触型传感器:用于检测用户对于鼠标的各种操作,如单击、拖动等动作,节点包括 TouchSensor(触摸)、PlaneSensor(平面)、CylinderSensor(圆柱体)和 SphereSensor(球体)传感器。

感知型传感器用于检测用户与造型的接近程度或造型在场景中是否可见等,节点包括 VisibilitySensor(可视)、ProximitySensor(接近)传感器及 Collision(碰撞)编组。

3.脚本设计

Script 节点的操作包括事件接收、数据操作、数据存储和事件产生等 4 个步骤,与之对应的脚本可以由 4 个部分组成:

(1)一定数目的 eventIn,在接收到事件时引发脚本的执行。

(2)与 eventIn 对应的同名函数,当接收到一个 eventIn 时执行其中的脚本程序;函数可以用于设置 Script 节点内部的域,实现复杂的算法,以及向其他节点发送事件。

(3)在脚本执行过程中,各个函数存储中间数据所使用的域。

(4)在脚本执行过程中,各个函数所发送的 eventOut。

第9章　计算机可视化技术

计算机可视化技术是对计算机图形学和计算机视觉中相关算法的综合利用，以人们惯于接受的表格、图形、图像等形式，并辅以信息处理技术（如数据挖掘、机器学习等）将复杂的客观事物进行图形化展现，使其便于人们的记忆和理解。可视化为人类与计算机这两个信息处理系统之间提供了一个接口，对于信息的处理和表达方式有其独有的优势，其特点可总结为可视性、交互性和多维性。本章将从计算机可视化的概念、历史和内涵，科学计算可视化主要方法，计算机可视化主流开发工具以及计算机可视化的典型案例几个方面对计算机可视化技术进行介绍。

9.1　计算机可视化技术概述

9.1.1　计算机可视化的概念及历史

可视化（Visualization）是充分利用图像处理技术和计算机图形学知识，在屏幕上显示出数据转换成的图形或图像，并对数据进行交互处理的理论、方法和技术。它涉及多个领域，如计算机图形学、图像处理、计算机视觉、计算机辅助设计等，成为研究数据表示、数据处理、决策分析等一系列问题的重要技术手段。

使用计算机以图形格式显示数据的想法可以追溯到计算机本身的早期。这个概念的第一个实现以硬件开发本身所允许的速度发展。到 20 世纪 60 年代早期，Ivan Sutherland 在 1962 年的博士论文 *Sketchpad：A Man-Machine Graphical Communication System* 中概述了早期计算机图形学领域的许多基本概念，描述了一个名为 Sketchpad 的系统。在 Sutherland 和其他许多人的早期工作之后，20 世纪 60 年代见证了彩色光栅显示、隐藏表面去除和光源阴影等重大进步。

20 世纪 70 年代初，杨百翰大学（Brigham Young University）开发出了计算机图形学在使用不规则网格（如有限元模型）来显示行为方面的第一个主要应用。与此同时，康奈尔大学教授唐纳德·格林伯格（Donald Greenberg）在《科学美国人》（*Scientific American*）上发表的文章 *Computer Graphics in Architecture* 开始在普通大众中普及计算机图形学的概念。他的动画电影《康奈尔透视》（*Cornell in Perspective*）利用几何数据库探索了康奈尔令人震惊的约翰逊艺术博物馆（Johnson Art Museum）的可能地点。

早期计算机图形设备的费用是如此之高，以至于它的许多早期用户都是重工业企业，他们可以利用设备的生产力效益，而每台设备的计算安装成本很容易达到数百万美元。这些早期项目包括通用汽车 1964 年的 DAC‑1 项目，以及同年由洛克希德公司的 Sylvan Chasen 领导的人机系统项目。

最初，计算机图形学是一门围绕几何学显示的统一学科。随着时间的推移，该领域获得了迅速的商业接受,许多子专业得到发展,包括渲染技术,模拟自然现象和辐射。随着这种发展,人们对研究表现行为的技术越来越感兴趣。"可视化"一词最终被创造出来,在 1987 年美国国家科学基金会发起的关于科学可视化的倡议中首次流行起来的。此后,早期可视化应用通常涉及可视化数据的大规模解释,如医疗断层扫描、卫星图像和科学数据缩减等三维可视化技术允许显示体积,多元和时间依赖的行为,加入了早期的显示技术在数值分析应用。除了可视化算法本身,这一趋势还受到计算能力增长的推动,计算能力允许进行更复杂的分析。实时三维图形显示功能的进一步发展,使可视化成为一种更具交互性的分析方法的一部分。

9.1.2　科学计算可视化的内涵

计算机用于科学计算已有 40 多年的历史。在 20 世纪 50 年代和 60 年代,因为计算机的硬件、软件技术发展水平的限制,科学计算只能以批处理方式进行,大量输出数据的理解与解释所花费的时间往往是计算时间的十几倍甚至几十倍,所以这一阶段谈不上科学计算的可视化。70 年代以后,虽然可以将科学计算的结果以二维图像表示、用绘图仪绘制出来,但仍然不能得到计算结果的直观、形象的整体概念,而且不能进行交互处理,只能被动地等待计算结果的输出。

近年来,随着科学技术的迅猛发展,待处理的数据量越来越大,原有的数据处理及显示手段远远不能满足要求。1987 年 2 月美国国家科学基金会在华盛顿召开了有关科学计算可视化的首次会议,参会者有从事计算机图形学、图像处理及各种不同领域科学计算的专家,会议一致认为:将图形和图像技术应用于科学计算,这是一个全新的技术领域,会议将这一技术定名为科学计算可视化(Visualization in Scientific Computing,VISC)。

科学计算可视化是将科学计算过程和计算结果的数据转换为图形图像显示在屏幕上的技术方法。它综合运用计算机图形学、数字图像处理、计算机视觉、计算机辅助设计、人机交互技术等多个领域中的相关技术,不仅可以将复杂的多维数据转化成图形,还可以分析理解传入计算机中的图像数据。这一技术的范围一直不断扩展,它还包括工程计算数据的可视化和测量数据的可视化。

科学计算可视化按其实现的功能,可以分为三个层次:

(1)结果数据的后处理,即对计算数据或测量数据进行脱机处理,然后用图像显示出来,这一层次的功能对计算能力的需求相对较低。

(2)中间数据或结果数据的实时跟踪处理及显示。

(3)中间数据或结果数据的实时跟踪处理、显示以及交互控制,这一层次的功能不仅能对数据进行实时跟踪显示,而且还可以交互式地修改原始数据、边界条件等其他参数,以使计算结果更为满意。

为了实现这三个层次的功能,科学计算可视化的主要研究内容有:

(1)标量、矢量、张量场的显示。

(2)数值模拟和计算过程的交互控制和引导。

(3)面向图形的程序设计环境。

(4)高带宽网络及其协议。

(5)用于图形和图像处理的向量和并行算法及特殊硬件结构。

科学计算可视化的运用可以极大提高数据的处理效率,使得庞大的动态数据得到展示和充分有效的利用;可以在人与数据、人与人之间架起图像通信的桥梁,而不仅是文字通信或者数字通信;可以让数据从事者了解到在计算过程中发生了什么变化,通过改变参数等方法对计算过程实现引导和控制。总之,可使科学计算的工具和环境进一步现代化。

9.1.3 科学计算可视化的应用

1. 林业

林业科学研究中,一方面,数据的采集能力不断提高,数据量不断增大,但是这些数据侧重于供实时监控与控制使用,尚缺乏有力的处理和分析工具对这些数据进行研究。另一方面,基于仿真的传统研究需要改进,以加深研究者对仿真结果的理解,方便对数学模型的调整并观察其效果,从而揭示内在规律。结合林业信息的特点有效地利用计算机可视化技术,无疑是增强林业科学研究能力的一种有力手段。

2. 电网调度

基于科学计算可视化技术的电网调度新模式提出了针对电网调度运行需求的多平台架构体系,包括电网实时可视化监视平台、电网在线可视化分析平台以及电网离线可视化规划平台,分别实现实时监视、在线分析、系统状态预警、电网规划及辅助决策、运行方式制定及辅助决策功能,为调度运行人员监视电网运行状态、处理电网事故、分析电网状态、规划网架及制定运行方式等工作提供辅助决策信息。

3. 医学

VISC 对医学成像技术、图像处理、信息共享有着重大的贡献。作为最形象、最逼真、最接近原始的一种信息形式,医学信息仅有数据和二维表格的表达是远远不够的。所以,将医学信息可视化一直是科研人员不懈追求的目标。100 多年前,伦琴发现了 X 射线,开创了医学成像的先河,医学图像处理开始了漫长的发展路程。20 世纪 70 年代出现的计算机断层扫描技术(CT),突破了图像的传统概念。CT 是运用计算机技术的图像,是"计算出来的图像",而不是当时传统概念上感光胶片上的影像。90 年代发展起来的正电子发射计算机断层扫描技术(简称 PET),把核技术与计算机技术结合起来,进行功能和代谢检测,成为研究分子水平人体医学、生命科学的重要工具。这些将计算机可视化技术与医学的结合,将临床采集的数据从抽象的数字信息转化为可视化图像,使得医务人员、科研人员更清晰的观察分析实际存在的物体形态,更加方便地透视、分割、组合、绘制和显示无法看到和表述的解剖学结构,以动态画面描述其功能特征,进一步促进了医学界对人体奥秘的探索。

4. 地质勘探

传统的地质勘探钻井作业是边钻边采集样本之后再进行分析,目前的方法是在进行钻井作业的同时便进行数据分析。在钻井过程中,钻头附近会带有测斜仪器,不断地向地面发送测斜数据,由计算机迅速地进行数据分析,根据分析结果调整钻头方向,继续向下钻井并传送测斜数据,再由计算机进行分析,再调整钻头继续钻井直到钻到目标层为止。传统的数据分析不仅需要套用大量复杂烦琐的公式,得出的结论也是复杂难懂的数据,勘探人员不易把控。通过可视化技术处理数据后,不仅耗时短,而且数据通过图像、曲线或动画的方式展示出来,如何操作一目了然。可视化技术可以通过插值计算法、水平距离扫描法、法面距离扫描法、最近距离扫描法等方法成功地防止碰撞,降低安全风险。可视化技术在矿藏开发方面利用遥感技术显示矿藏结构的立体分布,就是通过自然产生的地震波或人工发出的电磁波,在不同的矿物质中传播频率不同的特点,从而判断矿藏的种类和分布。可视化技术通过计算机构建一个虚拟的矿山,利用其三维属性描绘出矿体的具体分布以及开采的详细信息,准确、方便、快捷地做出开采方案,提高工作效率。

5. 考古学

将古代碎片重建是一个多学科研究的过程,研究者需要处理大量的数据集,这是一个耗时的过程。利用基于几何建模的可视化系统,人们可以将碎片式的数据完整地复现出本来的结构,方便考古研究人员进行基于计算机几何模型的定量研究,更加方便地重现对象原有样貌。

6. 气象预报

影响气象预报准确度的因素有很多,例如压面、等温面、位涡、云层的位置及运动、暴雨区的位置及其强度、风力的大小及方向等。利用计算机可视化技术,将大量上述的气象数据转换为图像并动态地显示出来,更加有利于预报人员对未来的天气做出准确的分析和预测。在对全球气象进行检测计算后,可将不同时期全球的气象变化以图像形式表示出来,对全球的气象变化趋势进行预测,从而避免气候灾难,保护地球气候环境。

7. 分子模型构造

分子模型构造是生物工程、化学工程中先进的最有创新的发展技术。计算机可视化技术的应用使得分子模型构造技术更上一层楼,成为了学术界和工业界研究分子结构及其相互间作用、分析和设计分子结构的重要工具。例如,在遗传工程的药物设计中使用三维彩色立体显示来改进已有药物的分子结构或设计新的药物,以及构造诸如蛋白质和 DNA(脱氧核糖核酸)等高度复杂的分子结构。

8. 计算流体力学

传统计算流体力学是将所设计的模型放在大型风洞里做流体动力学的物理模拟实验,然后根据实验结果修改设计,这种做法成本高、周期长。目前已实现了在计算机上建立飞机的几何模型并进行流体动力学的模拟计算,这就是计算流体动力学(Computational Fluid Dynamics,CFD)。其核心是求解表示流体流动的偏微分方程,利用超级计算机可以对复杂几何模型的 Navier-Strokes 方程式求解,而得出每一时刻的数值,但数据量十分庞大。为了理解和分析流体流动的模拟计算结果,必须利用 VISC 技术在屏幕上将结果数据动态地显示出来。

9. 有限元分析

有限元分析中的可视化方法有网络序列法、网络无关法和区域填充法,主要用于结构分析,是计算机辅助设计技术的基础之一。在有限元分析中,应用计算机可视化技术可实现形体的网格剖分及有限元分析结果数据的图形显示,即有限元分析的前后处理,并根据分析结果,实现网格剖分的优化,使计算结果更加可靠和精确。将科学计算可视化应用到有限元分析中,可以将各种物理量用图像的方式更加形象地显示出来,以便工程设计人员能够有效地分析与核对计算结果的合理性,并从中发现隐藏的本质问题。

10. 教育

科学计算可视化的沉浸性和交互性为学习者提供了可以直接交互的三维立体空间,并将学习者置于学习的中心地位,有利于学习者知识的建构。例如,利用计算机可视化技术,通过静态和动态图像模拟行星的地形上的实际飞行,师生们像在轨道上的宇宙飞船上观察一样研究它们。通过观察并与地球的比较,学生们更加直观地学习认识地质、讨论天文现象。

9.2 科学计算可视化方法

9.2.1 科学计算可视化主要过程

科学计算可视化不是简单的视觉映射，而是一个以数据流向为主线的完整流程，主要包括数据预处理、数据映射、绘制和显示。一个完整的可视化过程，可以看成数据流经过一系列处理模块并得到转化的过程，观察者通过可视化交互从可视化映射后的结果中获取知识和灵感。科学可计算视化的各模块之间，并不仅仅是单纯的线性连接，而是任意两个模块之间都存在联系。例如，数据预处理、数据映射和绘制的方式不同，都会产生新的可视化结果，观察者通过对新的可视化结果的感知，从而又会有新的知识和灵感的产生。

在可视化（Visualization）的领域中把科学数据作为处理的对象，这些科学数据的来源是多种多样的。例如，"符号"和"结构化数据"、"图像"和"信号"等。其中"符号"和"结构化数据"来自于科学仿真计算以及通过键盘与鼠标等外部设备输入的实验数据等。这些数据通过计算机图形学处理转换为可视图像，输出到显示器、打印机等显示终端上。"图像"和"信号"则来自于数码相机、摄像机和传感器等设备。这类数据既可以经过图像处理转换为可视图像直接输出到显示器等显示终端，也可以经过计算机视觉变换处理转换为"符号"和"结构化数据"。

（1）数据预处理：在实际的可视化过程中，输入的原始数据可能会存在数据缺失、数据噪声、数据不一致、数据集不均衡等问题。这些问题数据不能直接使用，需要对其进行必要的处理。目前对原始数据进行的预处理包括数据规范化处理、几何变换、拓扑变换、提取与可视目标相关的信息等。

（2）数据映射：数据映射是指创建两个数据模型并在数据模型之间画一条线以定义数据模型之间的对应关系（这种建立的对应关系一般要求数据模型具有相同的名称），将经过变换处理的数据映射为可供绘制、显示的形状或属性。数据模型可以是语义上具有精确含义的数据原子单元。数据映射技术包括对数据的分类和造型，分类是指按照对体积元素（简称体素）的不同值分别归类，造型是指把从数据项中的点、线、面等的几何元素提取出来。

（3）绘制和显示：绘制和显示是将上述可供绘制的元素转换成图像，绘制在屏幕或其他介质上，可直接借鉴计算机图形学的现有方法。

科学计算可视化处理的数据分为两大类，即结构化数据和非结构化数据（图像与信号等），如图9-1所示。可视化数据处理的基本流程是：首先通过滤波对原始输入数据进行预处理，得到可视化应用数据；运用映射算法对应用数据进行映射，得到几何数据；对几何数据进行绘制，得到图像数据。最后输出到终端设备上显示。可视化数据处理流程如图9-2所示。

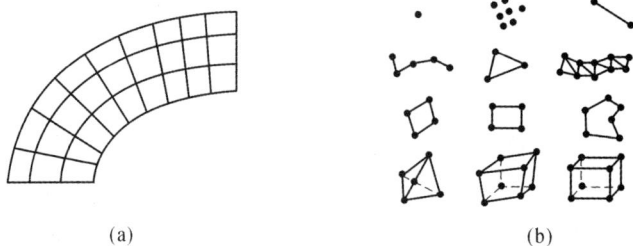

(a)　　　　　　　(b)

图9-1 科学计算可视化数据

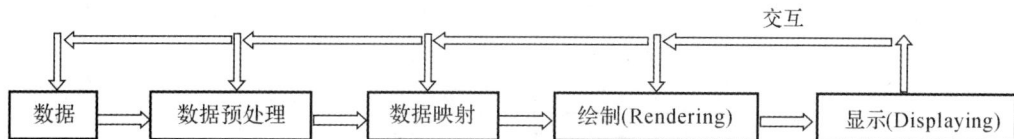

图 9 - 2　可视化数据处理流程图

(a)结构化网格；　(b)非结构化网格示意图

9.2.2　科学计算可视化主要方法

科学计算可视化是利用计算机图形学来创建视觉图像,帮助人们理解科学技术概念或结果的那些错综复杂而又往往规模庞大的数字表现形式。它将"符号"或"结构化数据"映射成方便理解和观察的几何图像。

1.二维标量数据场算法

二维数据场是将平面上一些离散的数据项当作此平面上的一维函数 $F=F(x,y)$。常见方法主要有颜色映射法、等值线法、立体图法和层次分割法等。

(1)颜色映射法:颜色映射法是在数据场的数值和颜色之间设计一系列对应关系。绘制和显示时,图元或点的颜色取决于数据场的数据,通过显示不同的颜色表示数据场中数值的大小。数据和替代品实际上被视为数据,而政策分析和理论研究的颜色是数据量过大的原因。

(2)等值线法:一组相等数值的连线表示制图对象数量、特征的图简称为等值线图,如图 9 - 3 所示。也就是说,将数据场中值相等的点用线段连通,一维标量函数在某一个值的等值线就形成了。常见的等值线有等压线、等风速线、等日照线等,通常等值线所代表的数值为整数。

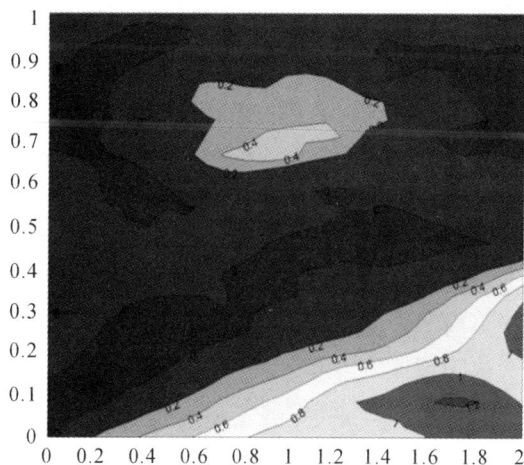

图 9 - 3　等值线图

等值线生成算法的主要步骤如下:

1)构建网格,根据阈值(等值线值)确定每个网格点的交点坐标。

2)按照一定的顺序用线段连通每个网格点的交点坐标,每个单元的连接情况如图 9 - 4 所示。

3)对连接出的折线段进行平滑处理。

计算各单元边与等值线的交点:根据所求点坐标与所有(或指定区域范围内)离散点的距

离作为权重影响数值来计算,离采样点越远的点,受采样点的影响越小,也就是一个倒数关系,倒数上可以有次方来约束权重递减的强弱。

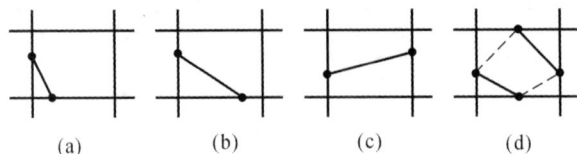

图 9-4　单元内等值线连接情况

(3)立体图法:立体图法是将数据场中的数值通过一定的规则映射为高度,通过上述操作后的数据就形成了一个三维立体图像。使用此方法显示时,可以采用法向量插值来消除 Mach 效应、通过曲面逼近的方法来拟合数据场,增强图像的效果。

(4)层次划分法:层次划分法是立体图法的扩展,首先用户定义层次范围及各层的颜色。在绘制每个三角面片时,若三角面片的最大值、最小值都在一个层内,则按该层的颜色绘制;否则要将三角面片进一步剖分为 m 个多边形,每个多边形处于一层,并以各层颜色绘制。这样各层之间就有一个明显的层次分割线。在实际应用中可用于显示等值线、等高线等。

立体图法和层次分割法特别适合于对地形数据场进行可视化处理。

2.三维空间数据场算法

三维空间数据场与二维数据场不同,它是对二维空间中的采样,表示了一个三维空间内部的详细信息,这类数据场最典型的医学 CT 采样数据,每个 CT 的照片实际上是一个二维数据场,照片的灰度表示了某片物体的亮度。将这些照片按一定的顺序排列起来,就组成了一个三维数据场。

实现三维数据场主要有两种方法:面绘制方法和体绘制方法。

(1)面绘制法:将三维数据场中具有某种共同属性的采样点按其空间位置连接起来,构成一张连续表面,然后对抽取出的表面进行绘制。其中,等值面指在一给定三维数据场中,采样值均为某一给定值的所有空间点的集合。三维标量场可视化中最常用 Marching Cube 算法。

Marching Cube 算法的主要步骤:

1)用线性插值计算体素的边与等值面的交点:依据所需抽取的等值面的属性值,确定其 8 个顶点的状态对于体素的每一条边,依据顶点状态,判别它是否与等值面有交点。若交点存在,则求出交点。在求出了当前体素的所有边与等值面的交点后,依据一定的准则将这些交点连接成三角形,作为等值面位于该体素内部分的近似表示,并进行真实感绘制。算等值点:每一体素有 8 个顶点,每一顶点有两种状态值:翻转和旋转,将上述 256(2^8)种组合情形减少到 15 种,如图 9-5 所示。

翻转对称性:如果体素各顶点的状态值 0 和 1 互换,所含等值面的拓扑结构(即交点连接关系)改变。

旋转对称性:体素旋转后,所含等值面的拓扑结构不变。

2)将交点按一定方式连接成等值面。

3)计算等值面中各三角片顶点处的法向量,为后续的绘制提供依据。

(2)体绘制法:直接将三维图像的体素点通过一定的透明度叠加计算后直接对屏幕上的像素点着色。

1）首先将三维数据场中各数据进行分类。

2）设计传输函数,依据一定的准则为数据场每一采样点赋一个颜色值（R,G,B）和不透明度值（opacity,用 α 表示）。

3）沿投射光线方向重采样计算光亮度值,从当前视点位置出发,向屏幕上的每一像素点发出一条光线,穿过数据场,同时沿着光线进行均匀点采样,得到一系列重采样点。对于每一数据场内的重采样点 P_r,找出它所在的体素,对该体素的 8 个顶点的不透明度和颜色作三线性插值得到 P_r 处的不透明度和颜色。类似地,通过三线性插值计算得到 P_r 处的梯度（即法线方向）。根据体光照明模型计算 P_r 处光亮度值。

4）将分布在同一光线上的所有重采样点的光照强度按照一定的次序进行累计得到相应屏幕像素最终显示的颜色。

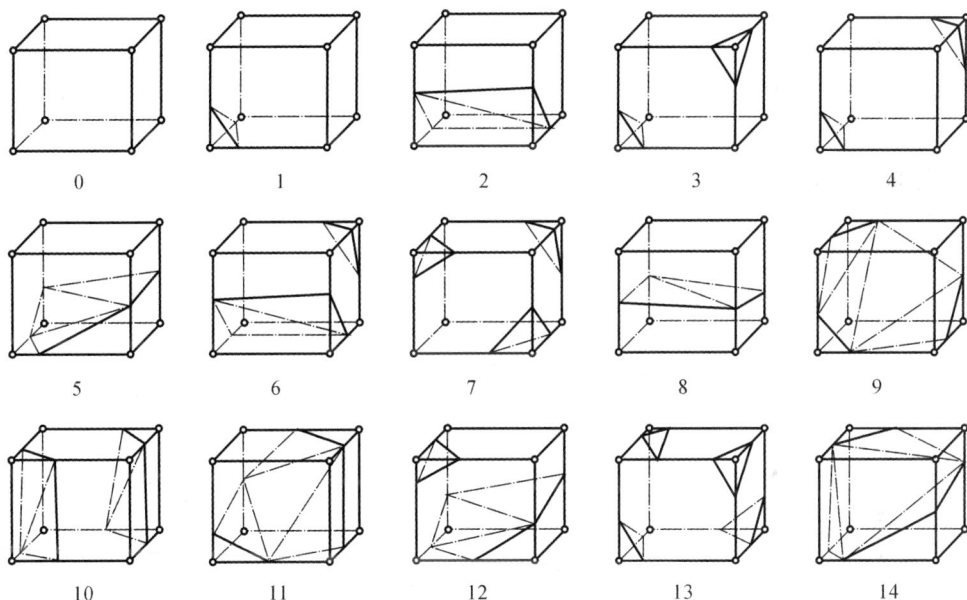

图 9 - 5　等值面连接模式

3.矢量数据场算法

矢量场可视化方法按照不同方式可分为多种类型。其中按照不同的数据集处理模式可以分为直接法、纹理法、几何法、特征法与基于划分的方法;按照数据显示方式不同又可以分为点图标法、纹理法、几何法,另外特征法可以应用于前三类方法之中。各种矢量场可视化方法优缺点见表 9 - 1。

表 9 - 1　矢量场可视化方法优缺点对比

方　　法	优　　点	缺　　点
点图标法	实现简单,计算量小	不适用于大规模数据
几何法	表达直观,连续性好	易丢失特征
纹理法	不丢失特征,表达细腻	计算量大,缺少视觉焦点

基于点图标的可视化法又称为直接可视化法,其特点是不需要数据预处理过程进而对矢量场进行直接表达,是矢量场可视化方法中计算量最小、最简单的一种方法。点图标法对矢量

场内每个点指定方向向量,给出每个点的运动方向和速度,能够表达整个区域的矢量场信息,通过散布图的方式对数据进行表示。点图标法通过颜色编码以及箭头符号等来描述矢量场运动规律。例如,对风场的点图标可视化中,箭头方向表示风场方向,箭头长短或粗细表示风速大小。点图标法由于需要对数据逐一映射,当数据量较大时图像过于杂乱,不能完好地表述矢量场的物理特征,因此很少用于大量数据科学计算中。点图标法的核心在于稀疏采样与清晰采样间的平衡,若采集数据过密,会出现箭头表达杂乱无章的现象,对于无法使用箭头长短粗细来表述矢量值大小的,通常由颜色编码来表述幅值,通过不同颜色值、透明度来表达矢量场大小。例如,幅值较大的地方采用红色箭头,幅值较小的地方采用绿色箭头,通过对不同大小矢量模赋予不同的颜色值来表达矢量场。然而,颜色编码是通过将矢量场标量化来进行表达的,标量只有大小没有方向,因此颜色编码对于矢量场的方向表示仍存在不足之处。另外,点图标法多用于表述处于瞬态的矢量场,具有一定局限性。

几何可视化方法是通过点、线、面对矢量场数据进行表示分析,以便于观察矢量场的空间结构和运动规律。几何法又分为基于面的可视化与基于线的可视化。基于面的可视化多用于三维图形的绘制,相比于基于线的可视化,基于面的可视化能提供更多的感知信息,同时减少因杂乱冗余带来的视觉复杂度。基于线的可视化又分为流线法与粒子追踪法,都是采用连续的流线来表示矢量数据,具有直观且连续性好的优点,是目前应用较为广泛的一种方法。基于线的可视化方法核心思想是放置一条处处与矢量场相切的流线,以强调全局场的连贯性。

纹理法是通过纹理线条和颜色来表述矢量场的方法,具有空间连续性。纹理法将矢量场的全部特征表述出来,不需要考虑种子点的放置问题,因为其每个点都是采样点,所以弥补了几何法由于种子点的选取等原因造成的特征损失问题。纹理法提供一种矢量场全局的紧凑表述方法。同时纹理法相对于点图标法具有方向信息,具有表达细腻的优势,其通过一定的滤波算法对颜色进行有序排列,进而展现矢量场的关键特征和细节信息。常用的纹理法有线积分卷积(LIC)、点噪声(Spot Noise)法和基于图像的流可视化(IBFV)。

4.张量场算法

与矢量场的可视化相比,张量场的可视化则更为困难。目前已有的张量场可视化技术可分为两类:一类是张量场的点图标可视化方法,另一类是超流线表示可视化方法。

点图标可视化方法是用椭球作为点图标来表达对称的应力张量的方法。用三个互相正交的特征矢量表示椭球的三个轴的方向,相应的特征值表示三个轴的长度。首先计算出张量的特征值、特征向量,根据特征值的大小分出主特征方向、次特征方向和最小特征方向。用色彩表示方向特征值的大小,用包围柱体椭圆的两个轴分别表示次方向和最小特征方向上的分布。

超流线表示可视化方法是将任意实非对称张量场和复非对称张量场分解成实对称张量场和矢量场进行可视化。

9.3 TVTK 开发工具

9.3.1 TVTK 库简介及工具包

VTK(Visualization Toolkit)是一套三维的数据可视化工具,它由C++编写,包含了近千个类,帮助我们处理和显示数据。它在 Python 下有标准的绑定,不过其 API 和 C++相同,不能体现出 Python 作为动态语言的优势。因此 enthought.com 开发了一套 TVTK 库对标准的 VTK 库进行包装,提供了 Python 风格的 API、支持 Trait 属性和 Numpy 的多维数组。

TVTK 库提供了 ImageData,RectilinearGrid,StructuredGrid,PolyData,UnstructuredGrid 这 5 种数据集。

(1)ImageData:表示二维或三维图像的数据结构。

(2)RectilinearGrid:间距不均匀的网格,所有点都在正交的网格上。

(3)StructuredGrid:创建任意形状的网格,需要指定点的坐标。

(4)PolyData:由一系列的点、点之间的联系以及由点构成的多边形组成。

(5)UnstructuredGrid:非结构化网格,其他的类型也可以此类型表示。

由于 VTK 的特性,安装 TVTK 库需要多个依赖库。由于考虑稳定性原因,在本书中避免使用最新库版本,Python 版本为 3.7。对其依赖库和 TVTK 库选用的版本如下:

VTK - 8.2.0 - cp37 - cp37m - win_amd64.whl

numpy - 1.21.1 + mkl - cp37 - cp37m - win_amd64.whl

traits - 6.2.0 - cp37 - cp37m - win_amd64.whl

traitsui - 7.2.1 - cp37 - cp37m - win_amd64.whl

mayavi - 4.7.1 + vtk82 - cp37 - cp37m - win_amd64.whl

PyQt4 - 4.11.4 - cp37 - cp37m - win_amd64.whl

如果读者已经拥有如上安装包,那么直接在 python3.7 环境下依次运行 pip install xxx.whl,xxx 为上述安装包的文件名。

另外,考虑到以后的 Python 环境管理的方便,在此本书提供一种基于 Miniconda3 的虚拟环境管理方式进行安装,首先进入 Conda 下载网站 https://docs.conda.io/en/latest/miniconda.html 中点击 Miniconda3 Windows 64 - bit 版本进行下载,版本选用当前最新的 Python3.9 版本,下载完成进行安装,在此建议将默认安装路径修改到非系统盘,因为在之后的使用中,Python 虚拟环境可能会创建多个,这时就会占用大量存储空间,在安装完成后,打开 Anaconda Prompt(Miniconda3)命令行工具,如图 9 - 6 所示。

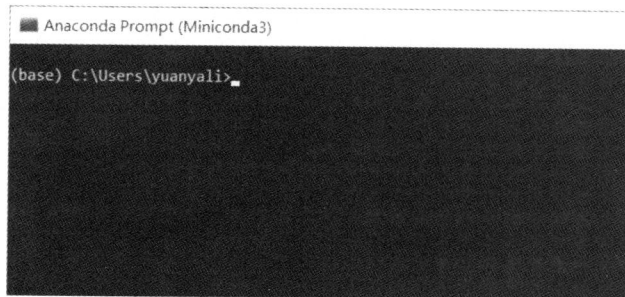

图 9 - 6　Anaconda Prompt 命令行工具

首先,创建一个名为 tvtk,Python 版本为 3.7 的虚拟环境:在命令行中输入 conda create - n tvtk python=3.7,点击 Enter,在需要确认处再次点击 Enter,或者输入 y 点击 Enter,即可创建一个名为 tvtk 的 Python 版本为 3.7 的虚拟环境,如图 9 - 7 所示。

将上述的 whl 包全部下载,将虚拟环境切换至 tvtk,即输入 conda activate tvtk,点击 Enter 切换到 tvtk 的虚拟环境。当进入到 tvtk 虚拟环境下时,同上述,依次在命令窗口输入 pip install xxx.whl 等命令。全部操作完成后即可使用 TVTK 库进行可视化编程。

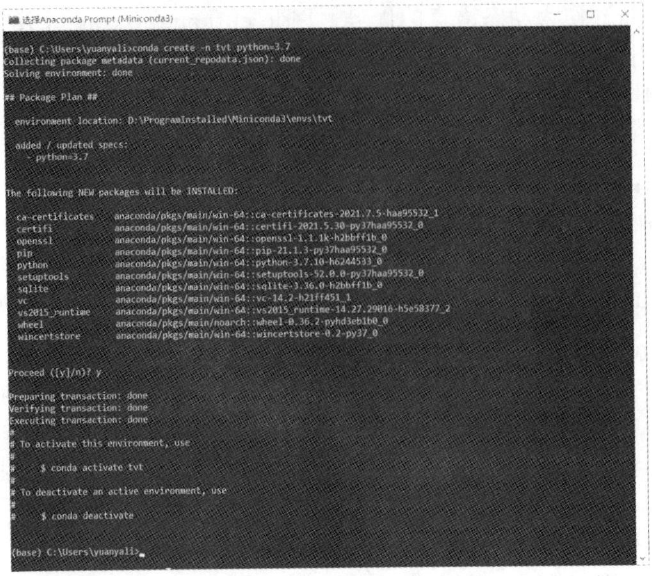

图 9-7 创建虚拟 Python 环境

下面对 TVTK 库是否安装成功进行测试：打开 Anaconda Prompt（Miniconda3）命令窗口，根据操作命令 conda activate tvtk 将虚拟环境切换到刚刚安装完成的 tvtk 下。输入 python，点击 Enter 进入 Python 命令行交互。依次输入

fromtvtk. tools import tvtk_doc

tvtk_doc. main()

命令进行测试，如图 9-8 所示。

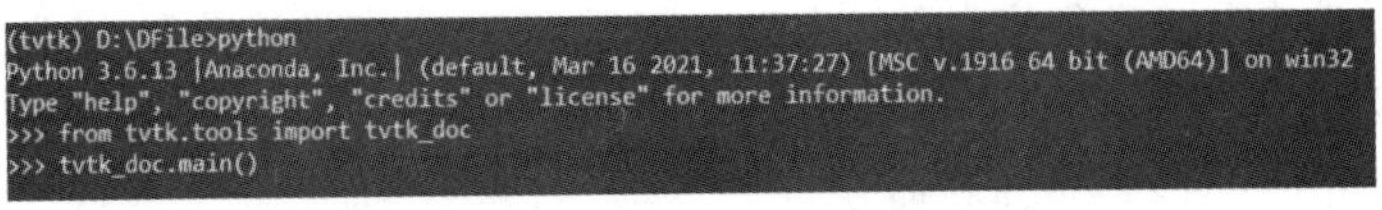

图 9-8 测试 TVTK 库是否安装成功

此时会跳出一个如图 9-9 所示的窗口，则证明 TVTK 库和其相关依赖库安装成功。

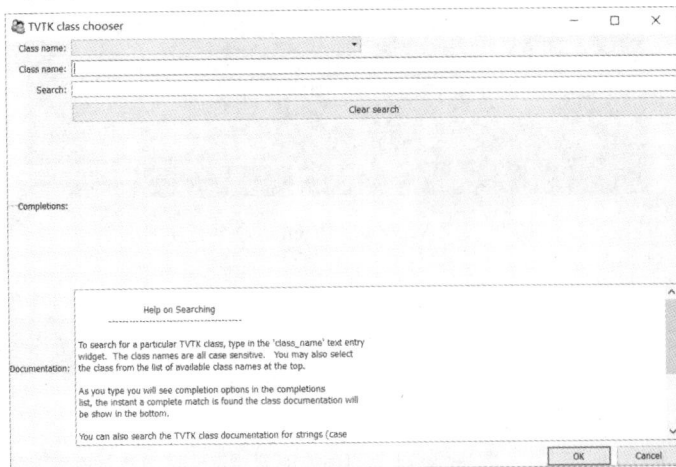

图 9-9 TVTK 文档查询界面

9.3.2　TVTK 编程步骤

对于可视化一个三维对象,使用 TVTK 库进行编程的步骤十分明确,具体步骤如下:

(1)初始化一个三维对象数据;

(2)将三维对象数据转换为图形数据映射;

(3)创建一个 Actor,将图像数据映射添加到其中;

(4)创建一个 Renderer,将上一步的 Actor 添加到其中;

(5)再创建一个 RenderWindow,将上一步的 Renderer 添加到其中;

(6)最后创建一个窗口交互工具 RenderWindowInteractor,将上一步的窗口对象添加到其中。

(7)初始化窗口交互工具并显示。

下述代码展示了一个长方体的基本绘制过程。

```
fromtvtk. api import tvtk
# 创建一个长方体数据源,并且同时设置其长宽高
s = tvtk. CubeSource(x_length=1.0, y_length=2.0, z_length=3.0)
# 使用 PolyDataMapper 将数据转换为图形数据
m = tvtk. PolyDataMapper(input_connection=s. output_port)
# 创建一个 Actor
a = tvtk. Actor(mapper=m)
# 创建一个 Renderer,将 Actor 添加进去
r = tvtk. Renderer(background=(0, 0, 0))
r. add_actor(a)
# 创建一个 RenderWindow(窗口),将 Renderer 添加进去
w = tvtk. RenderWindow(size=(300,300))
w. add_renderer(r)
# 创建一个 RenderWindowInteractor(窗口的交互工具)
i = tvtk. RenderWindowInteractor(render_window=w)
# 开启交互
i. initialize()
i. start()
```

运行上述代码,则可以看到如图 9 - 10 所示的结果。将鼠标移动到白色的方块上,点击左键进行移动,则可以显示出长方体的全部形状,如图 9 - 11 所示。

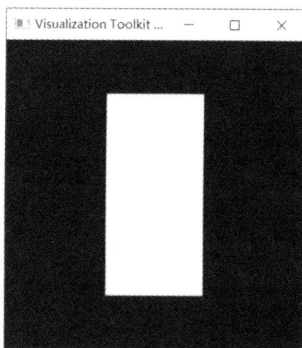

图 9 - 10　长方体绘制运行图(一)

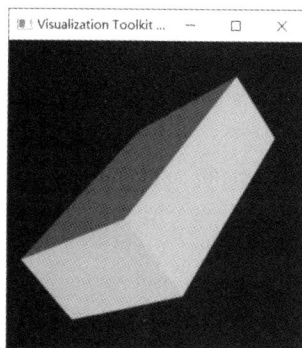

图 9 - 11　长方体绘制运行图(二)

9.3.3 TVTK 管线技术

管线(Pipeline)技术也称流水线技术,每个对象只实现相对简单的任务,整个管线进行复杂的可视化处理,在 TVTK 中分为可视化管线和图形管线。可视化管线(Visualization Pipeline):将原始数据加工成图形数据的过程;图形管线(Graphics Pipeline):将图形数据加工为所看到的图像的过程。

在此需要对 TVTK 的几种对象进行介绍,分别为 CubeSource,PolyDataMapper,Actor,Renderer,RenderWindow,RenderWindowInteractor,见表 9-2。

表 9-2　TVTK 库中的部分对象说明(一)

TVTK 对象	说　明
CubeSource	通过程序内部计算输出一组描述长方体的数据
PolyDataMapper	图形映射器,将数字数据映射为图像数据
Actor	场景中的一个实体,用于描述实体位置、方向、大小等属性
Renderer	渲染作用,包括多个 Actor
RenderWindow	渲染用的图形窗口,包括一个或多个 Render
RenderWindowInteractor	交互功能,评议,旋转,放大缩小,不改变 Actor 或数据属性,只调整场景中照相机位置

以 9.3.2 节中绘制长方体为例,数据预处理(可视化管线)以 s. output_port 和 m. input_connection 形式输出,在可视化管线中又分为两个对象:PolyData(计算输出一组长方形数据,即为 CubeSource 的数据类型)和 PolyDataMapper(通过映射器映射为图形数据),然后通过 Actor 等对象将图形映射显示出来。具体过程如图 9-12 所示。

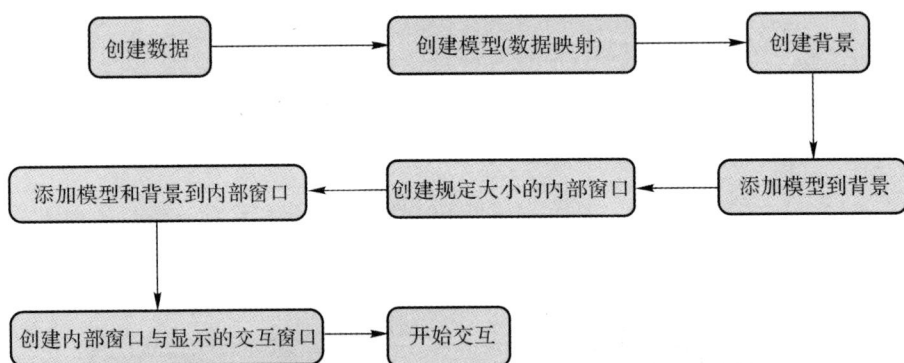

图 9-12　TVTK 绘制流程

在 TVTK 库中可以用 ivtk 工具观察管线,下面的代码即可以将上述的管线体现出来。

```
fromtvtk. api import tvtk
fromtvtk. tools import ivtk
frompyface. api import GUI
frompyface. qt import QtCore
s =tvtk. CubeSource(x_length=1.0, y_length=2.0, z_length=3.0)
```

```
m = tvtk. PolyDataMapper(input_connection = s. output_port)
a = tvtk. Actor(mapper = m)
#创建一个带 Crust(Python Shell)的窗口
gui = GUI()
win = ivtk. IVTKWithCrustAndBrowser()
win. open()
win. scene. add_actor(a)
#修正窗口错误,使子窗口置于主窗口中
dialog = win. control. centralWidget(). widget(0). widget(0)
dialog. setWindowFlags(QtCore. Qt. WindowFlags(0x00000000))
dialog. show()
#开始界面消息循环
gui. start_event_loop()
```

运行上述代码,可以看到如图 9-13 所示的界面,点击左边的小窗,将一系列的对象展开,双击打开 CubeSource,即可观察到在初始化数据时设置的初始值。其余的类似,双击即可调出详情页面。

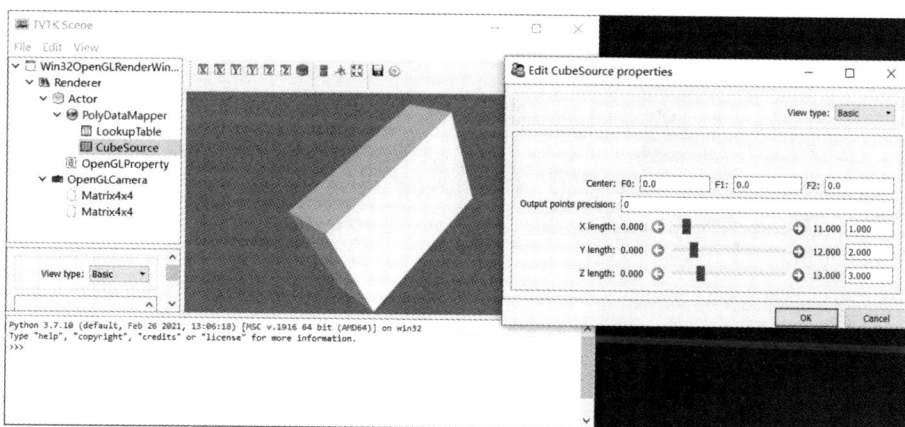

图 9-13　查看管线工具界面

9.3.4　TVTK 基本几何体绘制

本书并不是专业的 TVTK 教材,由于篇幅原因,只能对 TVTK 库的基本使用进行简单的介绍,如果读者希望对于 TVTK 库进行更进一步的掌握,建议读者可以查询 TVTK 的官方文档 https://tvtk. readthedocs. io/en/latest/,因为官方文档仅对于 VTK 函数调用和 Python 函数调用的风格转换进行了描述,如果读者认为官方文档对于 TVTK 库的描述不是很清晰,可以在 VTK 的官方库 https://vtk. org/Wiki/VTK、https://kitware. github. io/vtk-examples/site/中,查看关于 VTK 库 Python 接口的使用,里面有极其详尽的示例可供读者练习。

在本书中,除在 9.3.2 节中绘制的长方体图形,在此本书提供常见的几何体的绘制程序供读者阅读学习。对于 9.3.2 节中的长方体数据源创建读者可能会有疑惑,在这里将介绍常见的 TVTK 库中的数据对象,并对这些对象一一绘制(见表 9-3)。

表 9-3　TVTK 库中的部分对象说明(二)

TVTK 库的基本三维对象	三维对象说明
CubeSource	立方体三维对象数据源
ConeSource	圆锥三维对象数据源
CylinderSource	圆柱三维对象数据源
ArrowSource	箭头三维对象数据源

在开始对基本集合体对象进行绘制之前,首先我们观察管线技术的流程,可以发现,虽然管线过程十分复杂,但是对于所有的基本对象绘制过程基本一致,在此我们定义一个显示工具 tvtk_show_util.py,在该工具中具有一个函数 show(s),s 参数为 PolyData 类型的数据,show 函数对该数据进行显示,tvtk_show_util.py 代码如下:

```
fromtvtk. api import tvtk
def show(s):
    ♯使用 PolyDataMapper 将数据转换为图形数据
    m = tvtk.PolyDataMapper(input_connection=s.output_port)
    ♯创建一个 Actor
    a = tvtk.Actor(mapper=m)
    ♯创建一个 Renderer,将 Actor 添加进去
    r = tvtk.Renderer(background=(0, 0, 0))r.add_actor(a)
    ♯创建一个 RenderWindow(窗口),将 Renderer 添加进去
    w = tvtk.RenderWindow(size=(300, 300))w.add_renderer(r)
    ♯创建一个 RenderWindowInteractor(窗口的交互工具)
    i = tvtk.RenderWindowInteractor(render_window=w)
    ♯开启交互
    i.initialize()
    i.start()
```

接下来我们来绘制上述表格中的对象。

(1)CubeSource:该对象在 9.3.2 节中已经使用过,在这里就不再演示。

(2)ConeSource 对象,该对象为 TVTK 中表示圆锥的三维几何体的基本对象。

```
♯创建一个圆锥数据源,并且同时设置其高度;底面半径;底面圆的分辨率(用 36 边形近似);底边
是否封闭;方向位置(x,y,z),其值可取 0 和 1
s = tvtk.ConeSource(height = 1, radius = 0.5, resolution = 36, capping = False, direction =
(0, 1, 0))show(s)
```

结果如图 9-14 所示。

(3)CylinderSource 对象:该对象为 TVTK 中表示圆柱的三维几何体的基本对象。

```
♯创建一个圆柱数据源,并且同时设置其高度,底面半径,底面圆的分辨率(用 36 边形近似),底边
是否封闭
s = tvtk.CylinderSource(height=1, radius=0.5, resolution=36, capping=False)
show(s)
```

结果如图 9 - 15 所示。

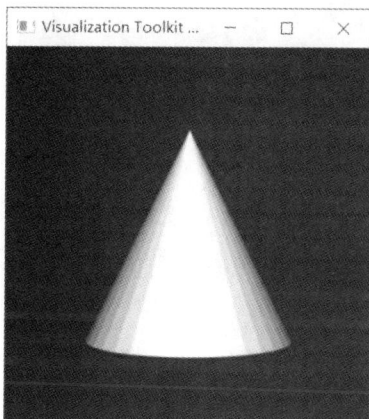

图 9 - 14　圆锥绘制运行图

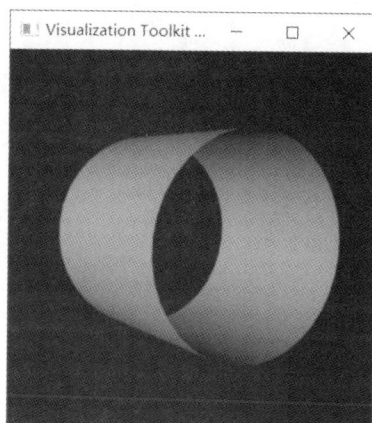

图 9 - 15　圆柱绘制运行图

（4）ArrowSource 对象：该对象为 TVTK 中表示箭头的三维集合体的基本对象。

```
♯创建一个箭头数据源，并且同时设置箭头头端分辨率（以 36 边形近似），箭头头端半径，箭头头
端占总长的比例（取值为 0 到 1），箭头尾端分辨率（以 36 边形近似），箭头尾端半径
s = tvtk. ArrowSource(tip_resolution＝36，tip_radius＝0.1，tip_length＝0.35，shaft_resolution＝
24，shaft_radius＝0.03)
show(s)
```

结果如图 9 - 16 所示。

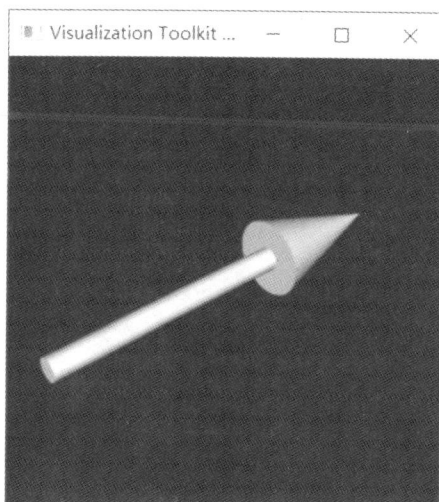

图 9 - 16　箭头绘制运行图

参 考 文 献

［1］ 魏海涛.计算机图形学［M］.北京:电子工业出版社,2001.

［2］ 孙家广.计算机图形学［M］.3 版.北京:清华大学出版社,1998.

［3］ 黄心渊.虚拟现实技术与应用［M］.北京:科学出版社,1999.

［4］ 潘云鹤.计算机图形学:原理、方法及应用［M］.北京:高等教育出版社,2000.

［5］ 吴家铸,党岗,刘华峰,等.视景仿真技术及应用［M］.西安:西安电子科技大学出版社,2001.

［6］ DONALD H,PAULINE B M. Computer graphics:C version［M］. London:Prentice Hall,1997.

［7］ AKENINE-MOLLER T,HAINES E,HOFFMAN N. Real-time rendering［M］. New York:CRC Press,2018.

［8］ 余生吉,吴健,王春雪,等.敦煌莫高窟第 45 窟彩塑高保真三维重建方法研究［J］.文物保护与考古科学,2021,33(3):10－18.

［9］ CUI Y,SCHUON S,CHAN D, et al. 3D shape scanning with a time-of-flight camera［C］//IEEE Computer Society Conference on Computer Vision and Pattern Recognition. LOS ALAMITOS,CA:IEEE COMPUTERSOC,2010:1173－1180.

［10］ 刘永进.中国计算机图形学研究进展［J］.科技导报,2016,34(14):76－85.